地理信息系统概论
（第四版）

黄杏元　马劲松　编　著

中国教育出版传媒集团

高等教育出版社·北京

图书在版编目（CIP）数据

地理信息系统概论 / 黄杏元，马劲松编著. -- 4版
. -- 北京 ：高等教育出版社，2023.12（2025.2重印）
ISBN 978-7-04-061402-2

Ⅰ. ①地… Ⅱ. ①黄… ②马… Ⅲ. ①地理信息系统
－高等学校－教材 Ⅳ. ①P208

中国国家版本馆CIP数据核字(2023)第225107号

地理信息系统概论
Dili Xinxi Xitong Gailun

策划编辑　杨俊杰	责任编辑　杨俊杰	封面设计　李小璐	责任绘图　于　博
责任校对　刘娟娟	责任印制　张益豪	版式设计　李小璐	

出版发行	高等教育出版社	网　　址	http://www.hep.edu.cn
社　　址	北京市西城区德外大街4号		http://www.hep.com.cn
邮政编码	100120	网上订购	http://www.hepmall.com.cn
印　　刷	北京鑫海金澳胶印有限公司		http://www.hepmall.com
开　　本	787mm×1092mm　1/16		http://www.hepmall.cn
印　　张	22.75	版　　次	1990年9月第1版
字　　数	420千字		2023年12月第4版
购书热线	010-58581118	印　　次	2025年 2月第2次印刷
咨询电话	400-810-0598	定　　价	49.60元

地理信息系统概论
（第四版）

黄杏元

马劲松

1 计算机访问 http://abook.hep.com.cn/123233，或手机扫描二维码、下载并安装 Abook 应用。

2 注册并登录，进入"我的课程"。

3 输入封底数字课程账号（20 位密码，刮开涂层可见），或通过 Abook 应用扫描封底数字课程账号二维码，完成课程绑定。

4 单击"进入课程"按钮，开始本数字课程的学习。

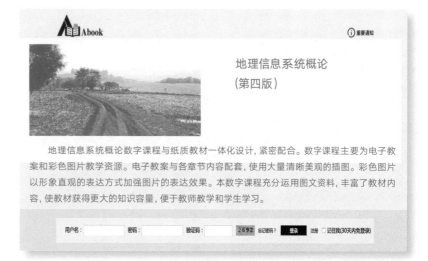

课程绑定后一年为数字课程使用有效期。受硬件限制，部分内容无法在手机端显示，请按提示通过计算机访问学习。

如有使用问题，请发邮件至 abook@hep.com.cn。

扫描二维码
下载 Abook 应用

http://abook.hep.com.cn/123233

内容提要

　　本书全面介绍了地理信息系统的基本概念、原理与技术方法,从第一版发行至今的三十多年来一直作为国内高等学校普遍采用的教材而受到好评。这次第四版修订,充分总结了原有版本的经验,参考了国内外其他优秀教材的相关内容,反映了地理信息系统当前最新的发展趋势。全书共分为16章。本书本版的特点是理论全面,内容简练,语言流畅,难度适中。

　　本书可作为高等学校地理、测绘、地质、气象、环境和其他相关专业的本科生教材,也可供软件、计算机专业从事地理信息系统开发和应用的人员阅读参考。

主要作者简介

本教材第一作者为南京大学黄杏元教授。2021 年 12 月在全国高校 GIS 论坛上，因为他多年从事 GIS 教学和他编著的本教材在 GIS 教学领域取得的成就，黄杏元教授被授予"第二届中国 GIS 教育终身成就奖"。颁奖词如下：

回溯一个甲子前的 1961 年，他是南京大学地图学专业创办后的首届毕业生；回望近半个世纪前的 1974 年，他和同事们研发了我国第一幅计算机绘制的全要素地图；回想四十年前 1981 年的光阴岁月，他负笈远行于大洋彼岸探寻国际先进的 GIS 技术；回首三十载春秋之前的 1989 年，他编著出版了我国第一部高校 GIS 教材。他毕生致力于我国 GIS 的科研、教学与应用服务，他的著作将万千学子领进 GIS 的恢宏殿堂。让我们致敬"第二届中国 GIS 教育终身成就奖"获得者——南京大学黄杏元先生！

第四版前言

《地理信息系统概论》这本高等教育出版社出版的教材，从 1989 年 7 月第一版完稿付梓，到今天第四版写成，时光已经过去了整整三十三年。地理信息系统也从当年鲜为人知，发展成为今天众多领域的关键技术，在经济建设、社会发展和科技进步中扮演了越来越重要的角色。这一系列的发展变化让我们既欣喜又担心。我们欣喜的是这本教材恰逢其时，赶上了地理信息系统蓬勃发展的好时代。同时我们担心的是由于这一领域的飞速发展，新的知识不断涌现，教材的更新难以完全跟上发展的脚步，不能很好地适应新时代的人才培养需求。

正是基于这一想法，我们认为这次新版教材的修订需要重新审视其作为高等学校本科教材的定位与目标，真正立足于学科最基础、最系统、最实用的专业知识，同时在形式上又能更新颖、更友好、更便利地服务于教学。因此，我们从以下几个方面对原教材进行了改进：

（1）考虑到当前大学一个学期的教学周数通常是 16 周左右，所以将全部教学内容重新编排成 16 章，每周可以集中讲授一章的内容，便于教师组织和安排教学任务。

（2）在正文中将所有与地理信息系统相关的基本概念和专业术语都以**黑体字加重**标示，以便教师和学生有针对性地掌握。此外，在每一章之后还安排了若干道复习思考题。

（3）为了使章节的内容组织更具系统性，将教学内容按照地理信息系统的五个基本构成即硬件、软件、空间数据、应用模型和应用人员进行分类组织，让学生更容易领会所学的每一部分内容处于整个知识体系的哪一部分。同时章节的先后顺序反映了地理信息系统的数据流和工作流，从最初的空间数据输入，到最后的数据输出，使学生掌握完整的处理流程。

（4）将地理信息系统硬件和软件部分单独作为一章进行较为细致的介绍，帮助刚刚进入大学尚不具备全面的计算机科学知识的学生快速了解地理信息系统的软硬件设备。

（5）扩展了空间分析内容的篇幅，分章节全面介绍了常用的空间分析方法，包括地形分析、叠置分析、邻近分析、路径分析和统计分析等，基本涵盖了绝大多数常用的分析方法。

（6）完全采用真实空间数据，使用开源地理信息系统软件如 QGIS、GRASS GIS、SAGA GIS 和 GeoDa 等对这些数据进行实例演示，以帮助学生形象化地理解抽象的概念和原理。这些实例数据也可以作为学生实验课上机实习的基本素材。

近年来，在以高等教育出版社为代表的众多出版机构的大力推动下，我国地理信息系统书籍的出版取得了丰硕的成果，涌现出一大批优秀的地理信息系统相关教材和专著，覆盖了从基础的本科教育到高层次的研究生培养、再到学科前沿的探索性研究等的众多层次和各个方面。我们这本概论性质的教材主要定位于本科生教学，但在教材最后的参考文献中，我们列出了一些更高层次的相关教材。对于超出本教材范围的内容，读者可以进一步阅读参考文献中的图书资料。

这本教材的修订工作是很多人共同努力的成果，首先要感谢首都师范大学的李小娟教授和余洁教授对书稿进行了细致的审定工作，在学术方面进行了严格的把关。还要特别感谢高等教育出版社的杨俊杰副编审为此奔波于南京和北京，多次详细商讨教材的内容与形式，提出了大量的宝贵意见和建议。

南京大学的众多师生员工对这本教材也给予了大力的协助，国家级教学名师李满春教授领导的教学科研团队多年来一直都在坚持不懈地进行教学方法和教学内容等方面的探索与研究，其优秀的研究成果和宝贵经验是这本教材的坚强基石。南京大学地理与海洋科学学院领导鹿化煜教授、王腊春教授和金晓斌教授等极其重视地理学教材的建设，先后组织教师编写出版了一系列高水平教材，对本教材的修订工作也给予了巨大的支持与帮助。南京大学地理信息科学系的杜培军、佘江峰、谈俊忠、吴国平、王结臣、蒲英霞、陈刚和李飞雪等教授在教学与科研工作中也为本教材的修编提供了大量优秀的资料与素材。顾国琴老师为教材绘制了部分插图，研究生郑静、沈仪和潘慧君协助了校对工作，在此表示衷心感谢。

此外，在此次教材的修订工作中，一些从事地理信息系统相关课程教学的年轻学者们针对教材内容的取舍、篇章结构的安排，以及语言文字的表述等都提出了十分重要的修改意见，他们是江西农业大学的戴崴巍、海南大学的贾培宏、浙江大学的朱渭宁和河海大学的雍斌等教授。我们也对他们的付出表达由衷的谢意。

由于作者水平所限，对书中存在的错误和不当之处，敬希读者批评指正。

作者

2022 年 1 月于南京大学

第三版前言

地理信息系统（geographical information system，GIS）是集计算机科学、地理科学、测绘学、遥感学、环境科学、空间科学、管理科学等学科为一体的新兴边缘学科。它于20世纪60年代问世，至今已跨越了40多个春秋，却始终发展迅猛。

步入21世纪，GIS正向集成化、产业化和社会化方向迈进。它不但与全球导航卫星系统（GNSS）和遥感（RS）相结合，构成3S集成系统，而且与CAD、多媒体、通信、因特网、办公自动化、虚拟现实等多种技术相结合，构成了综合的信息技术。

GIS发展至今，其内涵也在不断深化，最早是作为技术系统的GISystem；20世纪80年代末以来，GIS的基础理论和应用基础理论研究受到广泛重视，进一步提升其作为学科内涵的GIScience；进入21世纪以来，随着移动技术和信息化战略的推进，GIS内涵又向着社会服务化方向延伸，将其内涵拓展为GIService。GIS内涵的发展，反映了GIS的实用化、科学化和人性化的质量演变过程。目前，它们之间的交融和发展，共同促进了GIS日新月异的进步，已形成一门成熟的技术、具有生命力的学科和欣欣向荣的产业，为社会服务和人类造福。

本次教材的修订是在面向21世纪课程教材和普通高等教育"九五"国家教委重点教材建设的基础上，通过广泛听取专家和读者的意见，进一步理清学科结构框架和内容体系，对教材章节结构做了较大调整，内容也有较大更新，使教材在科学性、实用性和可读性等方面获得了比较明显的增进和提高。

全书共分 8 章。第 1 章简要概述了 GIS 的基本组成、功能和发展历程；第 2 章重点介绍了 GIS 中常用的几种空间数据结构；第 3 章详细阐述了若干种 GIS 空间数据的处理技术；第 4 章着重论述了 GIS 空间数据库的理论和相关技术；第 5 章对 GIS 的主要空间分析功能进行了细致的说明，包括数字地形模型分析、空间叠合分析、空间邻近度分析和空间网络分析等；第 6 章描述了 GIS 的几种应用模型；第 7 章论述了应用型 GIS 的系统设计与评价方法；第 8 章阐述了 GIS 的图形输出功能。为便于读者学习和思考，各章都列有复习思考题。

本书的出版得到了各方面的大力支持。首先，本书在写作之初得到陈述彭教授和陈丙咸教授的热诚鼓励。第一版初稿由北京大学承继成教授和华东师范大学梅安新教授审定，提出了许多宝贵的修改意见。其次，在第二版修订过程中，得到华东师范大学张超教授、武汉大学李德仁和胡鹏教授、南京大学顾朝林和李满春教授和教育部高等学校测绘类专业教学指导委员会摄影测量与地图制图专业组的帮助，为本书的修订提供了许多宝贵的意见和资料。最后，在此次第三版的修订中，得到了南京师范大学闾国年教授的大力支持，他帮助审阅了第三版书稿，提出了许多中肯建议和修改意见。高等教育出版社的徐丽萍和南峰两位编辑在书稿的修订过程中给予了大力的协助。在这里，作者深深地对他们表示由衷的谢意。

本书在编写过程中，还广泛参阅了近些年国内外该领域的有关会议论文集、论著和学术报告等，但在参考文献中未能将这些资料一一列出，谨致歉意。

由于作者水平所限和时间仓促，对书中存在的错误和不当之处，敬希读者批评指正。作者电子信箱为：huangxy@nju.
edu.cn 和 majs@nju.edu.cn。

作者

2007 年 7 月于南京大学

第二版前言

地理信息系统（geographical information system，GIS）是集计算机科学、地理科学、测绘学、遥感学、环境科学、空间科学、信息科学、管理科学等学科为一体的新兴边缘学科。它于20世纪60年代问世，至今已跨越了40个春秋，却始终发展迅猛。

步入21世纪，GIS正向着集成化、产业化和社会化方向迈进。它不但与全球导航卫星系统（GNSS）和遥感（RS）相结合，构成3S集成系统，而且与CAD、多媒体、通信、因特网、办公自动化、虚拟现实等多种技术相结合，构成了综合的信息技术。全球GIS产业每年以15%～40%的速度增长，各国GIS产业发展势头强劲，市场前景广阔。随着因特网的应用，网络GIS已构成当今社会的热点，GIS在大踏步地登上地理信息科学高峰的同时，也大踏步地走向全社会，融入全社会，为人类造福。

为了将GIS的发展成果及时地转化为教学资源，急需对原撰写的教材《地理信息系统概论》做修订、补充和拓展。本次教材的修订是在多年教学的基础上，广泛听取专家和读者的意见，通过理清学科构造框架和内容体系，融入了GIS的基础理论、技术进展和应用开发成果。教材章节结构有较大调整，力求各章节衔接得更加严密有序。本版对学科术语也进行了统一，力求术语规范，概念清晰，尽可能与相关教材配合一致，有利于读者对概念的识别和理解。

全书分八章，主要内容包括：GIS 的基本概念和涉及的基础理论、空间数据特征和数据结构、GIS 的数据模型和空间数据库、空间数据处理和 GIS 空间分析、应用模型和产品输出、GIS 应用系统的开发和规范化研究等。考虑到这是大学本科生教材，对 GIS 的一些深层次的发展，如万维网 GIS 和三维 GIS 等，列为研究生教材更为合适，因此本次未列入修订的范围，但在 GIS 的发展趋势中对它们做了介绍。

本书的编写得到了各方面的大力支持。首先，本书第一版的出版得到陈述彭教授和陈丙咸教授的热忱鼓励，本书第一版初稿由北京大学承继成教授和华东师范大学梅安新教授审定，他们提出了许多宝贵的修改意见。其次，本书在修订过程中，得到华东师范大学张超教授、武汉大学李德仁和胡鹏教授、南京大学顾朝林和李满春教授、高等教育出版社全体地理编辑和全国高校测绘类教学指导委员会摄影测量与地图制图专业组的帮助，他们为本书的修订提供了许多宝贵的意见和资料。本书在编写过程中，还广泛参阅了近些年国内外该领域的有关会议论文集，例如中国 GIS 协会 1996—2000 年年会论文集，中国海外 GIS 协会 1998 年年会论文集和国际学术会议文集及有关论著、学术报告等，这些在参考文献中未能一一列举。最后，本教材除署名作者外，还请蒲英霞编写第八章，请吕妙儿等研究生帮助进行计算机绘图，请李玉琛和杨仲钦等同志联系文稿打印等。在此，对他们一并表示衷心的感谢！

由于作者水平所限和时间仓促，书中的错误和不足，敬希读者批评指正。

作者

2001 年 8 月于南京大学

第一版前言

地理信息系统是一门新兴的技术学科，它研究计算机技术与空间数据相结合，通过一系列空间操作和分析方法，为地学、环境和工程设计提供对规划、管理和决策有用的信息。它于 20 世纪 60 年代中期问世，70 年代形成多学科交叉的局面，目前已成为地学分析、研究和应用的强有力的技术工具。为了研究这一新技术的发展，加速我国地理信息系统的开发和应用，培养能从事研究各类地理信息的获取、分析、处理、显示和应用的地理信息系统专门人才，特编写本教材。

本书以地球科学为基础，介绍运用系统科学和信息科学的理论和方法，进行地理数据的采集、处理和科学管理，地理信息的数值分析和地学综合研究，以及地理信息系统的建立和应用。本教材由八章组成，编写分工是：第四章第一、二、四节和第五节之三、四由汤勤编写，其余章节由黄杏元编写。

本教材是作者在从事该领域的工作、参阅了国内外有关论著和在该校为研究生和本科生讲授本门课程的基础上写成的。本教材经过试用，广泛听取了各方面宝贵的意见，又做了进一步修改和补充。本教材在编写、试用和修改过程中，得到许多同志的关心和帮助，特别是陈述彭教授和陈丙咸教授给予了热忱鼓励，李玉琛和钟志国同志帮助绘图，在此一并表示衷心谢意。

本书可作为高等院校地理系高年级本科生和研究生的

教材，并可供从事地学分析、系统工程设计和计算机应用
软件研究人员，规划部门的科技工作者，以及有关大专院
校师生参考。

由于编者教学和业务水平有限，加上时间匆促，错误
和不妥之处，恳请读者批评指正。

编著者

1989 年 7 月于南京大学

目　录

第1章 导论

1840年鸦片战争以后，中国深受帝国主义列强的欺凌。当时的爱国思想家魏源在林则徐的嘱托下编写了《海国图志》一书，详细介绍了世界各国的地理信息和先进技术，提出了"师夷长技以制夷"的救亡图强的思想。该书反映了地理信息与科技对国家的重要性。

进入21世纪后，以信息技术为代表的科技革命和产业变革正在重塑世界，地理信息更加显示出重要价值。**地理信息系统**（geographic information system，简称GIS）是一门先进的管理和分析处理地理信息的科学技术。在当前实现中华民族伟大复兴的道路上，我们需要努力学习和掌握GIS这门"长技"，为我国走上现代化强国之路做出贡献。

电子教案 第1章

本章主要讲述GIS的基本概念、构成、功能、应用及其发展概况等内容。

1.1 地理信息系统的基本概念

1.1.1 数据与信息

1.1.1.1 数据与信息的基本概念

在GIS的研究和应用中，总要涉及**数据**（data）和**信息**（information）这两个基本概念。一般来说，数据是记录下来的用以定性或定量描述事物的特征和状况的资料。数据可以是数字，也可以是文字、符号、图像和声音，等等。在计算机中，数据是以数字的方式记录的，它的形式多种多样，往往与存储数据的物理设备和应用软件有关。

信息是近代科学产生的一个概念，已广泛应用于社会各个领域。狭义的信息论将信息定义为"两次不定性之差"，即指人们获得信息前后对事物认识的差别；广义的信息论则认为信息是指主体与外部客体之间一种相互联系的形式，是主体和客体之间一切有用的消息或知识，是一种表述事物特征的普遍形式。GIS 中的信息是广义的信息概念，它不随数据形式的改变而改变。

因此，数据与信息的关系可以表述为：数据是信息的表达形式，是信息的载体；而信息则是数据中蕴含的事物的含义，是数据的内容。数据只有通过解释才有意义，才成为信息。

例如，同样的数字 0 和 1，当用来表示某些地理现象的类别时，它就具有了类别代码的信息，如图 1-1 所示，0 代表海洋，1 代表陆地；当用来表示某种地理现象在某个地域内是否存在时，它就具有了存在（用 1 表示）和不存在（用 0 表示）的信息，等等。可见，信息是用数字、文字、符号、语言等载体来表示事件、现象等的内容、数量或特征，以便向人们提供关于现实世界新的事实的知识，作为生产、管理和决策的依据。

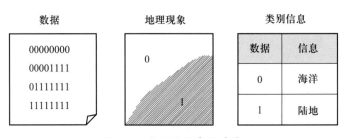

图 1-1　数据和信息的关系

1.1.1.2 数据处理与数据解释

要从数据中得到信息，**数据处理**（data processing）和**数据解释**（data interpretation）是两个重要的环节。所谓数据处理，是指对数据进行收集、筛选、排序、归并、转换、存储、检索、计算，以及分析、模拟和预测等操作。数据处理的目的在于：①把数据转换成便于观察、分析、传输或进一步处理的形式；②把数据加工成对管理和决策有用的数据；③把数据编辑后存储起来，以供后续使用。由此产生的各种类型的**信息系统**（information system），即人们建立的进行数据处理的计算机系统。其中，GIS 通常可以看作一种处理**地理空间数据**（geospatial data）、获得**地理信息**（geographic information）的计算机系统。

数据处理是为数据解释服务的。数据解释就是通过人们的思想意识，还原出数据之中蕴含的信息，以此来认识世界，提供判断与决策的依据。数据解释需要人类的智慧，包括学识、经验，以及创造力。对同一个数据，来自不同的背景、出于不同使用目的的个人，其解释可能并不相同。同一个数据对不同的人决策的影响也会存在差异。而对地理空间数据的解释，就能够使人们获得地理信息，从而帮助人们深入地认识自然规律，为地学领域相关的人类实践活动提供科学有效的解决方案。

1.1.2 地理信息与地理信息系统

1.1.2.1 地理信息

1. 地理信息与地理空间数据的概念

地理信息是地理空间数据所蕴含和表达的地理含义。地理空间数据又常常被简称为**空间数据**（spatial data），是与地理环境要素有关的物质的数量、质量、分布特征、联系和规律等的数字、文字、图像和图形等的总称。我们知道，地理环境是客观世界里一个巨大的信息源。随着现代科学技术的发展，特别是借助数学、空间科学、计算机科学等现代科技手段，人们已经有能力迅速地采集到地理环境中各种地理现象、地理过程的空间位置数据、特征属性数据和随时间变化的数据，并运用 GIS 定期或实时地识别、转换、存储、传输、分析、显示和应用这些数据中的信息。这也已经成为当代地学研究与应用的重要技术方法。

2. 地理信息的特征

地理信息的特征可以归纳为以下三点：

（1）空间特征：地理信息具有空间特征，属于空间信息，即地理信息是与确定的地理空间位置联系在一起的，这是地理信息区别于其他类型信息的一个最显著的标志。地理信息的空间特征是通过地理定位基础来实现的，例如，按照经纬度建立的地理坐标系来实现空间位置的确定，并可以按照指定的区域进行信息的集中或分割。

（2）属性特征：地理信息具有属性特征，属性是对某个空间位置处的某种地理现象的名称、类型、数量和质量等的表达。例如，某个城市的名称、人口数、级别，等等。属性信息是空间位置上物体内在性质的反映。

（3）时序特征：地理信息具有的时序特征反映的是空间特征与属性特征在时间上的变化情况。地理现象的变化通常都具有不同长短的时间尺度，例如，超短期的台风、森林火灾；短期的江河洪水、作物长势；中期的土地利用变化、人口变化；长期的水土流失、城市化；超长期的火山活动、地壳变形等。

因此，要研究地理信息，首先必须把握地理信息的这种空间性的、多属性的和动态变化的特征，然后才能选择正确的手段，实现地理环境的综合分析、管理、规划和决策。

1.1.2.2 地理信息系统

1. 地理信息系统的定义

对于 GIS 的定义，不同的人、不同的机构、不同的历史时期也不尽相同。有人把 GIS 定义为"采集、存储、管理、分析和显示有关地理现象信息的综合系统"。也有人认为"GIS 是全方位分析和操作地理数据的数字系统"。还有人将 GIS 定义为"GIS 是由计算机硬件、软件和不同的计算方法组成的系统，该系统被用来支持空间数据的采集、管理、处理、分析、建模和显示，以解决复杂的空间规划和管理问题"。

简单来说，GIS 具有三个方面的内容，即地理、信息和系统。地理指的是与地理空间相关的应用问题，信息是指采用信息处理的各种方法，而系统则是指计算机的软硬件系统。所以，GIS 可以简单地理解为：一种基于计算机软硬件系统，运行各种信息处理的方法，用来解决与地理空间位置相关的应用问题的技术。

2. 地理信息系统的基本概念

（1）GIS 首先是一种计算机系统：该系统通常由若干个相互关联的子系统构成，如地理数据获取子系统、地理数据管理子系统、地理数据处理子系统、地理数据分析子系统、地理数据输出子系统等。这些子系统影响着 GIS 硬件的配置、功能、效率、数据处理的方式和产品输出的类型等。每个子系统又包含了各自特有的计算机硬件和软件，如图 1-2 所示。

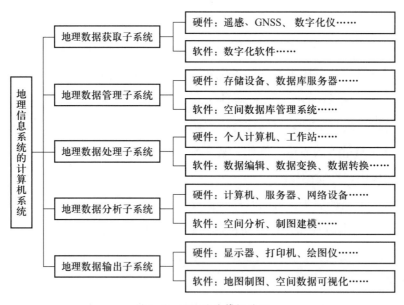

图 1-2　GIS 的计算机系统

（2）GIS 的操作对象：GIS 的操作对象是空间数据。空间数据通常可以抽象成点、线和面等方式进行编码，并以空间坐标的形式存储，或者以一系列大小相同的几何单元（如矩形、正方形，称之为栅格单元）来表达连续的地理现象。空间数据的最根本特点是每一个地理实体都按统一的地理坐标进行记录，实现对其定位、定性、定量等信息的描述。这些特点是 GIS 区别于其他类型信息系统的主要标志。

（3）GIS 的技术优势：GIS 的技术优势在于它方便的空间数据存储能力、有效的数据集成能力、独特的地理空间分析能力、快速的空间定位搜索和复杂的空间查询能力、强大的图形生成和可视化表达能力，以及地理过程的演化模拟和空间决策支持能力等。其中，通过 GIS 的空间分析功能可以产生常规方法难以获得的地理信息，实现在分析功能支撑下的管理与辅助决策支持，这就是 GIS 的核心内容，也是 GIS 的价值体现。

（4）GIS 的相关学科：GIS 与**地理**科学（geography）和**测绘**科学（surveying and mapping）有着密切的关系。地理科学是研究人地相互关系的科学，研究各个自然要素的生物、物理和化学等的性质和过程，探求人类活动与资源环境间相互协调的规律。它为 GIS 提供了空间分析的基本观点与方法，成为 GIS 的基础理论依托之一。测绘科学是研究对地球上各种物体的地理空间分布信息进行采集、处理、管理、更新和利用的科学和技术。测绘科学不但为 GIS 提供各种不同比例尺和精度的定位数据，而且其理论和方法可直接用于空间数据的变换和处理。

1.1.2.3 地理信息系统的特点及分类体系

GIS 隶属于计算机信息系统中的空间信息系统一类，与其他非空间信息系统（如管理信息系统）的主要区别在于：GIS 能够处理和分析空间定位数据，而管理信息系统等通常只能处理文字档案、统计报表等非空间数据。GIS 也有别于其他一些具有空间定位数据处理能力的空间信息系统，例如，**建筑信息建模**（building information modeling，简称 BIM）系统。BIM 系统虽能表达和处理空间定位数据，但由于应用领域的不同，它们缺少 GIS 中特有的地理空间分析功能。

对 GIS 的分类可以根据研究范围，将其分为全球 GIS、区域 GIS 和国家 GIS；根据其使用的数据模型，可以将 GIS 分为矢量 GIS、栅格 GIS 和矢 – 栅混合 GIS；根据其研究内容，可以将 GIS 分为专题 GIS 和综合 GIS 等，如图 1–3 所示。

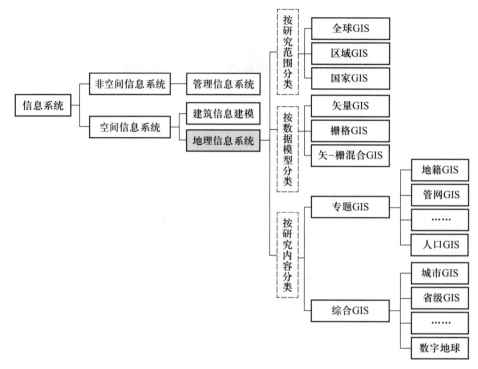

图 1-3　GIS 的分类体系

1.2 地理信息系统的基本构成

一个实用的 GIS，要支持对空间数据的采集、管理、处理、分析、建模和显示输出等功能。其基本构成一般包括以下五个主要部分：系统硬件、系统软件、空间数据、应用人员和应用模型，如图 1-4 所示。

本教材后续的内容除了第 16 章介绍 GIS 制图输出外，主要都是围绕着这五个基本构成部分做详细的介绍，各章节内容所对应的部分如表 1-1 所示。

图 1-4　GIS 基本构成示意图

表 1-1　GIS 五个基本构成与本书对应章节

基本构成	对应章节
系统硬件	第 2 章
系统软件	第 2 章
空间数据	第 3 章，第 4 章，第 5 章，第 6 章，第 7 章，第 8 章，第 9 章
应用模型	第 10 章，第 11 章，第 12 章，第 13 章，第 14 章，第 15 章
应用人员	第 1 章

1.2.1　系统硬件

GIS 系统**硬件**（hardware）用来存储、处理、传输和显示空间数据。它可分为数据输入设备、数据处理设备和数据输出设备三个组成部分，其主要设备如表 1-2 所示。数据处理设备是 GIS 系统硬件的核心。它包括从服务器到工作站、个人计算机等各种形式的计算机，可用于数据的处理、管理与计算。数据输入设备即数字化仪、工程扫描仪和北斗接收机等。数据输出设备有绘图仪、打印机和高分辨率显示装置等。

表 1-2　GIS 主要的硬件设备

数据输入设备	数据处理设备	数据输出设备
全站仪、北斗接收机、数字化仪、工程扫描仪等	客户/服务器、工作站、个人计算机、移动设备等	显示器、投影机、绘图仪、打印机等

1.2.2　系统软件

GIS 系统**软件**（software）是整个系统的核心，用于执行 GIS 功能的各种操作，包括数据输入、处理、数据库管理、空间分析和数据输出等。一个完整的 GIS 需要多种软件协同工作。这些软件按照功能可以分为：GIS 功能软件、基础支撑软件等，如表 1-3 所示。GIS 功能软件主要提供对空间数据的输入、处理、管理、分析和输出等专业功能。GIS 功能软件还需要基础支撑软件提供底层的软件功能，例如操作系统的文件管理功能、数据库管理功能等。

表 1-3　GIS 软件组成

分类	类型
GIS 功能软件	GIS 应用软件
	GIS 基础软件平台
基础支撑软件	数据库管理系统
	编程开发工具
	操作系统

1.2.3 空间数据

GIS 的操作对象是空间数据。空间数据具体描述地理现象的空间特征、属性特征和时间特征。空间特征是指地理现象的空间位置及其相互关系，其数据称为几何数据；属性特征表示地理现象的名称、类型和数量等，其数据称为属性数据；时间特征是指地理现象随时间而发生的变化，其数据称为时态数据。

根据地理现象在空间上的几何图形表示形式，可将地理现象抽象为点、线、面、曲面和体等几种类型。把它们表达成空间数据时，在逻辑上可以采用矢量和栅格两种数据组织形式，分别称之为矢量数据模型和栅格数据模型（表 1–4）。

表 1-4　空间数据组成

空间数据	几何数据	矢量数据	点、线、面（多边形）、曲面（TIN）、体
		栅格数据	离散（点、线、面）、连续（栅格 DEM）
	属性数据		定名数据、定序数据、定距数据、定比数据
	时态数据		几何数据及属性数据随时间的变化

在 GIS 中，地理数据在物理形态上是以结构化的形式存储在计算机的文件或地理数据库中的。地理数据库与常规的数据库系统一样，其主要组成部分同样是数据库管理系统软件和数据本身的存储。数据本身的存储往往由许多数据文件组成，而数据库管理系统软件主要用

于对数据的统一管理，包括提供查询、检索、增删、修改和维护等功能。地理数据库存储的数据包含空间数据、属性数据和时态数据等。地理数据库也称为空间数据库。

1.2.4　应用模型

GIS 应用模型是为某一特定的实际工作而建立的、运行在 GIS 中的分析方法和解决方案，其构建和选择也是系统应用成败至关重要的因素。虽然 GIS 为解决各种地理相关的问题提供了有效的基本工具，但是对于某一特定的应用目的，仍必须通过构建相应专业的应用模型才能达到目标。例如，土地利用适宜性评价模型、选址模型、洪水预测模型、人口扩散模型、森林增长模型、水土流失模型、最优化模型和影响模型，等等。

这些应用模型是人们对客观世界的规律性认识，再经过从概念到计算机信息表达的映射，形成计算机中可以运行的软件功能序列。应用模型是 GIS 技术产生社会经济效益的关键所在，也是 GIS 生命力的重要保证。

显然，应用模型是 GIS 与相关专业连接的纽带。它的建立绝非单一的技术性问题，而必须以坚实而广泛的专业知识和经验为基础，对相关问题的机制和过程进行深入的研究，并从各种因素中找出其因果关系和内在规律，这样人们才能构建出真正有效的 GIS 应用模型。

1.2.5　应用人员

GIS 应用人员包括空间数据采集人员、系统开发人员和 GIS 的最终用户。他们的业务素质和专业知识是 GIS 工程及其应用成效的最重要保证。

空间数据的采集人员负责使用 GIS 特定的硬件设备对地球表面的空间实体进行测量和数据记录，并绘制**地图**（map），建立空间数据库。当前，随着无人机荷载的空中摄影设备和北斗卫星导航系统设备的普及，出现了一种称为**志愿者地理信息**（volunteered geographic information，简称 VGI）的空间数据采集方法，即由非专业的人士（志愿者）自行通过测量设备采集空间数据，并上传到网络上，分享给大众使用。

GIS 的应用开发是一项软件工程，包括对用户组织机构的状况分析和调查、系统开发目标的确定、系统开发的可行性分析、系统开发方案的选择和总体设计书的撰写等。开发人员在对用户组织机构的状况和要求进行具体分析的工作中起到极其关键的作用。

在系统开发过程中，系统开发人员对具体开发策略的确定、系统软硬件的选型和空间数据库的建立等问题的解决，必须根据 GIS 工程建设的特点和要求，在深入调查研究的基础上，使确定的开发策略能适应 GIS 用户的需求，使系统的软硬件投入能获得较高的效益回报，以及使建立的数据库能具有完善的质量保证。

最终用户在使用 GIS 时，不仅需要具备相关应用领域的业务知识，能够使用 GIS 功能解决实际应用问题，同时也需要对 GIS 技术和功能有足够的了解，而且更需要具备有效、全面和可行的组织管理能力。尤其在当前 GIS 技术发展十分迅速的情况下，为使现行系统始终处于良好的运作状态，其组织管理和运行维护的任务显得十分重要，这部分工作包括：GIS 技术和管理人员的技术培训、硬件设备的维护和更新、软件功能扩充和升级、操作系统升级、数据更新、文档管理、系统版本管理和数据共享建设等。为了简便，本书将最终用户称为用户。

上述 GIS 的五个主要部分构成了一个完整的 GIS。不过，其中硬件的重要性相对较低，软件的重要性高于硬件，空间数据的重要性高于软件，应用模型较之空间数据更为重要，而应用人员则最为重要。

譬如将系统硬件类比于动物的身体，其肌肉力量、奔跑速度等都体现了硬件的能力。而系统软件则好比动物的智商。在硬件相似的条件下，软件更能决定系统的强弱。比如人类和其他灵长类动物相比，系统硬件即身体条件相差不大，但人类的系统软件即智商远远超越其他动物。所以人类要比其他动物强大得多。

进一步来看，空间数据比系统软件重要。可以把空间数据想象成人类所学习的知识，一个人身体强健且智商很高，但如果不进行学习，没有知识储备，那么他依然没有办法做出重要的贡献。也就是说一个 GIS 虽然有了硬件和软件，但是只要没有空间数据就还是没有办法发挥作用。

应用模型之所以比空间数据更重要，是因为可以把应用模型看作人的智慧，看作一个人通过学习掌握知识以后，他对知识融会贯通的能力，他通过运用知识来解决实际问题的能力。有的人空有很多知识，但如果不能把知识应用到解决实际问题中去，就不具备这里讲的应用模型。所以，GIS 应用模型体现的是思想、认知能力和解决地理问题的实践能力。

应用人员是最重要的，因为应用人员就是设计、建设和运用 GIS 的人。一个信息系统中人的作用最大，也就是说一个 GIS 即使有了硬件、软件、空间数据和应用模型，如果没有高水平的应用人员来开发利用的话，那么整个 GIS 依然不能够产生很好的作用。应用人员的应用水平决定了一个 GIS 的成败。

1.3 地理信息系统的功能与应用

由计算机技术与空间数据相结合而产生的 GIS 这一种高新科技，具备了多种多样的处理地理信息的特殊功能。其中，最基本的功能可以概括为以下几类：①空间数据的获取与编辑；②空间数据的处理与变换；③空间数据的存储与管理；④空间分析与统计；⑤应用建模与编程；⑥地图制作与输出等。GIS 依托这些基本功能，通过利用空间分析技术、模型分析技术、网络技术、数据库和数据集成技术和二次开发技术等，演绎出丰富多彩的系统应用功能，满足社会的广泛需求。

1.3.1 地理信息系统基本功能

1.3.1.1 空间数据获取与编辑

GIS 的数据通常归纳为不同性质的**主题**（theme）或**数据层**（layer），一个主题就是一层数据。例如，记录地形数据的地形数据层，记录道路数据的道路数据层等等。数据获取功能就是把各层空间实体转化为空间坐标及属性对应的代码输入到计算机中，数据编辑功能就是去除数据中可能存在的错误，保证数据的**准确性**（accuracy）和**精确度**（precision），以满足对空间数据的应用需求。数据的准确性是数据与实际情况相符的程度，而数据的精确度是记录数据所达到的细节程度（如保留小数点后多少位），它们的含义并不相同（张康聪，2019）。

1.3.1.2 空间数据处理与变换

由于 GIS 涉及的数据类型多种多样，所以同一种类型数据的质量也可能有很大的差异。为了保证系统数据的规范和统一，使数据满足用户需求，因而数据处理成为 GIS 的基础功能之一。数据处理的主要任务和操作内容有：

（1）数据变换：数据变换指把空间数据从一种数学状态转换为另一种数学状态，例如，地图投影变换、几何变换、比例尺缩放等。

（2）数据重构：数据重构指把空间数据从一种几何形态转换为另一种几何形态，例如，数据拼接、数据裁剪、数据压缩、数据结构转换和数据插值等。

（3）数据选取：数据选取指对空间数据从全集合到子集的按条件提取，例如，按属性的选取、按空间关系的选取等，这一部分又常常称为空间数据查询。

1.3.1.3 空间数据存储与管理

空间数据有两种主要的数据存储与管理方式：①以数据文件方式在计算机中进行存储与管理；②以数据库方式进行存储与管理。由于空间数据量巨大，所以数据库是 GIS 空间数据存储与管理的重要技术。GIS 数据库（或称为地理数据库、空间数据库）是空间数据以一定的组织方式存储在一起的集合。空间数据库的数据量大，空间数据与属性数据联系复杂，因此，空间数据库需要具有存储复杂空间数据的功能。此外，空间数据库还要具有特定的管理功能，除了对属性数据的查询功能之外，还需要具有对空间数据的查询和处理功能，例如，空间数据库定义、数据访问和提取、通过空间位置检索空间要素及属性、按属性条件检索空间要素及位置、空间数据更新和维护等。

1.3.1.4 空间分析与统计

空间分析与统计是 GIS 的一项独特功能，其主要特点是能够确定空间实体之间的空间关系，发现空间实体所具有的新的地理信息。它不仅成为 GIS 区别于其他信息系统的一个重要标志，而且为用户提供了解决各类地理相关问题的有效工具。常用的空间分析有：

（1）地形分析：数字地形是 GIS 中地形起伏的数字表达和存储形式，其中，数字高程模型是一种常见的数字地形。GIS 提供了构造数字地形及有关地形分析的功能，例如，分析地形的坡度、坡向、山体阴影、视域分析和流域分析等。

（2）叠置分析：叠置分析通过将同一地区若干个不同数据层相互重叠进行对比分析，不仅可以建立新的空间数据，而且能将输入的属性数据予以合并，易于进行多条件的查询检索、数据裁剪、数据更新和统计分析等。

（3）邻近分析：邻近分析指在空间实体周围形成相邻的区域的分析方法，例如，缓冲区分析和泰森多边形分析都属于邻近分析。缓冲区分析是在矢量的点、线、面等不同空间要素周围建立一定宽度的缓冲多边形，以确定不同空间要素的空间邻近性或其影响范围。例如，在城市中规划拓宽一条道路，需要通知周边一定范围内居民动迁；在林业规划中，需要按照距河流一定纵深范围来确定森林的禁止砍伐区，以防止水土流失等。泰森多边形分析则是把空间按照距离较近的原则进行划分的方法，例如，学区的划分、服务区的划分等。

（4）路径分析：路径分析指的是从某一个地点出发、到目的地之间寻找一条最佳的通行路线的方法。路径可以是沿着已有的道路寻找到的一条路线，例如，送货的行车路线；路径也可以是满足某种工程需求而规划出来的建设线路，如工程造价最低的通信线路架设路线、石油管道铺设路线等。

（5）统计分析：统计分析是把统计学的方法运用到空间实体之上，从而获得空间实体分布的统计规律，包括属性数据的统计分析、栅格数据的统计分析，以及矢量数据的平均最近邻分析和空间自相关分析等。

1.3.1.5 应用建模与编程

应用建模指使用各种空间分析工具，构建一个解决实际应用问题的 GIS 程序。这一工作通常可以使用 GIS 软件提供的建模工具来实现，例如，使用 ArcGIS 软件内含的 Model Builder 建模工具。它也可以通过编程来实现，例如，使用 ArcGIS 软件提供的 ArcPy 插件编写基于 Python 语言的应用模型。

1.3.1.6 地图制作与输出

GIS 处理和分析的结果可以直接输出供专业规划或决策人员使用。它的输出包括了各种地图、图像、图表或文字说明，其中地图图形输出是 GIS 输出的主要表现形式，既包括制作普通地图如标准的地形图，也包括各种类型专题地图，如等值区域图、分级符号图、比例符号图、分区统计图、点值图、等值线图和流向图等。

GIS 产品制作与输出的功能包括：组织空间数据的显示顺序，设置地图版面尺寸、显示范围、地图投影、比例尺，设置地图符号的形状、大小和颜色，设计文字注记的字体字号，设置空间实体标注的位置，布局图名、图例、图解比例尺或数字比例尺、指北箭头及辅助文字说明，地图的绘制输出与图像输出等。

表 1–5 总结了上述 GIS 的六大类基本功能在本教材中对应的章节：

表 1–5　GIS 六大类基本功能与本教材主要章节对应表

基本功能	主要章节
空间数据获取与编辑	第 3 章，第 4 章，第 5 章
空间数据处理与变换	第 6 章，第 7 章
空间数据存储与管理	第 8 章，第 9 章
空间分析与统计	第 10 章，第 11 章，第 12 章，第 13 章，第 14 章

基本功能	主要章节
应用建模与编程	第 15 章
地图制作与输出	第 16 章

上述 GIS 这六大类基本功能的顺序通常也是 GIS 的主要工作流程，当使用 GIS 来解决实际问题的时候，一般就是按照这样的顺序一步一步来做的。所以，GIS 从横向上看有五个基本构成，即系统硬件、系统软件、空间数据、应用模型和应用人员；从时间纵向上看，GIS 又要经历上述六个基本功能步骤，即首先做数据的输入，将 GIS 所需要的数据输入到系统中来处理；处理完成以后，对其进行相应的存储；然后，再把需要的数据通过查询取出，根据研究的目的、应用的目标进行空间分析；对复杂的应用通过编程进行建模；最终把分析的结果数据再通过地图或报表等可视化形式输出，这就完成了 GIS 处理的整个流程，这也是本教材后续章节介绍 GIS 功能的顺序。

1.3.2 地理信息系统应用领域

GIS 应用领域极其广阔，几乎所有与空间位置有关的应用都可以通过 GIS 来解决，下面简要介绍 GIS 几个主要的应用领域。

1.3.2.1 资源管理

自然资源的清查、管理和分析是 GIS 应用最广泛的领域之一，包括森林和矿产资源的管理、野生动植物的保护、土地资源利用评价，以及水资源的时空分布特征研究等。GIS 的主要任务是将各种来源的数据和信息有机地汇集在一起，在统一的方式下管理大量的地理数据库。这种功能强大的数据环境允许最终用户通过 GIS 的客户端软件，直接对数据库进行查询显示、统计、制图，以及提供区域多种组合条件的资源分析，为资源的合理开发利用和规划决策提供依据。

1.3.2.2 区域规划

城市与区域规划具有高度的综合性，涉及资源、环境、人口、交通、经济、教育、文化和金融等因素，但是要把这些信息进行筛选并转换成可用的形式并不容易，规划人员需要切实可行的、实时的信息，而 GIS 能为规划人员提供功能强大的工具。例如，规划人员使用 GIS 对交通流量、土地利用和人口数据进行分析，预测将来的道路等级；工程人员利用 GIS 将地质、水文和人文数据结合起来，进行工程建设路线的设计；GIS 软件帮助政府部门完成总体规划等工作，是实现区域规划科学化和满足城市发展的重要保证。第 15 章将详细介绍两个使用 GIS 进行选址分析和土地适宜性评价的实例。

1.3.2.3 国土监测

利用 GIS 功能结合多时相的遥感数据，可以有效地进行森林火灾的预测预报、洪水灾情监测、淹没损失估算、土地利用动态变化分析和环境质量的评估研究等。例如，黄河三角洲地区的防洪减灾研究表明，在 GIS 的支持下，通过建立数字高程模型和获取有关的空间和属性数据，利用 GIS 的叠置分析等功能，可以计算出若干个泄洪区域内被淹没的土地利用类型及其面积，比较不同泄洪区内房屋和财产损失等，可以确定泄洪区内人员撤退、财产转移和救灾物资供应的最佳路线，保证以最快的速度有效应对突发事件的发生。

1.3.2.4 辅助决策

GIS 利用拥有的数据和因特网传输技术，可以深化电子商务的应用，满足企业决策多维性的需求。当前在全球协作的商业时代，90% 以上的企业决策与地理数据有关，例如，企业的分布、客货源、市场的地域规律、原料、运输、跨国生产、跨国销售等。利用 GIS 能迅速有效地管理空间数据，进行空间可视化操作，确定商业中心位置和潜在市场的分布，寻找商业地域规律，研究商机时空变化的趋势，不断为企业创造新的商机，因此可以说，GIS 和因特网已成为最佳的决策支持系统和威力强大的商业战争武器。

1.4 地理信息系统的发展概况

GIS 萌芽于 20 世纪 60 年代初。经过 60 多年的发展历程，GIS 已成为一门成熟的地理信息技术、一门具有生命力的地理信息科学和一个欣欣向荣的地理信息产业。

GIS 的产生和发展大致可分为以下三个历史阶段。①第一阶段：20 世纪 60 年代初至 70

年代末，这一阶段计算机开始被应用于地图制图和空间数据的存储与处理，基于计算机技术的 GIS 应运而生；②第二阶段：20 世纪 80 年代初至 90 年代中期，这一阶段 GIS 的功能由地图制图逐步迈向空间分析，大量商业化 GIS 软件开始出现，并被运用到政府部门及企事业单位的规划管理与决策工作中，地理信息科学思想得到发展；③第三阶段：20 世纪 90 年代后期至今，这一阶段 GIS 借助因特网的普及而广泛应用于社会生活的各个方面，提供了丰富多彩的地理信息服务。下面按照时间顺序，从理论、技术和应用等方面简单介绍 GIS 的发展历程。

1.4.1 第一阶段——技术创新

GIS 肇始于 20 世纪 60 年代初，表现为从计算机制图技术的不断进步，到 GIS 的技术创新。这一阶段延续至 20 世纪 70 年代末，其间人们对 GIS 的认知体现在 GIS 技术方面。

1.4.1.1 理论发展

专题地图的应用研究很早就已经开展起来，叠置多个专题地图以显示最佳位置成为一种有效的思想和方法。早在 1854 年，英国医生约翰·斯诺（John Snow，1813—1858）就运用地图叠置的方法，找到了伦敦发生霍乱传染源的准确地点。20 世纪 60 年代，景观规划师伊恩·麦克哈格（Ian McHarg，1920—2001）在他有影响力的著作《设计结合自然》（*Design with Nature*）中，对这一过程进行了最早的描述。这种专题地图叠置分析的思想对 GIS 的产生提出了迫切的需求。

与此同时，各种空间分析的理论与方法也逐步涌现。例如，在 1960 年，法国数学家乔治·马瑟隆（George Matheron，1930—2000）创立了地统计学中的克里金插值方法；在 1967 年，哈佛大学一年级的新生唐纳德·谢泼德（Donald Shepard）提出了反距离加权的插值方法等。这些空间分析思想与方法为 GIS 的产生提供了有力的理论基础。

在这一阶段，GIS 领域的学者还举办了一系列 GIS 的国际学术会议，对 GIS 理论与技术的发展起到了交流和促进作用。例如，国际地理联合会（IGU）于 1970 年在加拿大渥太华举办了第一届国际 GIS 会议——GIS1970。这一年会形式的会议一直举办至今。

1.4.1.2 技术与应用发展

1963 年，罗杰·汤姆林森（Roger Tomlinson，1933—2014）创立了世界上第一个在计算机上运行的地理信息系统——加拿大地理信息系统（CGIS）。汤姆林森也因此被誉为 GIS 之父。他在 CGIS 里有很多创新，如地图坐标数据的计算机存储、空间拓扑关系的表达和地图叠置的算法实现等，这些开创性成果给整个地理学带来了革命性转变。

1964 年，霍华德·费舍尔（Howard Fisher，1903—1979）在哈佛大学建立了计算机图形学与空间分析实验室。该实验室先后开发了一系列著名的 GIS 软件，如 SYMAP、CALFORM、SYMVU、GRID 和 ODYSSEY 等。这些软件影响巨大，对计算机制图和 GIS 空间数据分析技术的发展起到了引导和启蒙作用。

1965 年，美国人口普查局开发的 DIME 文件标志着数字地图在政府中的大规模应用。

1969 年，杰克·丹格蒙德（Jack Dangermond）从哈佛大学计算机图形学与空间分析实验室毕业，在美国创立了 Environmental Systems Research Institute 公司（简称 ESRI。汉语名为美国环境系统研究所），引领 GIS 从学术界进入 IT 领域，开创了 GIS 软件大发展的时代。1978 年 ESRI 开发了第一版 ArcInfo 软件，成为当时最先进的 GIS 商用软件。

1977 年，美国地质调查局开始开发使用数字线划图（DLG）、数字栅格图（DRG）、数字正射影像图（DOQ）和数字高程模型（DEM）等空间格式的空间数据。

1.4.2 第二阶段——科学引领

从 20 世纪 80 年代初开始，GIS 在软件和应用等领域逐渐步入 IT 主流，**地理信息科学**（geographic information science，简称 GIScience）的提出成为该学科的发展方向。该阶段延续至 20 世纪 90 年代中期，人们对 GIS 的认知提升到了地理信息科学的层次。

1.4.2.1 理论发展

这一阶段是 GIS 普遍发展和推广应用的阶段，GIS 的功能逐步丰富和完善，并由计算机辅助制图逐步向空间分析方向发展。各种空间分析算法被提出并实现，例如基于栅格数据的数字地形分析和水文分析算法等。1990 年，达娜·汤姆林（Dana Tomlin）博士在其著作《地理信息系统和地图建模》中提出了地图代数的概念。地图代数是一种基于栅格数据执行的空间分析方法。这一思想丰富和发展了 GIS 的空间分析功能。

这一阶段还出版发行了一些 GIS 领域的学术期刊，代表性的是 1987 年首次刊发的《国际地理信息系统期刊》（*International Journal of Geographical Information Systems*），成为 GIS

领域最有影响力的学术期刊。现在为顺应学科的发展，该期刊改名为《国际地理信息科学期刊》（*International Journal of Geographical Information Science*）。

1988 年，美国国家地理信息和分析中心（简称 NCGIA）成立，主要成员是美国加利福尼亚大学圣芭芭拉分校、纽约州立大学布法罗分校和缅因大学。NCGIA 开展了 GIS 相关的各种科学研究。

1992 年，加利福尼亚大学圣芭芭拉分校的迈克尔·古德柴尔德（Michael Goodchild）提出了地理信息科学的概念，使得 GIS 的研究与应用成为一门新兴的学科。

1994 年，开放地理信息系统联盟（Open GIS Consortium，简称 OGC）创立，这是一个由众多政府部门、研究机构和企业组成的联盟，旨在研究建立和制定开放的、支持各种空间数据之间互操作的规范。详情可见第 8 章第 3 节。

这一时期，我国 GIS 的基础研究和应用开发也取得了突破性进展。在以陈述彭院士（1920—2008）为杰出代表的我国 GIS 领域科技工作者的大力倡导和积极推进下，我国成立了与 GIS 相关的国家实验室，组织开展了多项高水平的计算机自动制图与 GIS 国家科技攻关项目的研究工作，取得了丰硕的科研成果。陈述彭院士还不遗余力地协助高等院校创立了我国最早的 GIS 学科和专业，为国家经济建设培养了大量优秀的 GIS 专门人才。

1.4.2.2 技术和应用发展

GIS 成为一种通用的地理信息技术工具被广泛应用。一方面，许多机构逐渐了解 GIS 的功能，利用 GIS 作为必备的工作系统，改变传统的工作模式，提高工作效率和质量。另一方面，社会对 GIS 的认识普遍增强，用户需求迅速增加，促进了 GIS 应用领域的扩大和应用水平的提高。国家级乃至全球性的 GIS 特别受到政府部门的关注。

1982 年，美国陆军建筑工程研究实验室研发了 GRASS GIS 软件，后来该软件在网上公开了源代码供人们免费使用，成为**开放源代码**（open source，简称开源）GIS 软件先锋。

1987 年，ESRI 的 PC ArcInfo 发布，这是第一款在个人计算机上运行的商用 GIS 软件。

1988 年，美国人口普查局发布具有拓扑结构的 TIGER 空间数据产品。

1991 年，ESRI 开发出个人计算机上基于**图形用户界面**（graphical user interface，简称 GUI）的 GIS 软件 ArcView GIS。

1995 年，ESRI 发布空间数据库引擎，这是商业数据库管理系统在 GIS 数据储存和管理方面有革新性发展的工具。

1.4.3 第三阶段——服务至上

从 20 世纪 90 年代后期至今，GIS 借助网络的发展，真正成为无处不在的高科技手段，为社会方方面面提供了优质高效的信息服务。人们对于 GIS 的认知进一步提升到**地理信息服务**（geographic information service）的层次。

1.4.3.1 理论发展

1998 年，时任美国副总统的戈尔提出了**数字地球**（digital earth）的思想，打算通过互联网、**虚拟现实**（virtual reality，简称 VR）和 GIS 等技术，把各种空间数据整合进一个大系统，为各方面提供全方位的地理空间信息服务。

2006 年，开源空间信息基金会（OSGeo）成立。OSGeo 是一个非营利性组织，致力于支持并促进开放的地理空间技术和数据的共同发展。该组织每年主持的自由与开放源代码地理空间软件（FOSS4G）会议在 GIS 领域是一个重要的事件。

1.4.3.2 技术和应用发展

1997 年，ESRI 发布了在因特网上进行地图和空间数据发布的商用服务软件 IMS（Internet map server），为**网络地理信息系统**（WebGIS）的实现提供了重要的技术支持，也为大量的通过移动网络进行**基于位置的服务**（location-based service，简称 LBS）提供了可能。同年，美国明尼苏达大学也开发了 MapServer，实现了开源环境下的空间数据网络应用。

1999 年，ArcGIS 8.0 发布，成为 GIS 商用软件市场上的主力。

2001 年，PostGIS 发布，实现了开源数据库 PostgreSQL 对空间数据存储与处理功能的支持。

2002 年，一款开源的 GIS 软件 Quantum GIS 发布。现在该软件更名为 QGIS，成为当前开源 GIS 领域的代表性 GIS 软件。

2005 年，谷歌（Google）公司发布谷歌地球软件，主要基于卫星图像、航拍照片和 GIS 数据来呈现地球的三维特征。它可以从各个角度、不同高度来观看地球表面的真实场景，是数字地球的代表性软件。

从 20 世纪 90 年代以来，我国的 GIS 技术与应用发展迅猛，已经赶上了国际 GIS 发展的步伐，并在很多应用领域处于领先地位。国产 GIS 软件蓬勃发展，我国有关机构先后开发出了一批具有国际先进水平的 GIS 软件产品，代表性的如 MapGIS、GeoStar 和 SuperMap 等。

目前，GIS 正在进入一个高速发展的时期。特别是随着我国独立自主研发的北斗卫星导航系统的成功运用，高速的 5G 移动网络的逐步普及，以及人工智能的理论与技术全方位地与 GIS 相结合，空间大数据的挖掘和应用越来越热门，可以清晰地发现，我国 GIS 事业前景广阔。

复习思考题

1. 什么是地理信息系统（GIS）？它与一般的计算机应用系统有哪些异同点？

2. GIS 由哪几个主要部分组成？

3. GIS 的基本功能有哪些？举出目前广泛应用的一两个基础 GIS 软件的例子，列出它们的功能分类表，并比较其异同点。

4. 根据你的了解，阐述 GIS 的相关学科及关联技术，并就 GIS 基础理论的建立和发展问题，发表你的意见和观点。

5. GIS 可以应用于哪些领域？试结合你的专业论述 GIS 的应用和发展前景。

6. 叙述 GIS 的几个主要发展阶段，它们的标志性进展及其对 GIS 发展的影响。

第 2 章　GIS 硬件与软件

　　我国唐代著名诗人杜甫在一首《前出塞》诗中有如下脍炙人口的名句："挽弓当挽强，用箭当用长。射人先射马，擒贼先擒王。"这充分说明了若要在军事斗争中取得胜利，则软件和硬件都至关重要。强弓和长箭代表先进的硬件设备，先射马和先擒王的策略代表高质量软件。

　　同样，GIS 也需要优良的系统硬件和系统软件作为基础。本章主要简单地介绍 GIS 相关的硬件和软件，以便 GIS 应用人员在从事 GIS 工程时能够合理配置硬件设备和软件产品，也让 GIS 的使用者熟悉 GIS 硬件的基本功能和作用，了解 GIS 软件的基本操作方法。

电子教案　第 2 章

2.1 系统硬件

　　GIS 的硬件用来存储、处理、传输和显示空间数据。它们分为数据输入设备、数据处理设备和数据输出设备三个组成部分，如图 2-1 所示，其具体设备如表 2-1 所示。数据处理设备是 GIS 硬件的核心，它包括从服务器到工作站、个人计算机等各种形式的计算机，可用于数据的处理、管理与计算。数据输入设备和数据输出设备是计算机的外围设备，其中，数据输入设备包括北斗接收机、GPS 接收机、激光雷达等直接输入设备，以及数字化仪、工程扫描仪等间接输入设备。数据输出设备有绘图仪、显示器、投影仪和打印机等。

　　GIS 中的"系统"主要指的就是计算机系统，所以 GIS 的所有硬件基本上都是围绕着计算机硬件展开的。一个 GIS 中可能用到的硬件有很多，不同的 GIS 的应用可能用到不同的系统硬件，但其中核心的部分都是数据处理设备，而围绕着数据处理设备的数据输入设备和数据输出设备都是外围设备。

　　数据输入设备的主要作用就是对空间数据进行采集，然后由数据处理设备对数据输入设备采集来的空间数据进行数据的分析处理加工，产生最终想要的分析结果。最后，这些分析结果的数据再通过数据输出设备转化成人类可以认知的地图、图表、报表等形式加以展示。这也是 GIS 处理数据的常规流程。所以，一个 GIS 的系统硬件从数据输入设备到数据处理设备，再到数据输出设备，实际上体现了地理信息的流动过程，这就是一个完整的 GIS 的工作流程。

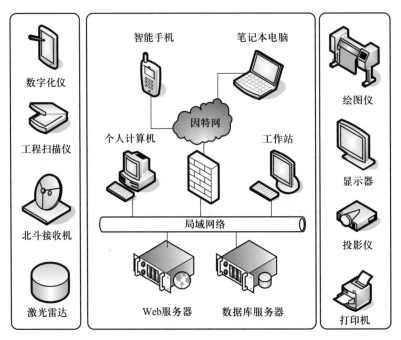

图 2-1　GIS 的硬件配置
从左至右：数据输入设备、数据处理设备和数据输出设备

表 2-1　GIS 常用硬件设备

数据输入设备		数据处理设备	数据输出设备		
直接输入设备	间接输入设备	计算机设备	图形显示设备	图形绘制设备	其他输出设备
全站仪 北斗接收机 激光雷达 多波束测深系统 航空航天遥感设备	数字化仪 工程扫描仪	服务器 工作站 个人计算机 智能手机 笔记本电脑	显示器 投影仪	绘图仪 打印机	激光照排机 印刷机 3D打印机（马劲松，2020）

当开展一个具体的 GIS 应用任务的时候，就应该去思考这个任务需要用到哪些数据输入设备、哪些数据处理设备，以及哪些数据输出设备等问题。GIS 应用人员要根据应用的具体情况及各方面的条件，综合进行分析评价，选择最适当、最可靠的系统硬件配置，组成一个 GIS 完整的硬件体系，为 GIS 的运作打下坚实的基础。

2.1.1 数据处理设备

在组成 GIS 系统硬件的数据输入设备、数据处理设备和数据输出设备中，数据处理设备是最重要的。GIS 可以不一定具备数据输入设备，也不一定要有全套的数据输出设备，但是不能缺少数据处理设备。如果没有数据处理设备，GIS 就无法运行。

GIS 数据处理设备主要指各种类型的计算机，可以根据性能、特点及用途把计算机分成以下三大类。

2.1.1.1 个人计算机

个人计算机（personal computer，简称 PC）又叫作个人电脑。个人计算机指的是一种大小、价格和性能等方面适合普通民众（即个人）使用的多用途计算机。它包括了日常生活中常见的台式计算机、笔记本电脑、平板电脑等，甚至高性能的智能手机也可以归为个人计算机，如图 2-2 所示。个人计算机在 GIS 中的作用就是运行 GIS 软件，进行空间数据的输入、处理、分析和制图输出。

台式计算机　　　　笔记本电脑　　　　平板电脑　　　　智能手机

图 2-2　个人计算机

2.1.1.2 工作站计算机

工作站（workstation）计算机又叫作图形工作站，简称工作站，是指一种高端的通用计算机。它是供个人使用并比个人计算机性能强劲的计算机。这种性能特别表现在图形处理和任务并行等方面，工作站通常具有远远超过个人计算机的能力。工作站一般都配有高分辨率大尺寸屏幕显示器，甚至配置多个屏幕显示器。它还具备容量很大的内部存储器（简称为内存）和外部存储器（如硬盘等），具有高性能的图形图像数据处理能力。

工作站通常用在具有大量数据的计算需求、复杂的图形显示的应用中，特别适合于 GIS 的应用。工作站可以是台式工作站，也可以是像笔记本电脑那样的移动工作站，如图 2-3 所示。

图 2-3　图形工作站

2.1.1.3 客户/服务器系统

第三种类型的计算机叫作**客户/服务器系统**（client/server，简称 C/S），它是由服务器计算机和客户端计算机两种计算机组成的。服务器计算机简称为服务器，是比个人计算机运行更快、负载更高、价格更贵的计算机。服务器计算机主要应用在网络服务中，在各种网络中为其他联网的计算机（比如个人计算机、工作站等）提供高性能的计算或者某种数据的应用服务。例如，数据库服务器就是一种服务器计算机，它通常具备集成了众多核心的 CPU，可以同时响应大量的联网个人计算机、工作站等提出的数据需求，提供数据查询服务。那些联网寻求服务的个人计算机叫作客户端计算机，简称客户机，如图 2-4 所示。

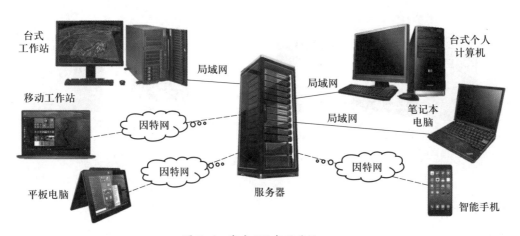

图 2-4　客户/服务器系统

GIS 中存储的空间数据的数据量有的时候可能非常巨大，如果在一台个人计算机的硬盘中存储不下如此大量的空间数据，那么这些数据就只能存储在服务器计算机中。服务器计算机可以是很多台一起连接成计算机网络，每台服务器计算机只存储一部分数据，多台服务器计算机组成的网络就能够存储大量的数据。当用户需要用到这些大量数据中的某一部分的时候，就可以把个人计算机、工作站等作为客户机通过网络连接到服务器计算机上，并向服务器计算机发出数据查询的指令，即向服务器计算机提出数据需求。服务器计算机会在相应的数据库中根据客户机的具体需求查找符合条件的数据，并把数据从服务器计算机通过网络传输到客户机上，让客户机使用这些数据进行 GIS 相关的计算和分析应用。

局域网（local area network，简称 LAN）内的 GIS 服务器通常可以提供空间数据库服务和空间分析服务等，如果服务器主要提供数据，而数据的分析处理功能都是在客户机上完成的，那么这种客户机叫作胖客户。如果服务器能够响应客户机大部分的数据分析和处理请求，而客户机仅仅是简单地作为用户与系统的交互操作界面，负责接受用户输入，向服务器发送用户需求，然后等待服务器把所有业务分析处理工作都做完了，再把结果传送给客户机，客户机仅仅向用户展示结果，那么这种客户机通常称为瘦客户。瘦客户的功能非常有限，可以采用性能一般的个人计算机。

在**因特网**（Internet）上，服务器计算机通常提供**网络地图服务**（web map service，简称 WMS），客户机可以是移动设备如智能手机等，例如，在手机上运行地图和导航软件，这时智能手机就成为 GIS 网络服务的客户机。

2.1.2 数据输入设备

GIS 数据输入设备的作用就是将地理信息转换成数字的形式存入计算机，以便进行处理和分析计算。GIS 工作的第一步，就是要把地球表面上想要表达的各种空间事物的位置和性质转成数字的形式，这样才能将其存储到计算机里，并进一步去处理这些数据。所以需要用数据输入设备来完成这项工作。在 GIS 中主要的数据输入设备有图形手扶跟踪数字化仪、工程扫描仪，以及一些数字测量设备等。在一个具体的 GIS 项目里，这些输入设备并非都是必需的，通常可以根据实际的应用需求来选择适当的数据输入设备。

2.1.2.1 图形手扶跟踪数字化仪

如图 2-5 所示的设备叫作图形手扶跟踪数字化仪，简称**数字化仪**（digitizer）。数字化仪的作用是**地图数字化**（map digitizing）。纸质地图是 GIS 中空间数据的一个重要来源。可以使用数字化仪把纸质地图上描绘的各种地图符号（例如，等高线、河流、公路等线划符号，湖泊、城市街区等面状符号）在地图上的位置坐标计算出来，传送并存储到计算机中去，这就是数字化仪的作用。

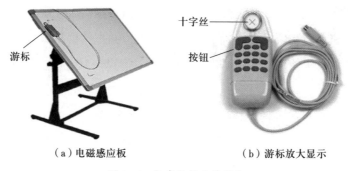

十字丝

按钮

游标

（a）电磁感应板　　　　　（b）游标放大显示

图 2-5　数字化仪及其游标

数字化仪通常是由三部分组成的，即电磁感应板、数据传输线路和**游标**（puck）。

（1）电磁感应板：电磁感应板是一块用工程塑料制作的平板，下面一般以支架支撑。电磁感应板可以水平放置，也可以竖立起来。它的内部布设了精密的电子线路。地图数字化操作的第一步就是把纸质地图平整地贴在电磁感应板上。

（2）数据传输线路：数据传输线路是在电磁感应板和计算机之间连接并用来传输坐标数据的电子线路。地图数字化操作的第二步就是把数字化仪电磁感应板通过数据传输线路和计算机连接，并在数字化仪和计算机中运行的 GIS 软件之间建立数据通道。

（3）游标：游标像一个有很多按钮的鼠标，游标是连接在电磁感应板上的。地图数字化操作的第三步是操作员用手扶着游标在电磁感应板上的地图表面移动。游标的前面通常有一个透明窗口，如图 2-5 所示，中间刻着一个十字交叉的细丝。用细丝交叉点对准地图上要采集坐标的位置，按动游标上的某一个特定的按钮，数字化仪就会采集该点在电磁感应板上的坐标并通过线路传送到计算机里，被 GIS 软件接收，这样就完成了采集一个坐标点位置的工作。

地图数字化过程是一个**模数转换**（analog-to-digital conversion）过程，也就是把用模拟形式表达地理信息的地图符号转换成了在计算机里存储的以数字形式表达的坐标这样一系列空间数据。

2.1.2.2　工程扫描仪

手扶跟踪数字化的工作强度是比较大的，另外还会因为遗漏等造成数字化过程中出现错误、误差，所以它在复杂的图形数字化工作中弊病较多。而如图 2-6 所示的工程扫描仪在这种情况下能够更加高效、精确地完成数字化任务，降低对人的体力要求。

工程扫描仪是一种特殊的扫描仪。它被用来扫描纸质地图的图形，所以工程扫描仪通常

图 2-6　工程扫描仪

采用滚筒式或平推式的方法将大幅面纸质的地图送入扫描仪进行扫描，在扫描仪中有个扫描激光探头，可以来回在地图表面进行扫描。这种扫描方式就像拍照一样，能把扫描过的地图信息变成高分辨率真彩色**数字图像**（digital image）存入计算机，相当于给纸质地图拍摄了一张清晰的彩色数码相片，从而实现了模数转换。

然后，在计算机里用 GIS 软件打开扫描的数字图像，操作员就可以在计算机屏幕上看到这张彩色地图，接着就可以用鼠标在 GIS 软件中对着屏幕上的图像进行**屏幕数字化**（on-screen digitizing）或者**矢量化**（vectorization），即用鼠标点击图像上的地图符号，得到空间数据的点坐标、线坐标和面边界上的坐标数据。由于扫描的地图图像可以在计算机屏幕上放大很多倍来显示，所以扫描和屏幕数字化可以得到很高的坐标精度。现在，工程扫描仪已经逐渐取代图形手扶跟踪数字化仪而成为地图图形、遥感图像等数据输入最有效的工具之一。

2.1.2.3 数字测量设备

数字化仪和工程扫描仪都是间接的数据输入设备，是在已经有了纸质地图的情况下，在室内把地图上的坐标转化成数字的形式存储到计算机中。因为地图是要经过野外测量才能得到的，所以最直接的数据输入设备是数字测量设备。数字测量设备主要是在野外进行实地采集地理数据，并可制作成地图。

数字测量设备主要包括全球导航卫星系统（以北斗接收机为例）、激光雷达和全站仪等，如图 2-7 所示。

（1）**全球导航卫星系统**（global navigation satellite system，简称 GNSS）：最早的全球导航卫星系统是美国的**全球定位系统**（global positioning system，简称 GPS）。它是一个提供了在陆、海、空进行全方位实时三维导航与定位能力的全球导航卫星系统。它主要是由在地球上空的 30 多颗 GPS 卫星、监控卫星的地面站，以及用户接收机组成。中国的全球导航卫星系统叫作北斗卫星导航系统，它的发展虽然比美国 GPS 晚，但是它的功能比 GPS 多。用户只要

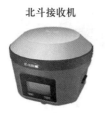
北斗接收机

激光雷达

全站仪

图 2-7　常用数字测量设备

使用北斗接收机就可以实时获得地球上任何位置准确的地理坐标。现在智能手机里也都安装了北斗芯片，可以提供实时的精确定位功能。此外，全球导航卫星系统还有俄罗斯的格洛纳斯（GLONASS）系统和欧洲的伽利略（Galileo）系统。

（2）**激光雷达**（light detection and ranging，简称 LiDAR）：激光雷达是激光探测及测距系统的简称，又称激光扫描仪。它是一种集成激光、全球导航卫星系统和惯性导航系统三种技术于一身的综合性系统，用于获得数据并生成精确的**数字地面模型**（digital surface model，简称 DSM）和**数字高程模型**（digital elevation model，简称 DEM）。这三种技术集合在一起可以精准地定位激光束打在物体上的光斑，推导出准确的空间坐标。现在较高精度的地形测量工作主要通过激光雷达来进行。

（3）**全站仪**（electronic total station）：全站仪即全站型电子测距仪，是一种集成水平角、垂直角、距离（斜距、平距）、高差测量功能于一体的测绘设备，在地形测量和工程测量中得到了广泛应用。

2.1.3　数据输出设备

GIS 数据输出设备的作用主要是为 GIS 软件提供用户操作界面，同时把 GIS 最终分析、计算、处理的结果以文字、报表或者统计图的形式展现给用户，让用户能对结果加以认识和理解。常用的数据输出设备是绘图仪、显示器和投影仪、打印机。

2.1.3.1　绘图仪

绘图仪（plotter）是 GIS 最主要的输出设备，主要有笔式绘图仪和喷墨绘图仪两种，如图 2-8 所示。

笔式绘图仪　　　　　　　　喷墨绘图仪

图 2-8　绘图仪

笔式绘图仪是由计算机发出绘图指令，驱动电机带动画笔在平面上绘制线条进行制图的仪器设备。它主要是输出线划图，在 CAD/CAM 等工程领域运用得较多。早期 GIS 也多是采用笔式绘图仪绘制各种矢量数据表达的地图，如地形图等。但目前人们对它的使用逐渐减少。

喷墨绘图仪分为单色和彩色两种。彩色喷墨绘图仪采用喷头将四种印刷色彩（CMYK，即青、洋红、黄和黑）的墨水混合喷洒在图纸上，可以绘出 A0 幅面、分辨率高达 1 200 DPI（指每英寸可分辨的点数）、具有彩色照片质量的地图产品，是当前主流的绘图仪。

2.1.3.2 显示器和投影仪

计算机**显示器**（monitor）是 GIS 的主要图形交互操作人机界面，如图 2-9 所示。计算机显示器常简称为显示器。当前的显示器通常是液晶显示器。它是通过电路控制屏幕上的液晶单元，从而控制屏幕背后荧光灯上发出的光线能否通过来显示图像的。特别是采用发光二极管（LED）作为背光光源的液晶显示器，亮度更高，能耗更低，是目前主流的显示器类型。

显示器　　　　　投影仪　　　　　打印机

图 2-9　显示器、投影仪和打印机

投影仪（projector）又称投影机，是一种可以将计算机显示的图像或视频投射到幕布上的设备，可用于大幅面地图的显示。

2.1.3.3 打印机

打印机（printer）用于将计算机中 GIS 分析处理的结果打印在介质上，例如，将文字报告或统计报表打印到纸张上，也可以打印小幅面的地图。打印机常用的类型有激光打印机和喷墨打印机等。此外，当前较为流行的被称为 3D 打印机的新型设备可以使用树脂等材料塑造出三维的地形、地貌模型和三维建筑模型等。

2.2 系统软件

GIS 软件是整个 GIS 的核心部分，它的作用就在于可以利用 GIS 软件来执行 GIS 的各种功能，也就是说一个 GIS 功能的发挥需要通过操作这个 GIS 软件来完成。不过要想让一个 GIS 能够正常运作的话，除了要有合适的系统硬件来支撑以外，仅仅依靠一款软件是远远不够的，还要有一系列的软件来协同工作。只有这一系列的软件配合起来，各自发挥自己的作用，才能实现完整的 GIS 功能。所以在实施一个 GIS 项目的时候，除了考虑硬件以外，还要考虑需要配置哪些合适的软件。

通常一个完整的 GIS 系统软件主要可以分为两大类型，即基础支撑软件和 GIS 功能软件。在第一类的基础支撑软件中，主要包含了操作系统、编程开发工具和数据库管理系统等软件类型；在第二类的 GIS 功能软件中，则主要包含了 GIS 基础软件平台和 GIS 应用软件。

图 2-10 说明了 GIS 软件各类型各部分之间的关系，可以看出这两大类型的软件是处在不同的功能层次上的，最下面的基础支撑软件是操作系统，操作系统主要是和计算机的硬件

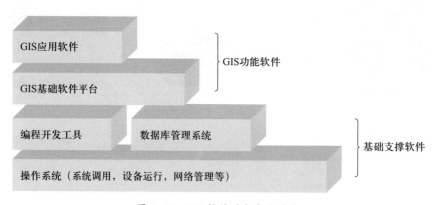

图 2-10　GIS 软件的分类和层次

打交道。一台计算机如果只有硬件，用户就没有办法直接操作它，而需要用操作系统这样一款软件去控制计算机运作。当计算机开机的时候，首先要运行的软件就是操作系统。操作系统既是操作者和计算机硬件之间的人机交互界面，同时其他软件也都要在操作系统的支撑和控制下运行，并和硬件交互。所以操作系统最为基础，只有选择适合的操作系统软件，才能更好地支撑其上各种软件的运行。

操作系统之上是编程开发工具和数据库管理系统。编程开发工具的作用就是当需要 GIS 完成某一项特定应用功能的时候，可以用编程的方式去实现。数据库管理系统是用来存储和管理各种数据的。GIS 中会存储大量的空间数据，这些空间数据需要用数据库管理系统进行存储和管理。

更高的软件层次是 GIS 功能软件。其中最基础的 GIS 功能软件部分是 GIS **基础软件平台**（GIS basic software platform）。这个基础软件平台提供了大量的 GIS 通用功能，只要运用这个基础软件平台，就可以实现常用的 GIS 功能。

GIS 应用软件主要是针对某一特定行业或特定应用而开发的 GIS 软件，所以它们的应用功能就很特殊，而这些特殊应用功能必须在一个通用的、具备 GIS 通用功能的基础软件平台之上开发。

GIS 不同层次的软件之间需要能够彼此协调地工作，所以，要对各个不同层次的软件进行有针对性的选择，以便相互配合发挥作用。各个层次对应的各种软件产品如表 2-2 所示。

表 2-2　GIS 软件组成及层次

分类	类型	软件
GIS 功能软件	GIS 应用软件	旅游信息系统、土地信息系统、交通 GIS、警务 GIS 等
	GIS 基础软件平台	客户端：国外软件有：ArcGIS、MapInfo、Idrisi、QGIS、GRASS GIS 等 国产软件有：MapGIS、GeoStar、SuperMap 等
		服务器端：ArcGIS Server、GeoServer、MapServer 等
基础支撑软件	数据库管理系统	Oracle Spatial and Graph、Microsoft SQL Server Spatial、PostgreSQL 的 PostGIS、IBM DB2 Spatial Extender、MySQL Spatial Extension 等
	编程开发工具	C、C++、Java、Python、SQL 等
	操作系统	Microsoft Windows 系列、UNIX/Linux 系列等

2.2.1 基础支撑软件

基础支撑软件主要包括操作系统、编程开发工具和数据库管理系统。

2.2.1.1 操作系统

操作系统（operating system，简称 OS）软件是计算机包括智能手机、智能移动设备等所必备的基础软件。其作用就是作为计算机中其他各种软件与计算机硬件之间沟通的桥梁。其他各种软件，包括 GIS 软件都要通过操作系统来操控计算机的硬件，操作系统负责计算机硬件和软件之间如何协调配合工作。如果没有操作系统，计算机就是一台被称为裸机的、无法运作的硬件，所以当给计算机接通电源、开机之后，首先运行的就是操作系统。

GIS 软件同样需要基于操作系统才能运行，例如，当连接数据输入设备如工程扫描仪、数字化仪等把空间数据输入到计算机中的时候，就需要使用操作系统的功能；在存储器例如计算机硬盘、光盘上存储空间数据也要使用操作系统功能；从外部存储器中读取空间数据到计算机内存中进行分析计算也要使用操作系统功能；把空间数据绘制成数字地图在计算机显示器上显示出来，或用投影仪在投影幕布上投射出来，或者连接打印机、绘图仪把地图输出绘制到纸张上，甚至连接印刷设备进行地图的制版印刷等，都离不开操作系统的功能支持。

操作系统主要可以分成三个大的类型：桌面型操作系统、服务器型操作系统和嵌入型操作系统。这种分类主要是根据操作系统所对应的硬件来划分的。第一类桌面型操作系统主要运行在个人计算机上，第二类服务器型操作系统主要运行在服务器计算机上，第三类嵌入型操作系统主要运行在像智能手机、平板电脑（智能移动设备的一种）等这样的嵌入式设备上。

操作系统无论是哪一种类型，从软件产品上看目前通常属于两大系列，一类是以微软（Microsoft）公司产品为代表的 Windows 操作系统系列，另一类是 UNIX/Linux 系列。各个类型和各个系列的操作系统软件产品如表 2-3 所示。

表 2-3 常见的操作系统

分类	代表性系统	产品名称和版本
桌面型	Windows 系列	Windows 3.1，Windows 98，Windows Me，Windows XP，Windows Vista，Windows 7，Windows 8，Windows 10，Windows 11
	UNIX/Linux 系列	Mac OS X，Linux（Ubuntu，Debian，Fedora，国产的统信 UOS 等）

续表

分类	代表性系统	产品名称和版本
服务器型	Windows 系列	Windows NT Server，Windows Server 2003，2008，2012，2016，2019 和 2022
	UNIX 和类 UNIX	SUN Solaris，FreeBSD，Red Hat Enterprise Linux，CentOS
嵌入型	Windows 系列	Windows CE，Windows Mobile，Windows Phone
	UNIX/Linux 系列	Android，iOS，我国自主研发的"鸿蒙"系统

1. 微软 Windows 系列操作系统

比尔·盖茨（Bill Gates，1955—）创立的微软公司于 1985 年开发出了最早版本的 Windows 1.0 桌面型视窗操作系统，如图 2–11 所示。目前微软操作系统最新的版本是 2021 年发布的 Windows 11。

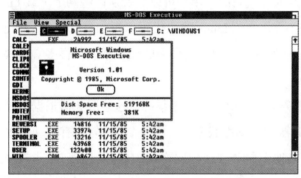

图 2–11　微软 Windows 系列桌面型操作系统用户界面（最早版本和当前版本）

在 1985—2021 年期间，微软公司还推出了一系列不同版本的桌面型视窗操作系统，例如 Windows 3.1、Windows 98、Windows Me、Windows XP、Windows Vista、Windows 7、Windows 8，以及 Windows 10 等。此外该公司也开发出了多种在服务器上运行的 Windows Server 版本的操作系统。从市场占有的份额上看，目前 Windows 操作系统是桌面型个人计算机和工作站上主流的操作系统。

2. UNIX/Linux 系列操作系统

第二个系列的操作系统是 UNIX/Linux 操作系统。UNIX 这个操作系统非常著名，是在 1969 年由美国贝尔实验室的两位著名计算机科学家肯尼斯·汤普森（Kenneth Thompson，1943—）和丹尼斯·里奇（Dennis Ritchie，1941—2011）合作开发出来的。而且，他们还开发出了著名的 C 语言。UNIX 操作系统最早是在大型计算机或工作站上使用的一种专用操作系统，它也衍生出了一些其他的产品，比如 Mac OS X 操作系统。

Mac OS X 是被史蒂夫·乔布斯（Steve Jobs，1955—2011）应用在苹果公司的个人计算机上的操作系统，是一个类 UNIX 操作系统，它的软件和 Windows 操作系统是不兼容的。即一些软件在 Windows 操作系统上能够运行，但在 Mac OS X 上不能运行，反之亦然。所以，GIS 软件必须具备不同的操作系统版本，即在 Windows 操作系统上运行 Windows 版本的 GIS 软件，在苹果电脑上运行适应 Mac OS X 操作系统的版本。

Linux 是一款和 UNIX 相似的操作系统，最早是由芬兰大学生莱纳斯·托瓦兹（Linus Torvalds，1969—）在 1991 年独自开发出内核功能并发布到因特网上，成为自由的开放源代码的操作系统，后来由陆续加入的全球众多编程爱好者共同开发完成了整个系统。Linux 有很多不同的发行版本，比如著名的桌面型操作系统有 Ubuntu、Debian、Fedora 和我国研发的统信 UOS，等等。当然它最主要的应用是作为服务器计算机的操作系统，在 IT 界非常流行。

Linux 操作系统是自由软件，并且是开放源代码的。用户可以免费从因特网上下载 Linux 并安装到自己的计算机上使用，还可以查看并修改 Linux 的源代码以添加自己想要的功能。这使得 Linux 成为一种政府部门、高等院校和科研机构广泛采用的操作系统。很多 GIS 软件也支持 Linux，开发了相应的 Linux 版本。

服务器操作系统一般指的是安装在服务器计算机上的操作系统。这些服务器根据提供服务的不同可以分为 web 服务器、应用服务器和数据库服务器，等等。GIS 软件有些功能也是需要运行在服务器计算机上的，比如网络地图服务。这种网络地图服务目前已经非常普及了，例如，腾讯地图和高德地图等。网络地图的服务器计算机在网络上发布各种电子地图，然后用户在自己的手机上就可以使用地图功能。常用的服务器操作系统有 UNIX 系列的 SUN Solaris、FreeBSD 等。更普遍的是采用 Linux 系列如著名的红帽子 Red Hat Enterprise Linux。微软也提供服务器操作系统，如 Windows Server 等。

3. 嵌入型操作系统

嵌入型操作系统是运行在嵌入式设备中的操作系统。嵌入型操作系统广泛应用在生活的各个方面，涵盖的范围为从便携设备到大型固定设施，比如数码摄像机、照相机、智能手机、平板电脑、家用电器、交通信号设备、航空电子设备和工业电子设备，等等。在嵌入式领域常用的操作系统有嵌入型 Linux 操作系统、嵌入型 Windows 操作系统，以及广泛使用于智能手机、平板电脑等消费类电子产品上的操作系统，最著名的有谷歌公司的安卓（Android）系统、苹果公司的 iOS 系统和我国华为公司自主研发的"鸿蒙"系统等。

操作系统目前还有 32 位版本和 64 位版本的区分。比如 Windows 8 的版本就被分成了 32 位和 64 位的两个版本，32 位版本的操作系统可以运行在 32 位和 64 位的计算机上，但 64 位版本的操作系统就只能运行在 64 位的计算机的硬件上。现在绝大部分的计算机都是 64 位的，所以微软现在提供的 Windows 系列操作系统主要也是 64 位的。

2.2.1.2 编程开发工具

GIS 的基础支撑软件中另外一个重要的部分就是编程开发工具软件。其作用通常有两个，一个用来开发 GIS 的各种应用功能，另一个用来实现 GIS 的应用模型。这两个方面通常都要通过程序开发来实现。

针对不同的编程语言有不同的编程开发工具软件，比如 C 语言是一个非常底层的计算机语言，它的作用就是操纵计算机硬件，所以当编写设备驱动程序或者操作系统底层功能时，通常可以使用 C 语言及其编程工具，如集成开发环境和 C 语言标准库等。一些 GIS 软件也是采用 C 语言编程来实现的，例如开源的 GRASS GIS 软件。

另一个就是著名的 C++ 语言。这种语言可以说是世界上一种最复杂的计算机语言。它非常适合进行大型软件系统的开发工作，比如 Windows 操作系统，Office 软件系列的 Word、Excel 和 PowerPoint 等都是用 C++ 语言来编写的。同样，ArcGIS、QGIS 等 GIS 基础软件平台也都是基于 C++ 语言开发的。

著名的编程语言还有 Java 语言。Java 语言在网络应用开发中使用非常普遍，特别是现在智能手机程序里很多的 App（即应用程序）都是使用 Java 语言开发的。同样在 GIS 中，一些基于因特网的地图服务软件如 GeoServer 等也是使用 Java 语言开发的。

Python 语言是现在非常流行的一门编程语言。它的特点是使用起来非常简便，学习起来比较容易，所以目前被广泛运用在各行各业。很多领域里都使用 Python 语言，这些领域也包括现在比较流行的人工智能应用等方面。同样在 GIS 中它的应用也非常广泛，大多流行的 GIS 软件都提供了用 Python 语言进行应用模型建模的功能。

SQL 全称为 structured query language，汉语名称为结构化查询语言，是一种结构化的、用于数据库的查询语言，也是数据库实现各种功能的一种语言。GIS 软件中在处理属性数据的时候，通常都要借助 SQL 语言的功能。

2.2.1.3 数据库管理系统

数据库管理系统是专门用来存储和管理大量数据的。GIS 里使用的空间数据量往往是非常巨大的，用常规的操作系统文件管理方式可能不能满足应用的需求，所以，对大量数据特别是现在的大数据需要使用数据库管理系统来存储和管理。

在 GIS 中常用的数据库管理系统大致可以分成两大类：**桌面**（desktop）型和**服务器**（server）型。

第一类桌面型的个人地理数据库系统软件是用在个人计算机里供个人使用的，代表性的就是微软的 Access 数据库，它既可以存储表格形式的常规数据，也可以存储 GIS 的空间数据。图 2-12（a）所展示的就是微软 Access 数据库的软件界面，其中"行政分区面要素"是存储 GIS 空间数据的表。表中有 4 行数据，分别表示图 2-12（b）中所示的四个行政分区的空间数据，即"长二进制数据"用来具体存储每个行政分区边界上的地理坐标数据。

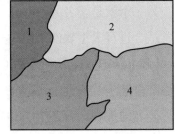

（a）Access数据库软件界面　　　　　　　（b）数据库中的空间数据显示

图 2-12　微软 Access 数据库软件存储空间数据的实例

Access 数据库是一个桌面型关系数据库管理系统软件，被包含在微软的 Office 软件系列里面，并和 Word、Excel 及 PowerPoint 等一起提供个人办公服务。Access 数据库所能管理的数据量并不是很大，在个人计算机里 Access 数据库最大管理数据量在 1G（10^9）字节左右，超出这个规模的数据 Access 数据库就无能为力了。

图 2-13 所示是 ArcGIS 软件系列中的空间数据库管理系统软件 ArcCatalog，它主要的作用是创建和管理空间数据。图中显示的是 ArcCatalog 创建个人地理数据库的情形，在"文件 /新建"菜单下有"个人地理数据库"等选项。个人地理数据库的文件存储格式就是使用微软的 Access 文件格式，以 mdb 为文件扩展名。

第二类是数据库服务器上的空间数据库管理系统软件。这一类的数据库系统在 GIS 中主

图 2-13　ArcGIS 的 ArcCatalog 空间数据库管理系统软件

要用来管理大型的空间数据，同时空间数据是在网络上进行发布和管理的。代表性的软件主要有微软的 SQL Server、甲骨文的 Oracle Database、PostgreSQL、IBM DB2，以及 MySQL 等。

这些数据库管理系统软件不仅可以用来存储常规的数据库数据，比如文本、表格这样的统计数据，而且也都可以用来存储 GIS 空间数据，比如微软 SQL Server 有 Spatial 部分可以存储空间数据，包括地理空间坐标数据等。同样地，Oracle 有 Spatial and Graph，PostgreSQL 有一种扩展软件叫作 PostGIS，IBM DB2 有 Spatial Extender，MySQL 有 Spatial Extension 等，这些软件都提供了 GIS 空间数据的存储和管理方法。其中的 PostgreSQL 还是一个开源的自由软件。

2.2.2　GIS 功能软件

2.2.2.1　GIS 功能软件分类

GIS 功能软件通常分为 GIS 基础软件平台和 GIS 应用软件两大类型。GIS 基础软件平台一般指具有丰富 GIS 专业功能的通用型 GIS 软件。它具备了处理分析空间数据的各种基本功能，可作为 GIS 应用软件系统建设的基础工具。

GIS 基础软件平台的代表产品有：国外的桌面型系统如 ArcGIS、MapInfo、Idrisi、开源 GIS 软件 QGIS 和 GRASS GIS 等；服务器型系统有 ArcGIS Server、GeoServer 和 MapServer 等。国产

GIS 软件桌面型系统有超图公司的 SuperMap、中地公司的 MapGIS 和吉奥公司的 GeoStar 等，以及它们相应的服务器版本。

GIS 应用软件是政府部门和企事业单位利用 GIS 基础软件平台上提供的 GIS 数据处理与分析功能自行开发的业务软件，是特别针对某一具体行业或应用的信息系统。例如，旅游管理部门可以开发应用与旅游信息有关的 GIS 管理软件，规划部门可以开发应用与城市规划相关信息的 GIS 管理软件，公安部门可以开发应用警务 GIS 软件，国土管理部门可以开发应用**土地信息系统**（land information systems，简称 LIS）、交通部门可以开发应用交通 GIS 等。

2.2.2.2　GIS 基础软件平台功能

GIS 基础软件平台一般都包含以下几项主要功能，这些也大都是 GIS 的主要功能。

（1）空间数据输入与编辑：支持手扶跟踪数字化输入、图形扫描及矢量化输入，以及对空间数据（包括几何图形数据和专题属性数据）提供修改和更新等数据编辑操作。

（2）空间数据存储与管理：具有对分布式、多用户的空间数据库进行有效的存储、检索、查询、更新和维护等功能。

（3）空间数据处理与分析：具有相互转换各种矢量格式和栅格格式的空间数据，完成地图投影转换，支持各类空间分析和建立应用模型等功能。

（4）空间数据输出与发布：提供各种地图制作、统计报表生成、地图符号和字体定制、地图打印输出等功能。服务器型的 GIS 软件还提供空间数据和地图的网络发布功能，供用户通过网络对空间数据进行下载和处理。

（5）图形用户界面：通过计算机屏幕上显示的**窗口**（window）、**菜单**（menu）、**工具条**（toolbar）、**按钮**（button）、**图标**（icon）、**光标**（cursor）等图形元素，为用户提供友好的、所见即所得的软件操作环境。

（6）建模与系统开发功能：利用系统提供的 GIS 功能进行应用模型的构建，或运用应用程序开发语言，开发各种 GIS 应用软件系统。

2.2.2.3　常用 GIS 基础软件平台

GIS 基础软件平台数量很多，其中桌面型系统中具有代表性的是：①市场占有率很高的 ArcGIS；②开源的自由软件 GRASS GIS、SAGA GIS 和 QGIS；③着眼未来方向、具备云计算和人工智能技术的国产新一代 GIS 软件平台 MapGIS、GeoStar 和 SuperMap 等。

1. ArcGIS

ArcGIS 是现在 GIS 软件市场份额最大的一款软件，是 ESRI 公司的核心产品。它最早叫作 ArcInfo，主要运行在工作站上。它当时采用一个**命令行**（command line）形式的操作界面，并不是现在计算机里常见的图形用户界面。用户要通过键盘输入命令来调用 ArcInfo 的所有功能，这是一种传统的计算机操作方式。

由于 ArcInfo 软件一开始是基于工作站计算机的，而工作站计算机的价格昂贵，所以它被使用得并不是很普遍。从 20 世纪 90 年代起，特别是随着 ArcGIS 软件的推出，ESRI 公司逐渐把软件从工作站操作系统转移到了个人计算机的 Windows 操作系统上。图 2-14（a）所示是早期 ArcGIS 系列中的 ArcCatalog，它主要用来管理空间数据，属于空间数据库管理系统软件；图 2-14（b）所示是 ArcGIS 系列中的 ArcMap。ArcMap 的功能主要是对二维平面上的空间数据进行分析处理。

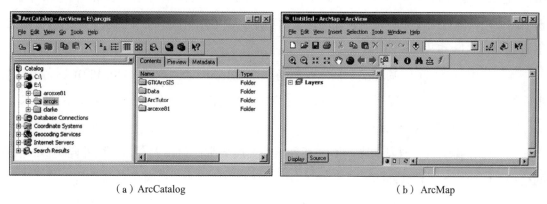

（a）ArcCatalog （b）ArcMap

图 2-14　基于 Windows 2000 操作系统的 ArcGIS 8

ArcGIS 一直在不断发展更新。最新的 ArcGIS 软件叫作 ArcGIS Pro。它是基于 64 位操作系统的 64 位 GIS 软件，其数据处理能力比原来 32 位 ArcGIS 强得多。它的一个新特点是在用户界面里集成了二维平面地图窗口和三维透视场景图窗口，极大地优化了用户体验。ArcGIS 已经成为 GIS 行业的标志性产品。

2. **开源自由软件**

在 20 世纪 80 年代早期，美国陆军建筑工程研究实验室联合了美国的一些联邦机构、大学、公司开发了 GRASS GIS。到 1995 年以后它们公开了软件的源代码，由一个大学团队接管它的开发，并将它作为开放源代码的自由软件供用户免费下载使用。因为任何程序员都可以提供自己对 GRASS GIS 代码的修改方案，所以它的功能越来越强，它几乎可以实现绝大多数

ArcGIS 这种专业 GIS 软件才拥有的功能。

像 GRASS GIS 这样的开源软件的另一个优势是支持多种操作系统。ArcGIS 基本都是在 Windows 操作系统上开发的。如果不使用 Windows 操作系统，就没有办法使用 ArcGIS。而 GRASS GIS 的源代码可以在不同操作系统上重新编译，生成运行在不同操作系统下的应用程序。因此，GRASS GIS 软件既有 Windows 版本，也有 UNIX/Linux 操作系统和苹果 Mac OS X 操作系统版本。

SAGA GIS 是德国哥廷根大学开发的开源 GIS 软件。SAGA 是 system for automated geoscientific analyses（自动地球科学分析系统）的首字母缩写。该软件提供了数量众多且非常专业的地学分析方法。它可以运行在多种操作系统之上，还通过提供**插件**（plug-in）的形式，将其功能集成到其他 GIS 软件如 ArcGIS 和 QGIS 等中使用。

QGIS 是现在非常流行的开源自由 GIS 软件。它在 2002 年创建的时候原名叫作 Quantum GIS。它也可以运行在 Windows、Mac OS X 和各种 Linux 操作系统上。QGIS 本身软件规模较小，但可以通过插件的形式集成外部强大的功能，也可以集成其他 GIS 软件的插件的功能，比如 GRASS GIS 和 SAGA GIS 等。

本教材中所有的 GIS 功能演示插图，都是采用 GRASS GIS、SAGA GIS 和 QGIS 等开源自由软件制作的。在一般情况下，这些开源自由 GIS 软件完全可以满足读者学习 GIS 的需求。

3. 新一代国产 GIS 平台软件

近年来，我国自主研发的国产 GIS 平台软件发展势头迅猛，大有超越国外同类 GIS 软件的趋势。国产 GIS 平台软件除了 GIS 的基本功能日趋丰富以外，软件的体系结构也日臻完善，涵盖了从 GIS 桌面系统到网络 GIS 等类型的各种软件。目前，国产 GIS 平台软件更是在结合互联网、大数据、云计算和人工智能等先进功能方面表现出色，成为我国自主研发国产软件领域的佼佼者。其中，优秀的 GIS 基础软件平台如 GeoStar、MapGIS 和 SuperMap 等不胜枚举。感兴趣的读者可以去超图公司的网站免费下载一个供个人使用的 SuperMap GIS 版本来体验国产 GIS 的先进功能。

无论是上述哪一种 GIS 基础软件平台，其软件界面和功能都是相似的，如图 2-15 所示。它们都采用图形用户界面，以多级菜单项提供各种 GIS 操作功能，以工具条按钮的形式提供快捷的交互操作。GIS 软件界面上的中心位置通常是一个图形显示窗口，加载到 GIS 软件里的空间数据以图形的形式显示在这个窗口中。图 2-15 中上部的图形窗口显示的是 20 世纪 90 年代我国长江下游区域各个县市的空间数据。

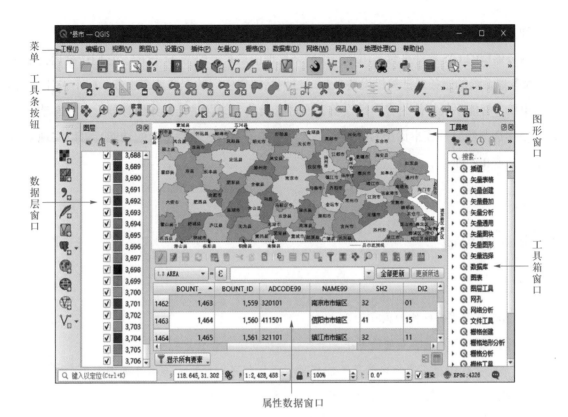

图 2-15 GIS 软件典型的图形用户界面

在软件界面左侧名为"图层"的**停靠**（docking）窗口里，通常显示 GIS 软件加载的空间数据层信息，包括空间数据的名称，以及空间数据在地图窗口中显示的图形符号的图例。通过选择不同的空间数据层，用户可以对各个空间数据进行不同类型的操作，例如，设置坐标系、设置地图符号、对一层空间数据进行修改、打开对应的属性数据，等等。

用户可以打开空间数据对应的属性数据，并将其显示在一个二维表格窗口中，这张二维形式的表格称为**属性表**（attribute table）。属性数据是用来说明空间数据所具有的一些特殊性质的数据，例如，每一个空间数据单元的名称、数量等。用户可以对属性表中的属性数据项进行相应的操作处理。如图 2-15 所示，界面中下部的停靠窗口显示了各个县市的属性数据表，从中可以看出各个县市的名称、行政区划编码等数据项。

在软件界面的右侧边，通常可以打开一个名为"工具箱"的停靠窗口。工具箱窗口罗列了 GIS 软件提供的各种空间数据处理工具和空间数据分析工具，GIS 提供的全部分析处理功能大都集中在这个工具箱窗口里。用户可以从中选择需要执行的 GIS 数据处理和空间分析工具，然后在相应的对话框窗口中设置分析处理所需要的数据和参数，之后就可以进行空间数据处理与分析了。所以，这种基于图形用户界面的 GIS 软件非常容易操作。

服务器型的 GIS 软件平台是用来实现网络地理信息系统即 WebGIS 的。它们连续运行在客户／服务器系统的服务器计算机设备上，通过网络提供空间数据和地图服务。而个人计算机、平板电脑、智能手机等作为客户端设备，通过有线或无线网络连接到服务器上的 GIS 软件平台，使用浏览器软件或桌面型 GIS 软件，借助服务器型 GIS 软件平台的功能，可以实现空间数据的获取和处理。

复习思考题

1. GIS 有哪些特殊的输入和输出设备？

2. 请说明 GIS 的数据处理设备中，个人计算机和服务器计算机的不同作用。

3. 通过智能手机、平板电脑等智能移动设备，你可以使用哪些网络地图服务？

4. 根据你的了解，谈一谈常用的国内外 GIS 软件有哪些。

5. GIS 软件分为哪些层次，各由哪些软件组成？

6. GIS 软件的图形用户界面通常由哪些相似的部分组成，各部分的作用是什么？

第3章 空间数据——坐标参照系

在公元 2 到 3 世纪，相继出现了被称为古代地图学史上东西辉映的两颗灿烂明星的地图学家，他们分别是我国魏晋时期的裴秀和古罗马时代的托勒密（Claudius Ptolemaeus）。裴秀以**方里网**（kilometer grid）坐标形式测绘了当时全国的地图，创立了"制图六体"的地图测绘理论和技术方法。托勒密以经纬度坐标形式测量并绘制了地中海一带的地图，提出了地图投影方法。直至今日，人们依然可以在标准**地形图**（topographic map）上看到用**经纬网**（graticule）表示的地理坐标系和方里网表示的地图投影坐标系。

GIS 中的空间数据记录了客观事物在地球上的空间位置**坐标**（coordinate）。用来确定坐标的参照系统称为**坐标参照系**（coordinate reference system，简称 CRS）或**空间参照系**（spatial reference system，简称 SRS）。GIS 常用的坐标参照系有：①**地理坐标系**（geographic coordinate system），用来确定在地球球面上的位置，以经纬度计量；②**垂直坐标系**（vertical coordinate system），用来确定在地球球面上的高度，称为**高程**（elevation）；③**投影坐标系**（projected coordinate system），用来表示在平面上的位置，通常以笛卡儿坐标系（Cartesian coordinate system）计量。

电子教案 第3章

3.1 地理坐标系

GIS 中所使用的地理空间概念，一般指上至大气电离层，下至地壳与地幔交界的莫霍面之间的地球表层空间区域，其间是自然地理过程和生命及人类活动最活跃的场所。GIS 所研究的空间实体是在地理空间中所有的地理现象和地理过程的总称，包括山脉、河流、城市、道路乃至整个国家的疆域等。

GIS 如果要在计算机中表达地理空间中的各种空间实体，首先就要想办法确定空间实体在地理空间中的准确位置，也就是测量空间实体在地理空间中的坐标。用来定义空间实体在地理空间中的坐标的坐标系叫作地理坐标系。地理坐标系以经纬度来定义，经纬度坐标通常以**大地测量**（geodetic survey）方式获得。大地测量通常先要测定一些高精度的测量**控制点**（control point）组成测量控制网，然后再通过各种测量仪器以控制点为参照点，去测量地球表面任意地点的坐标。

历史上，不同的国家和地区为了保证自身所在区域的测量精度，各自建立了不同的地理坐标系。例如，我国建立了 1954 北京坐标系、1980 西安坐标系和 2000 国家大地坐标系。美国也建立了适合在北美地区进行测量的 NAD27 和 NAD83 坐标系，以及适合全球测量的用于 GPS 的 WGS84 坐标系（1984 年世界大地坐标系）。随着大地测量技术的提高，地理坐标系的测量精度也越来越高。

3.1.1 平面大地测量基准

地理坐标系以**平面大地测量基准**（horizontal geodetic datum）作为地球表面位置的测量依据。不同的地理坐标系有不同的平面大地测量基准。每一个平面大地测量基准通常都包括：**椭球体**（ellipsoid）的几何定义、椭球体的定位和定向等内容。

3.1.1.1 椭球体的几何定义

椭球体是用来表示地球大小和形状的几何模型。地球的陆地表面存在各种复杂的地形，但地球表面三分之二以上的面积是海洋，所以人们考虑用海洋的水面并延伸至陆地下面覆盖整个地球所形成的表面来表示地球的物理形状，这个表面就叫作**大地水准面**（geoid）。图 3-1（a）所示是把大地水准面的轻微起伏夸张很多倍以后得到的效果，它的形状看起来有点像一个梨子。

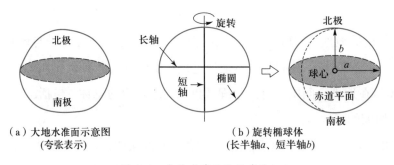

（a）大地水准面示意图　　　　（b）旋转椭球体
（夸张表示）　　　　　　（长半轴 a、短半轴 b）

图 3-1　大地水准面和椭球体

因为大地水准面有轻微的起伏，不是完全规则的几何表面，所以，人们再假想一个椭球体的几何形状来尽可能地逼近大地水准面的形状和大小。这个椭球体是用一个椭圆围绕它的**短轴**（minor axis）旋转 360° 形成的扁球形状，又称为**旋转椭球体**（spheroid）。椭圆**长轴**（major axis）旋转 360° 形成赤道平面，如图 3-1（b）所示。

定义旋转椭球体的大小和形状需要两个基本参数：①**长半轴**（semi-major axis）的长度 a；②**短半轴**（semi-minor axis）的长度 b。a 就是椭球体所表示的地球的**赤道**（equator）半径，b 是从椭球体的球心到**南极**（south pole）或**北极**（north pole）的**极半径**（polar radius）。连接南极和北极的直线就是旋转椭球体的旋转轴。椭球体的定义还可以使用长半轴 a 和另一个椭球参数**扁率**（flattening）来定义。扁率 $f = (a-b)/a$，表示长半轴相比于短半轴超出的比例。

我国建立的 1954 北京坐标系使用克拉索夫斯基椭球体，该椭球体的参数是苏联科学家克拉索夫斯基（Феодосий Николаевич Красовский，1878—1948）在 20 世纪 40 年代测定的，如表 3-1 所示。1980 西安坐标系采用了 1975 年国际大地测量与地球物理联合会第十六届大会推荐的椭球体（IAG1975）。2000 国家大地坐标系（China Geodetic Coordinate System 2000，简称 CGCS2000）定义了更精确的椭球体，参数与 GPS 采用的 WGS84 坐标系的椭球体相似，可用于全球测量定位。

表 3-1　我国不同时期采用的椭球体及其参数

采用时间	大地测量基准地理坐标系	椭球体名称	长半轴 a/m	扁率的倒数 $1/f$
1954 年—1980 年	1954 北京坐标系	克拉索夫斯基	6 378 245	298.3
1980 年—2008 年	1980 西安坐标系	IAG1975	6 378 140	298.257 0
2008 年—现在	2000 国家大地坐标系	CGCS2000	6 378 137	298.257 222 101

3.1.1.2　椭球体的定位和定向

椭球体的大小和形状确定以后，还要通过定位和定向让椭球体和实际地球的大地水准面尽量贴合。通过定位和定向确定的椭球体称为**参考椭球体**（reference ellipsoid）。

1. 椭球体的定位

椭球体的定位可以是局部定位或地心定位，前者通过设定**大地原点**（origin）来实现，用于建立局部区域的地理坐标系。在大地原点的位置，椭球体表面和局部大地水准面的表面相贴合。大地原点也是用来推算其他位置经纬度坐标的初始参照点。地心定位将椭球体的球心和地球的质量中心（质心）相重合，可以建立全球测量的地理坐标系，如图 3-2 所示。

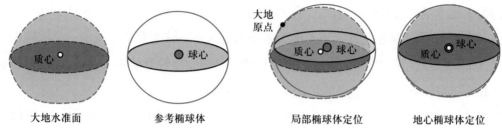

图 3-2　椭球体的定位

我国 1954 北京坐标系是局部定位，大地原点位于当时苏联列宁格勒附近，在我国境内椭球体表面与实际的大地水准面之间差距较大，因此该坐标系不太适合在我国进行精确的大地测量。1980 年我国开始建立自己的测量基准，大地原点设在陕西省泾阳县永乐镇，离西安不远，称为 1980 西安坐标系。由于大地原点选在我国中部，可以减少坐标传递误差的积累，在我国境内该椭球体表面更接近我国实际的地球表面，因此测量精度更高。从 2008 年起，我国开始采用地心定位的 2000 国家大地坐标系，其椭球体的球心与地球的质心重合。

2. 椭球体的定向

椭球体的定向就是设定椭球体坐标轴的方向。设椭球体的球心为三维坐标系的原点，三维坐标系的 z 轴方向即为椭球体短半轴的方向，其平行于地球自转轴。由于地球自转轴并不固定，北极点会随着时间产生位置变化，因此在确定 z 轴方向时要将它指定为某一时间测定的地极方向。x 轴的指向与**本初子午线**（prime meridian，通过格林尼治天文台的子午线）所在平面平行且垂直于 z 轴。y 轴垂直于 x 轴和 z 轴，形成右手坐标系，即右手大拇指、食指和中指伸开，相互垂直，分别表示 x、y 和 z 轴的正方向，如图 3-3 所示。

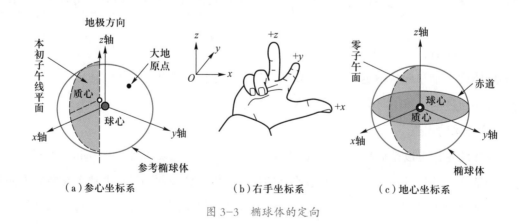

图 3-3　椭球体的定向

我国 1980 西安坐标系的 z 轴平行于地球质心指向地极的方向，x 轴平行于本初子午线平面且与 z 轴垂直，y 轴与 x、z 轴形成右手坐标系，如图 3-3（a）所示。由于椭球的球心与地球质心并不重合，因此这样定位和定向的参考椭球体形成的坐标系叫作参心坐标系。而 2000 国家大地坐标系的球心与地球质心重合，是一个地心坐标系。其 z 轴指向国际时间局定义的 BIH1984.0 协议极地方向，x 轴指向 BIH1984.0 定义的零子午面与协议赤道的交点，y 轴按右手坐标系确定，如图 3-3（c）所示。

3.1.2 大地测量坐标系

按照平面大地测量基准定义的地理坐标系又称为**大地测量坐标系**（geodetic coordinate system）。在平面大地测量基准的椭球体上，就可以进行大地测量坐标的定义。大地测量坐标包括**大地经度**（geodetic longitude）和**大地纬度**（geodetic latitude）。地球表面上某一点的大地经度是指过该点的子午线平面与本初子午线（经度为 0 度）平面之间张开的角度，本初子午线以东为正值，以西为负值；大地纬度是指经过该点且垂直于椭球体表面的直线与赤道（纬度为 0 度）平面之间的夹角，赤道以北为正值，以南为负值。经度测量东西方向，而纬度测量南北方向，如图 3-4（a）所示。

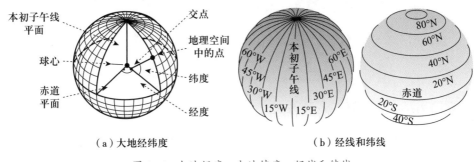

图 3-4 大地经度、大地纬度、经线和纬线

相同大地经度的点构成**经线**（meridian），也称子午线，如图 3-4（b）所示。从本初子午线向东，经度从 0° 递增到 +180°（常写成 180°E，读作东经 180 度）；向西经度从 0° 递减到 -180°（常写成 180°W，读作西经 180 度）。东经 180 度经线和西经 180 度经线重合。相同大地纬度的点构成**纬线**（parallel），赤道是 0° 纬线，向北纬度从 0° 递增到 +90°（北极点，

常写成 90ºN，读作北纬 90 度）；向南纬度从 0º 递减到 –90º（南极点，常写成 90ºS，读作南纬 90 度）。所有经线都汇聚于南北两极，经线方向是南北方向；所有纬线都平行于赤道平面，纬线方向是东西方向。经纬线处处正交，构成了地理坐标系的经纬网。

经度和纬度的测量单位是度、分和秒。1 度等于 60 分，1 分等于 60 秒。例如，珠穆朗玛峰的经度坐标约为东经 86 度 55 分 31 秒，纬度坐标约为北纬 27 度 59 分 17 秒，可以表达为 86º55′31″E 和 27º59′17″N。在 GIS 的空间数据中记录经纬度坐标值通常采用十进制小数的度数表示方法，如上述珠峰的经纬度可以表示为 86.925 2 77 8 和 27.988 0 55 6。

大地经度和大地纬度是基于椭球体测量的，地球表面上某一点（如图 3-5（a）中的 P 点）的大地纬度测量的是从该点作垂直于椭球体表面的直线（即椭球体表面的法线）和赤道平面相交，这个交点通常并不在椭球体的球心。只有在赤道和南北两极点处测量纬度的时候，这个交点才通过椭球体的球心。而 P 点和地心或椭球球心的连线与赤道平面之间的夹角称为**地心纬度**（geocentric latitude）。

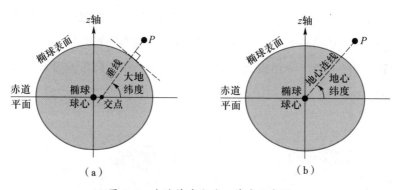

图 3-5　大地纬度和地心纬度示意图

由于在不同历史时期我国测绘的标准地形图上采用了不同的大地测量坐标系，即 1954 北京坐标系、1980 西安坐标系和 2000 国家大地坐标系，因此造成了相同地点的大地经纬度坐标在不同大地测量坐标系下存在微小的差异。所以，在 GIS 中使用不同的大地测量坐标系的空间数据时，需要把它们转换成基于相同的大地测量基准的坐标数据。当前的要求就是尽可能转换成基于 2000 国家大地坐标系的坐标。这种地理坐标系之间的转换通常采用对坐标系的平移、旋转和比例缩放等方法来实现，如图 3-6 所示（马劲松，2020）。

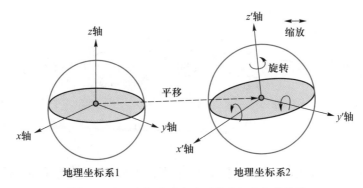

图 3-6 地理坐标系（大地测量坐标系）的转换

3.2 垂直坐标系

地理坐标系通常用来测量地球表面上的某一点基于平面大地测量基准（椭球体）的位置坐标，但对地球表面上的点，除了要知道它的经纬度坐标位置外，还需要知道它的高度位置。垂直坐标系就是用来测量地球表面上的某一点相对于**垂直大地测量基准**（vertical geodetic datum）的高度位置坐标。该坐标表示该点高于或低于某一基准面的垂直距离，常称为高程。

3.2.1 垂直大地测量基准

垂直大地测量基准用于测量地球表面上某一点的垂直高度。有多种垂直基准可供使用。一种是使用椭球体的表面作为垂直基准，测量地球表面上的某一点到椭球体表面的垂直高度，这种高程数值称为**椭球面高**（ellipsoidal height）或**大地高**（geodetic height），如图 3-7所示。另一种常用的垂直基准是大地水准面，可以通过水准测量获得地球表面上的一点到大地水准面的垂直高度，这种高程数值称为**大地水准高**（orthometric height）或**正高**（normal height）。由于大地水准面在海洋上通常是平均海水面，所以，以此为基准测量得到的高程又称为海拔高度，简称海拔。

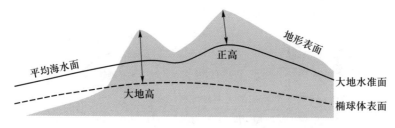

图 3-7 高程及其垂直基准

水准测量所基于的大地水准面是地球的物理表面，即地球的重力等位面，通常假设静止的平均海水面穿过大陆、岛屿形成一个包围整个地球的闭合曲面就是大地水准面。各个国家和地区在制定自己的垂直大地测量基准的时候，通常以本国某一处或多处的平均海水面高度作为各自统一的大地水准面高度。平均海水面的计算一般取海边某个验潮站对海水面高度多年观测结果的数值，该数值定为高程 0 m。在验潮站不远处建立一个**水准原点**（leveling origin）标志，精确测量出水准原点高于平均海水面的高度。这个水准原点就是地形上其他的点高程测量的基准点。

3.2.2 高程坐标系

高程坐标系就是以垂直大地测量基准建立的测量高程的坐标系统。常用的高程坐标系是以大地水准面为基准的，以大地水准面的高度为高程数值 0，高于大地水准面的高程为正值，低于大地水准面的高程为负值。

我国先后制定的高程坐标系有两个，早先使用的是 1956 年黄海高程系，采用了青岛验潮站 1956 年之前的观测资料推算的黄海平均海水面的高度作为全国统一水准测量的基准面。我国相关机构还在青岛验潮站不远处的观象山上建立了高程坐标系的水准原点。随着青岛验潮站积累了足够长时间尺度的黄海海水面观测资料，即 1953 年至 1979 年的验潮资料，我国进一步建立了 1985 国家高程基准，由此形成了 1985 国家高程系，这是当前我国使用的高程坐标系。

3.3 投影坐标系

空间实体的位置信息如果仅用地球表面的地理坐标系坐标即经纬度来记录，那么在一些

实际应用中并不方便。例如，在计算距离、长度、方向和面积等几何特性的时候，若使用经
纬度坐标计算，则计算方法相对复杂，而若使用平面坐标系的坐标来计算则较为简单。从制
作地图的角度来看，经纬度表达的是空间实体在椭球体表面的空间位置，椭球体表面是一个
无法展开成平面的曲面，如果直接使用经纬度坐标在平面上绘制地图，那么地图上所绘制的
空间实体的形状可能与椭球面上的形状差距较大，那就无法在这样的地图上进行精准的长
度、角度和面积量算。

因此，在绘制精确地图的时候，常常要使用一种叫作**地图投影**（map projection）的数学
方法，把基于经纬度的地理坐标系变换成平面的投影坐标系，再绘制成平面地图。

3.3.1 地图投影

3.3.1.1 地图投影的原理

地图投影的原理就是要在地理坐标系的经纬度坐标与平面投影坐标系的坐标之间建立起
一一对应的函数关系（孙达，2005）。如图 3-8 所示，在地球的椭球体表面上测得 A 点的经
纬度分别为 λ 和 φ，通过某一种地图投影的数学变换，就可以计算出地图平面上对应的 A' 点
的平面直角坐标 x 和 y（也有些地图投影可以先变换成极坐标的形式，再变换成平面直角坐
标），从而将地理坐标系变换为投影坐标系。地图投影实现坐标系变换的数学表达式可以概
略地表示为：

$$x = f_1(\lambda, \varphi) \quad y = f_2(\lambda, \varphi)$$

其中：(λ, φ) 为地球椭球体表面经度和纬度坐标，(x, y) 为地图平面坐标，f_1 和 f_2 为各自的
函数形式。只要采用不同的数学函数，就可以得到不同的地图投影。在确定了地图投影的
变换公式后，将经纬度坐标代入公式就能够计算出对应的直角坐标，并按直角坐标绘制成
平面地图。

一旦知道了平面地图上的直角坐标，同时又知道该直角坐标是通过什么地图投影函
数变换得到的，就可以利用该地图投影的逆变换公式，把直角坐标再变换成经纬度坐标，
如图 3-8 中 B' 点的直角坐标逆变换成 B 点的经纬度坐标。地图投影逆变换的数学表达
式为：

$$\lambda = f_1^{-1}(x, y) \quad \varphi = f_2^{-1}(x, y)$$

其中：f_1^{-1} 和 f_2^{-1} 为逆变换的函数形式。

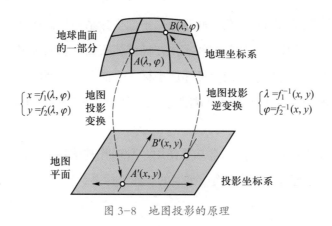

图 3-8　地图投影的原理

3.3.1.2 地图投影的变形

地图投影的主要任务除了解决椭球体的曲面如何变换到平面的问题外，还需要分析如何解决地图投影中始终存在的**投影变形**（projection distortion）问题。所谓地图投影的变形，指的是经过地图投影变换后的空间实体，其在平面上的几何特征与原来在椭球体曲面上形状的几何特征发生的改变。

地图投影的变形存在于每一种具体的投影方法中，主要有三种变形，即：角度变形、长度变形和面积变形。角度变形指的是原来在椭球体表面上某个角度测量的数值，与该角度经过地图投影后在平面上测量所得的数值存在的差异。例如，在地球表面某个位置观测一座山峰在正北方向，而该观测位置与山峰位置经过地图投影后绘制到地图上，在地图上测量山峰位置并不在观测位置的正北方向上。长度变形与面积变形同样是指椭球体表面和地图表面上测量长度和面积所得数值之间的差异。

正是由于地球的椭球体表面是一个不可展开成平面的曲面，这可以想象成没有办法把一个橘子的表皮剥开，并展开成一个完整的平面。所以，任何一种地图投影都存在变形，完全没有变形的地图投影是不存在的。一种特定的地图投影至少会存在三种变形中的一种，有的地图投影甚至三种变形都存在。在实际应用地图的时候，就应该根据应用的需要，选择使用合适的地图投影所绘制的地图。

3.3.1.3 地图投影的分类

人们在绘制各种不同用途的地图时，设计出了众多不同性质的地图投影方法。这些地图投影可以通过不同分类的形式加以认识。通常可以从四个方面对地图投影进行分类：①按照投影变形性质分类；②按照投影面几何形状分类；③按照投影面与椭球体的位置关系分类；④按照投影面与椭球体接触情况分类。

1. 按照投影变形性质分类

不同投影其变形性质与大小是不同的。按照变形的性质，一般把地图投影分成三类：等角投影、等面积投影和任意投影（包含等距离投影）。

假设在参考椭球体表面上有一个圆形，这个圆形经过不同的投影后在地图平面上的形状可能仍为圆形，也可能变成一个椭圆形，称为**底索变形椭圆**（Tissot's indicatrix），以纪念法国数学家底索对其进行的研究。变形椭圆的形状和大小能确切地反映出投影变形在质和量上的差别。

如图 3-9 所示，不同类型的投影其变形椭圆往往是不同的。如果知道变形椭圆的长、短半径 a 和 b，那么其形状和大小即可确定，其投影性质也就确定了。图 3-9（a）为参考椭球体表面上半径为 r 的圆。如果圆投影后如图 3-9（b）或（c）所示仍为圆，即形状无变化，但 r' 可能不等于 r，即圆的大小可能发生变化，那么称具有这类性质的投影为**正形投影**或**等角投影**（conformal projection）。

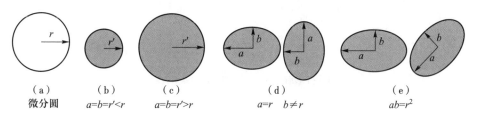

（a）	（b）	（c）	（d）	（e）
微分圆	$a=b=r'<r$	$a=b=r'>r$	$a=r \quad b\neq r$	$ab=r^2$

图 3-9　不同性质投影形成的各种变形椭圆

如果投影后形成的变形椭圆如图 3-9（d）或（e）所示，其形状发生了变化，其中图 3-9（d）中的半径有一个与 r 相等，那么称这类投影为**等距离投影**（equidistant projection）。如图 3-9（e）符合 $ab=r^2$ 的条件，即圆投影后的变形椭圆保持原来的面积不变，这类投影称为**等面积投影**（equal area projection）。如果变形椭圆长短半径均不等于 r，投影性质既不属于正形投影，又不属于等面积投影和等距离投影，那么称之为**任意投影**（arbitrary projection）。

2. 按照投影面几何形状分类

投影面指的是一种可以用来辅助地图投影的、能够展开成平面的简单几何表面。在地图投影中通常使用的投影面按其几何形状分为圆锥面、圆柱面和平面等。使用投影面进行地图投影，相当于把参考椭球体表面先投射到投影面上，再把投影面展开成平面。按照投影面的形状，可以将地图投影分为圆锥投影、圆柱投影和方位投影三类。

采用圆锥面作为投影面的地图投影称为**圆锥投影**（conic projection）。如图 3-10（a）所示，圆锥投影的投影面像一把撑开的伞罩在参考椭球体上，投影的时候先把参考椭球体表面上的空间实体的形状投影到圆锥面上，再把圆锥面沿着一条母线剪开，把圆锥面展开成一个扇形，在这个扇形上面的空间实体的形状就是其圆锥投影的图形。圆锥投影通常适用于制作沿着纬线方向延伸的中纬度地区的地图。

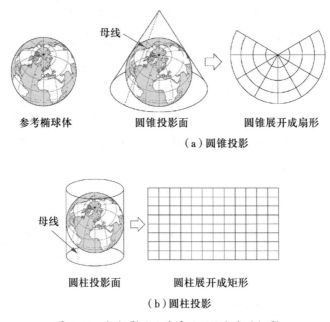

图 3-10　按投影面及其展开形状分类的投影

采用圆柱面作为投影面的地图投影称为**圆柱投影**（cylindrical projection），如图 3-10（b）所示。圆柱投影通常是把参考椭球体表面先投射到圆柱面上，再把圆柱面沿着一条母线剪开，展开成一个矩形，从而得到圆柱投影的图形。圆柱投影通常作为海图和航空图的投影使用。

方位投影（azimuthal projection）是投影面为平面的地图投影，就像是通过日常使用的投影仪那样，把地球表面投射到平面上形成的投影形状。方位投影通常可以用来制作半球地图或极地地区的地图。

3. 按照投影面与椭球体的位置关系分类

根据地图投影的投影面与参考椭球体表面的相对位置关系，可以把地图投影分为正轴投影、横轴投影和斜轴投影等三种类型。

正轴投影（normal projection）指的是投影面的旋转轴与参考椭球体的自转轴重合的投影，如图 3-11 左侧一列所示，有正轴圆锥投影、正轴圆柱投影和正轴方位投影等。**横轴投影**（transverse projection）指的是投影面的旋转轴与参考椭球体的自转轴垂直的投影，如图 3-11 中间一列所示，有横轴圆锥投影、横轴圆柱投影和横轴方位投影等。**斜轴投影**（oblique projection）指的是投影面的旋转轴与参考椭球体的自转轴既不重合也不垂直的投影，如图 3-11 右侧一列所示，有斜轴圆锥投影、斜轴圆柱投影和斜轴方位投影等。

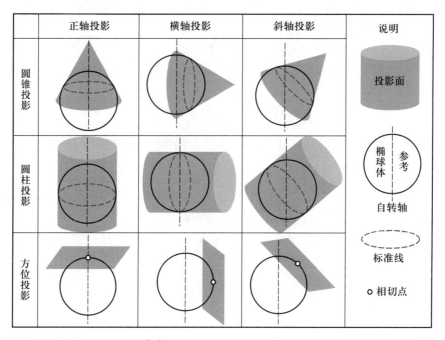

图 3-11　按投影面与参考椭球体相对位置关系、投影面的形状分类的投影

4. 按照投影面与椭球体接触情况分类

根据投影面和参考椭球体相接触的情况，又可以将地图投影分为**相切**（tangent）和**相割**（secant）两种投影类型。

图 3-12（a）所示的正轴切圆锥投影，投影面和参考椭球体表面相切于一条纬线，称为**标准纬线**（standard parallel）。这条纬线投影后长度保持不变。而图 3-12（b）所示的正轴割圆锥投影，投影面和参考椭球体表面相割于两条标准纬线。

图 3-12（c）所示的正轴切圆柱投影，它的唯一一条标准纬线就是赤道。图 3-12（d）所示的正轴割圆柱投影，有两条长度相同的标准纬线。

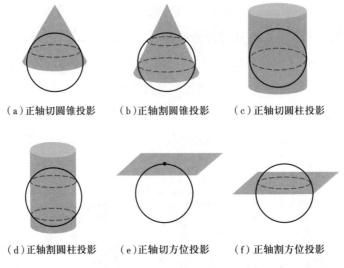

（a）正轴切圆锥投影　　　（b）正轴割圆锥投影　　　（c）正轴切圆柱投影

（d）正轴割圆柱投影　　　（e）正轴切方位投影　　　（f）正轴割方位投影

图 3-12　按投影面和椭球体接触情况分类的投影及其标准线

图 3-12（e）所示的正轴切方位投影，投影面与参考椭球体相切于极点。图 3-12（f）所示的正轴割方位投影，投影面与参考椭球体相割于一条标准纬线。

对于横轴或斜轴投影，其情况与正轴类似，只是相切和相割形成的不是标准纬线，统称它们为**标准线**（standard line）。标准线上没有长度变形。

3.3.2　常用的地图投影

在地图学的发展历史中，制图学者出于各种实用的需求，创建了数以百计的不同的地图投影方法。其中最常用的有墨卡托投影、兰勃特等角圆锥投影、阿尔伯斯等面积圆锥投影和高斯－克吕格投影等。

3.3.2.1　墨卡托投影

墨卡托投影（Mercator projection）是最早被发明和使用的地图投影，由墨卡托（Gerardus Mercator，1512—1594）在 1569 年拟定。墨卡托投影是一种等角正轴切圆柱投影，假设参考椭球体被围在一个竖直放置的空圆柱里，圆柱面与参考椭球体表面相切于赤道，赤道为该投影的标准纬线。然后假想椭球体中心有一盏灯，发出的光把球面上的形状投射到圆柱面上，再把圆柱面沿着一条母线剪开展平。图 3-13 所示就是一幅墨卡托投影地图。

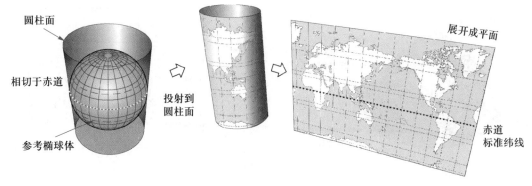

图 3-13　墨卡托投影原理

墨卡托投影属于正形或等角投影类型，没有角度变形。经纬线投影后都是平行直线，且经线和纬线处处相交成直角。具有相同经度间隔的若干条经线在投影后彼此平行且间距相等，具有相同纬度间隔的若干条纬线在投影后彼此平行，但间距从赤道向两极逐渐增大。

墨卡托投影的地图上长度和面积变形比较显著，只有沿着赤道没有长度变形，从赤道向两极其长度和面积变形逐渐增大。但因为它具有各个方向均等放大的特性，所以能够保持方向和相互位置关系的正确。

在地图上保持方向和角度的正确是墨卡托投影的优点，墨卡托投影地图常被用作航海图和航空图。如果循着墨卡托投影图上两点间的直线航行，保持方向不变，就可以到达目的地。因此它对舰船在航行中定位、确定航向都很便捷，给航海者带来了很大的便利（马劲松，2020）。

3.3.2.2 兰勃特等角圆锥投影

兰勃特等角圆锥投影（Lambert conformal conic projection）是由德国数学家兰勃特（Johann Heinrich Lambert，1728—1777）在 1772 年拟定的。该投影是一种双标准纬线的等角正轴割圆锥投影。如图 3-14 所示，设想用一个圆锥竖直套在参考椭球体上，圆锥面与椭球体表面相割，形成两条标准纬线，因此一部分椭球体包含在圆锥体内部，另一部分椭球体凸出在圆锥体之外。然后应用等角条件将椭球面投影到圆锥面上，再沿圆锥面上一条母线剪开，展平即为兰勃特等角圆锥投影平面。

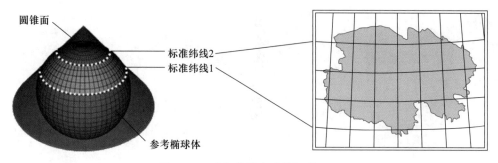

图 3-14　兰勃特等角圆锥投影原理

　　兰勃特等角圆锥投影后纬线为同心圆弧，经线为放射状的同心圆弧的半径。兰勃特等角圆锥投影没有角度变形，在两条标准纬线上没有长度变形，同一条纬线上的变形处处相等。在同一条经线上，两条标准纬线外侧为正变形（投影后长度增大），两条标准纬线之间为负变形（投影后长度缩短）。我国 1∶100 万地形图就采用了兰勃特等角圆锥投影。

　　与兰勃特等角圆锥投影相似的一种投影是**阿尔伯斯等面积圆锥投影**（Albers equal-area conic projection），该投影是由德国人阿尔伯斯（Heinrich Christian Albers，1773—1833）于 1805 年首创的，用于德国地图的绘制。阿尔伯斯等面积圆锥投影是一种等面积正轴割圆锥投影，与兰勃特等角圆锥投影属于同一类投影族，而兰勃特等角圆锥投影是等角投影。我国的省级行政区地图多采用兰勃特等角圆锥投影和阿尔伯斯等面积圆锥投影。

3.3.2.3 高斯－克吕格投影

　　高斯－克吕格投影（Gauss-Krüger projection）是我国基本比例尺地形图所采用的地图投影。该投影先由德国数学家、物理学家和天文学家高斯（Carl Friedrich Gauss，1777—1855）于 19 世纪 20 年代拟定，德国大地测量学家克吕格（Johannes Krüger，1857—1928）于 1912 年对投影公式做了补充。

　　高斯－克吕格投影是等角横轴切椭圆柱投影。从几何意义上看，假想用一个椭圆柱横向套在参考椭球外面，并与某一条经线相切，此切线称为**中央经线**（central meridian），椭圆柱的中心轴位于地球椭球的赤道上。再按高斯－克吕格投影所规定的等角条件，将中央经线两侧一定经度范围（3°或 6°）内的椭球体表面投影到椭圆柱面上，并将此椭圆柱面展开为平面，即得高斯－克吕格投影，如图 3-15 所示。

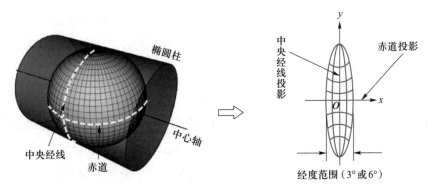

图 3-15　高斯 - 克吕格投影原理与坐标系

高斯 - 克吕格投影的特点为：①中央经线和赤道投影后为互相垂直的直线，且为投影的对称轴，如图 3-15 中的 x 轴是赤道的投影，y 轴是中央经线的投影。②投影具有等角性质，即没有角度变形，椭球表面上的夹角在投影后的地图上，角度大小保持不变。③中央经线投影后保持长度不变，即如图 3-15 中在 y 轴上测量经线长度与椭球表面上经线长度相等。④在同一条纬线上，离中央经线越远，变形越大；在同一条经线上，纬度越低，变形越大。

GIS 中的空间数据可以用经纬度数值来记录，如图 3-16（a）所示。同样也可以通过地图投影，将经纬度数据转变为某一种投影坐标的数据来记录并运用。例如，图 3-16（b）是投影转换成墨卡托投影坐标记录的空间数据，图 3-16（c）是投影转换成高斯 - 克吕格投影坐标记录的空间数据，图 3-16（d）是投影成阿尔伯斯等面积圆锥投影坐标记录的空间数据。

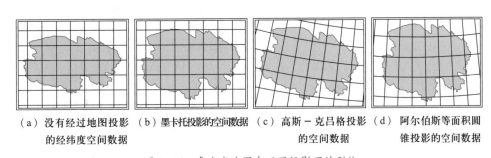

（a）没有经过地图投影　（b）墨卡托投影的空间数据　（c）高斯 - 克吕格投影　（d）阿尔伯斯等面积圆
　　的经纬度空间数据　　　　　　　　　　　　　　　　的空间数据　　　　锥投影的空间数据

图 3-16　青海省地图在不同投影下的形状

3.3.3　常用投影坐标系

投影坐标系是按照设定的地图投影建立的坐标系。地图的绘制通常都是将地理坐标系的经纬度坐标转换成投影坐标系的直角坐标，再经过地图比例尺的缩小绘制到地图上的。投影坐标系也是 GIS 中空间数据常用的坐标系。使用投影坐标系表达空间数据通常比使用地理坐标系更方便实用。

各个国家为了精确测绘各自的地图和采集空间数据，分别定义了不同的投影坐标系。投影坐标系的定义要列出使用的地理坐标系中测量基准的参数，例如，参考椭球体的名称和参数等；也要列出使用的地图投影的名称和参数，例如，地图投影名称和标准纬线、中央经线等；还需要列出坐标系的一些其他参数，例如，坐标原点的位置、分带号和坐标轴偏移数值等。

3.3.3.1 高斯－克吕格投影坐标系

高斯－克吕格投影坐标系是我国标准地形图系列中 1∶50 万、1∶20 万、1∶10 万、1∶5 万、1∶2.5 万、1∶1 万和 1∶5 000 比例尺地形图采用的地图投影平面坐标系。由于高斯－克吕格投影的最大变形处在赤道边缘处，为了控制变形，我国地形图坐标系采用了分带方法，即将参考椭球体表面按照设定的经度间隔（6° 或 3°）划分为若干个相互不重叠的条带，称为**投影带**（projection zone），各个投影带分别形成各自的投影坐标系。

其中，1∶2.5 万至 1∶50 万的地形图均采用 6° 分带，即从格林尼治零度经线起算为第 1 投影带（中央经线为东经 3°），经度每 6° 为一个投影带，全球共分为 60 个投影带。我国领土大致位于东经 72° 到 136° 之间，共包括 11 个投影带（13 带～22 带），即分为 11 个坐标系。1∶1 万及更大比例尺地形图采用 3° 分带方案，全球共分为 120 个投影带。图 3-17 给出了高斯－克吕格投影坐标系的 6° 带和 3° 带分带方案。

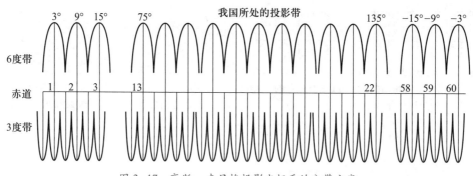

图 3-17　高斯－克吕格投影坐标系的分带方案

高斯－克吕格投影一个投影带的坐标系通常以中央经线投影为 y 轴，赤道投影为 x 轴。但这样的坐标在不同的**象限**（quadrant）既可能是正值，也可能是负值，如图 3-18 所示，容易造成人为错误。所以在实际应用的时候，我国地形图上的高斯－克吕格投影坐标系往往会把 x 坐标加上 500 km，使得所有的 x 值都是正值。这个加上的 500 km 叫作**东伪偏移**（false easting）。如果要把赤道以南的南半球 y 坐标都变成正值，那么可以给 y 坐标加上 10 000 km，这叫作**北伪偏移**（false northing）。由于我国领土都在北半球，所以地形图坐标只加上了东伪偏移，而没有北伪偏移。

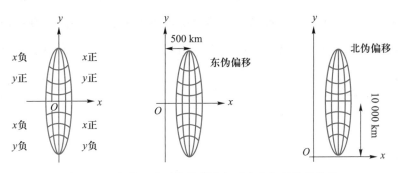

图 3-18　高斯－克吕格投影坐标系中坐标数值的偏移

3.3.3.2 通用横轴墨卡托投影坐标系

横轴墨卡托投影（transverse Mercator projection）与高斯－克吕格投影相似，如图 3-19 所示。从几何意义上看，横轴墨卡托投影属于横轴等角割椭圆柱投影，椭圆柱相割于参考椭球体，形成两条割线，如图 3-19（a）所示。投影后这两条割线上没有长度变形，中央经线上**长度比**（proportion of length）为 0.999 6，即投影后地图上中央经线的长度与椭球体表面上的中央经线长度的比例为 0.999 6∶1。而高斯－克吕格投影相切于中央经线，中央经线长度比为 1，没有长度变形（图 3-19（b））。

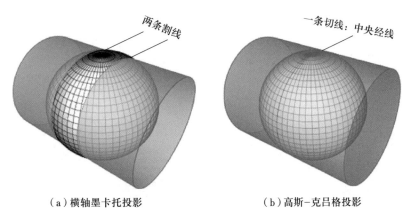

（a）横轴墨卡托投影　　　　　　　（b）高斯－克吕格投影

图 3-19　高斯－克吕格投影与横轴墨卡托投影示意图

横轴墨卡托投影可以改善高斯–克吕格投影的精度。两条割线上没有任何变形，离这两条割线越远则变形越大，在两条割线以内长度变形为负值（投影后长度缩短），在两条割线以外长度变形为正值（投影后长度变长）。

许多国家采用横轴墨卡托投影作为地形图的数学基础，其中有美国、日本、加拿大、泰国、阿富汗、巴西、法国和瑞士等约80个国家。美国使用横轴墨卡托投影作为地形图的坐标系，它被称为**通用横轴墨卡托**（universal transverse Mercator，简称UTM）投影坐标系。UTM投影坐标系在应用中具有下列特征：该坐标系将世界划分为60个投影带，带号为1，2，…，60连续编号，每带经度差为6°，经度自180°W和174°W之间为起始带，且连续向东计算。

复习思考题

1. 地理坐标经纬度的测量基准是什么？

2. 高程坐标的测量基准是什么？

3. 参考椭球体通常用哪些参数来定义？

4. 地图投影按照变形的性质、按照投影面的形状，以及按照投影面与椭球体的位置关系，可以分成哪些类型？

5. 高斯–克吕格投影变形的特点是什么？

6. 什么是高斯–克吕格投影坐标系的投影带？它的坐标为什么要使用东伪偏移？

第 4 章　空间数据——模型与结构

在使用绘画来表现景物的方法中，有中国传统国画的白描技法，它使用线条来勾勒物体的轮廓，如图 4-1(a) 所示；也有西方油画的点彩技法，它使用各种颜色的小点排列在一起来表达物体表面的色彩，如图 4-1(b) 所示。GIS 中的**空间数据模型**（spatial data model）被用来解决空间实体以什么样的数据形式表达的问题。GIS 同样可以使用类似于白描技法的**矢量数据模型**（vector data model），或使用类似于点彩技法的**栅格数据模型**（raster data model）。

（a）国画白描技法(类似于矢量数据模型)　　　（b）油画点彩技法(类似于栅格数据模型)

图 4-1　两种不同类型的物体形象表现方法

本章先介绍空间实体和空间数据的基本概念，然后论述 GIS 中两种主要的空间数据模型（即矢量和栅格数据模型）的内容。最后进一步介绍这两种主要的数据模型在计算机中的实现方式，即各种**空间数据结构**（spatial data structure）。

4.1 空间实体及空间数据

4.1.1 空间实体及其分类

GIS 中把地球表面上的各种事物和现象统称为**空间实体**（spatial entity）。如果空间实体以矢量数据形式表达，那么它可被称为**空间要素**（spatial feature）。GIS 中的空间实体可以分成两大类：离散型实体和连续型实体。

4.1.1.1 离散型实体的性质

第一类空间实体以离散的形式存在。这类空间实体的位置可以在几何上抽象成**点**（point）、**线**（line）、**面**（area）和**体**（volume）等多种类型。例如，一座山峰的位置以一个点表示，一条国境线的位置以一条线表示，一个湖泊的范围可以用一个面表示，一座三维建筑物的形状可以用一个体来表示等。

4.1.1.2 连续型实体的性质

第二类空间实体以连续的形式存在，可以被表示成**曲面**（surface），例如，起伏的地形表面、降雨量分布的**统计表面**（statistical surface）和人口密度分布的统计表面等。有的时候，人们也会将这种连续分布的空间实体称为**场**（field）（汤国安，2019）。

4.1.2 空间数据及其分类

如果空间实体的特征以数字形式表达和记录，就称之为空间数据。空间数据通常记录空间实体两方面的特征信息：①空间实体在地球上的位置信息；②空间实体自身具有的属性信息。前者可以采用在地理坐标系或投影坐标系中的坐标数值来表示，后者则可以通过描述这些属性的文字、数字等形式记录。

空间数据的分类有多种方式，如表 4-1 所示。

表 4-1　空间数据的分类

按数据来源分类	按数据模型分类	按数据特征分类	按几何特征分类
地图数据	矢量数据	空间定位数据	点、线、面、曲面、体
影像数据	栅格数据	非空间属性数据	
文本数据			

4.1.2.1　按照数据来源分类

按照数据来源分类，可将空间数据分为地图数据、影像数据和文本数据三种类型。

（1）地图数据：地图数据来源于各种普通地图和专题地图。这些地图内容丰富，空间实体间的空间关系直观，实体的类别或属性清晰。另外，实测地形图还具有很高的定位精度，是非常重要的 GIS 数据源。地图数据可以通过地图数字化的方式输入 GIS。

（2）影像数据：影像数据主要来源于卫星**遥感**（remote sensing）和航空摄影，包括了基于多种遥感平台（卫星、飞机等）、多种传感器（相机、雷达等）获取，多时相、多光谱和多种分辨率的遥感影像数据。影像数据也是 GIS 最有效的数据源之一。GIS 软件可以在屏幕上通过光标来选取影像上的地物位置进行屏幕数字化，从而把空间数据输入 GIS。

（3）文本数据：文本数据来源于各类和 GIS 有关的调查报告、实测数据和文献资料等，可以通过计算机键盘输入到 GIS 中作为属性数据。包含测量坐标的文本数据也可以直接导入 GIS 成为点、线、面的几何数据。

4.1.2.2　按照数据模型分类

按照数据模型分类，空间数据可分为**矢量数据**和**栅格数据**两种基本类型。

1.　矢量数据

矢量数据是指用点（0 维）、线（1 维）、面（2 维）等**几何元素**（geometric element）及其组合来表达空间实体的空间位置的数据，这种数据模型称为矢量数据模型。矢量数据表达的空间实体称为空间要素。图 4-2 所示是华东三省一直辖市的矢量数据。这些数据是以面这种几何元素形式来表示各个省、直辖市的形状和范围的。

2.　栅格数据

栅格数据是将空间按照行和列分割成规则的网格，通常每个方格对应地面上一个正方形区域，在每个方格中保存相应的属性数值，这样一种表示空间实体分布和特征的数据组织方式就是栅格数据模型。

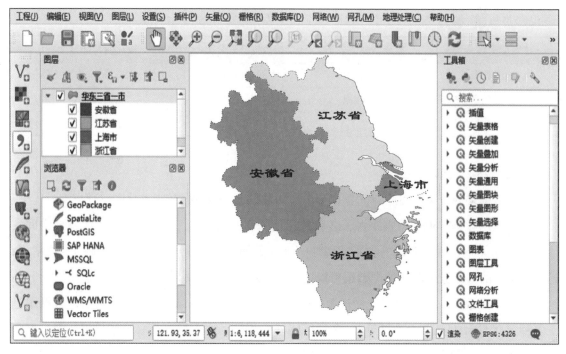

图 4-2　矢量数据

　　图 4-3 所示是 GIS 软件所显示的某一地区的高程栅格数据，每一个**栅格单元**（raster cell）记录一小块正方形的地面的高程数值。在该图中由于栅格单元数量很大，每个栅格单元占据

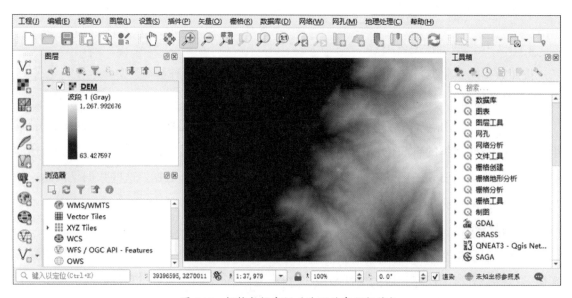

图 4-3　栅格数据实例（地形的高程数值）

的屏幕范围很小，所以看不出每一个栅格单元。但是可以根据栅格单元高程数值的不同、用不同深浅颜色显示，由此可以表达和显示地形高度的起伏变化。

4.1.2.3 按照数据特征分类

按照数据特征分类，空间数据分为空间定位数据和非空间属性数据两种类型。

1. 空间定位数据

空间定位数据是表达空间实体在地球上位置的坐标数据，以经纬度或投影坐标系的坐标形式存储在文件里或数据库里。空间定位数据若出现在 GIS 软件的地图窗口中，则以几何图形的形式显示，如图 4-4（a）所示。

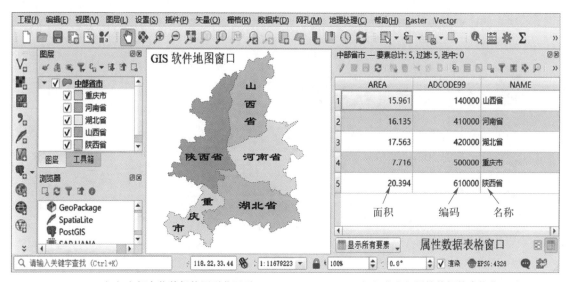

（a）空间定位数据的图形化显示　　　　　　（b）非空间属性数据的表格化显示

图 4-4　空间定位数据和非空间属性数据

2. 非空间属性数据

非空间**属性数据**（attribute data）是以表格的形式存储和显示的有关空间实体自身的名称、种类、质量、数量等特征的数据，如图 4-4（b）所示。在 GIS 中，通常是每一个空间定位数据都有一个和它对应的属性数据。图 4-4（a）是我国中部省、直辖市的空间定位数据，图 4-4（b）是其对应的属性数据表格，每一个省、直辖市都包含了空间定位数据和对应的属性数据，属性数据包含省、直辖市的名称、编码、面积等信息。

4.1.2.4 按照数据几何特征分类

按照数据几何特征分类，空间数据可分为点、线、面、曲面和体等类型。

1. 点

点是对 0 维空间实体的抽象，如测量用的三角点、山峰的位置点等。点是没有大小的几何元素，但在 GIS 中，当空间尺度比较大的时候，某些空间实体就可以表示成点。如图 4-5 所示，假设研究区域是江苏、安徽、浙江和上海的范围，如果其中各个城市无论市区面积有多大，和整个区域范围相比，其大小也可以忽略，那么各个城市就可以表示成没有大小的几何点。在 GIS 中，虽然点在几何意义上没有大小，但是在 GIS 软件中显示点数据的时候，还是要用一个有一定大小的**点状符号**（point symbol）来表示它，不然就无法显示出来。

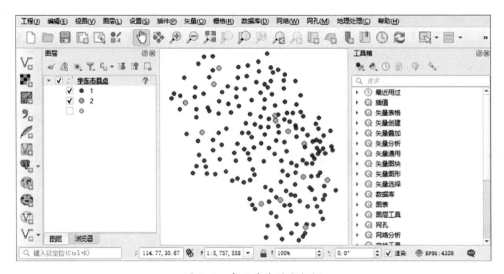

图 4-5　表示城市的点数据

2. 线

线是对 1 维线性的空间实体的抽象，如国界线等。线元素在几何意义上只有**长度**（length），没有宽度。同样在比较大范围的应用中，某些有宽度的空间实体可以用线来表示，例如道路和河流。例如，图 4-6 所示是某个山区河流的线数据。GIS 软件中显示的道路和河流，都是用有宽度的**线状符号**（line symbol）来显示的，但是这些线状符号的宽度并不代表这些道路或河流在地球上的实际宽度，仅仅是表达这些道路的等级或河流的上下游关系，等级高的道路绘制的线状符号宽度较大，河流下游绘制的线状符号的宽度大于河流上游。

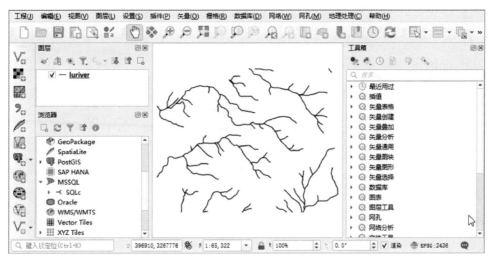

图 4-6　表示河流的线数据

3. 面

面是对 2 维平面空间实体的抽象，例如湖泊、行政区等。面几何元素的几何特征既有**周长**（perimeter），又有**面积**（area）。面元素的周长指的是面元素的边界线的长度。面数据在 GIS 软件中以**面状符号**（area symbol）的图形显示。

点、线、面数据通常既可以用矢量数据形式表达，例如，图 4-7 所示是长江流域部分省、直辖市的面矢量数据。它们也可以用栅格数据形式表达，例如，图 4-8 是长江流域部分省、直辖市的面栅格数据。在 GIS 中，用矢量形式表达的面数据又常常称为多边形数据，因为矢量的面数据是以面的边界线环绕形成的。GIS 中的矢量数据和栅格数据之间可以相互转化。

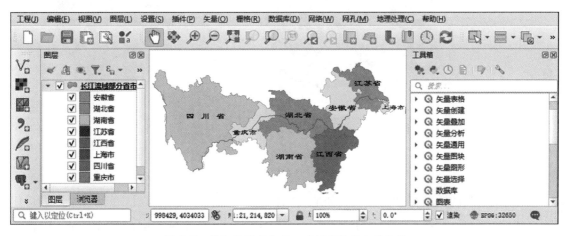

图 4-7　长江流域部分省、直辖市的面矢量数据

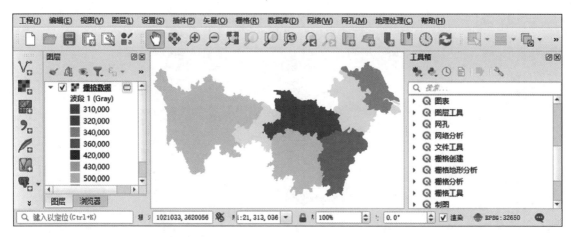

图 4-8　长江流域部分省、直辖市的面栅格数据

4. 曲面

曲面是对在面上连续分布的空间实体的抽象，常被称为 2.5 维数据，如地形、温度分布和年均降雨量分布等。曲面数据通常以栅格数据表达，例如，图 4-9 所示是数字高程模型表达的栅格地形曲面数据；曲面数据还可以用矢量形式的**不规则三角网**（triangulated irregular network，简称 TIN）来表达，如图 4-10 所示。

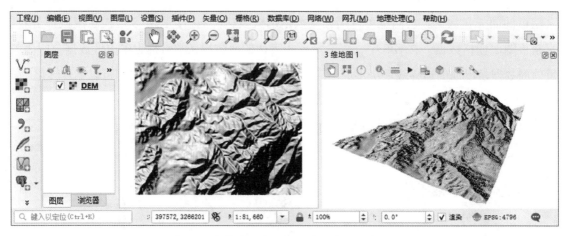

图 4-9　栅格地形曲面数据的 2 维和 3 维显示

5. 体

体是对 3 维的空间实体的抽象，如地质构造、建筑物等。如图 4-11 所示，中间窗口显示的是 GIS 软件 3 维建筑模型的平面图，右边窗口中是以 3 维透视图的形式显示 3 维建筑模型。

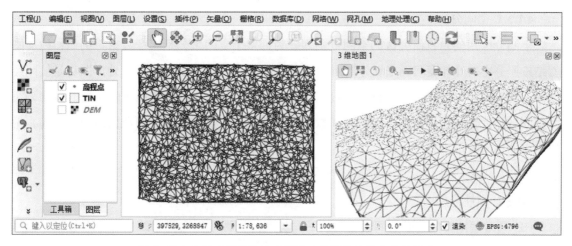

图 4-10　曲面地形数据的不规则三角网的 2 维和 3 维显示

图 4-11　GIS 中的矢量体数据表达的建筑模型

4.1.3　空间数据的组织方式

表示空间实体的空间数据包含着空间特征、属性特征和时间特征等。空间特征就是空间实体的位置坐标信息，属性特征就是空间实体的各种自然或社会性质，而时间特征就是空间实体的位置或属性随时间变化的情况。

对具有复杂特征的空间数据，需要组织和建立起它们之间的联系，以便计算机存储和操作。GIS 中的空间数据通常从空间、属性和时间三个方面来组织。

4.1.3.1 空间分区

空间分区指的是将研究区的空间范围划分为许多子空间来分别组织数据。例如，地形图就是按照一定的经纬度间隔来划分幅面的，每一张 1∶100 万比例尺的标准地形图都是按照经度 6° 和纬度 4° 的范围来划分的（张新长等，2017）。另外也可以按照行政区划的范围来组织空间数据，例如，组织江苏省的空间数据，可以把南京市的所有空间数据组织在一起，把扬州市的空间数据也放在一起。

4.1.3.2 属性分层

GIS 通常是把要表达的空间数据归入不同类型的属性数据层来组织，每一个数据层都是某一地区相同性质的数据集合。例如，图 4–12（a）所示是河南省的行政区划、主要河流和主要城市等三类空间数据。这些数据被分别保存成三个层，即一个层存储主要城市的空间数据，如图 4–12（b）所示，这是一类点的矢量数据，且每个城市的属性数据构成都相同，即每个城市都有城市的名称、人口等信息。第二个数据层是河流数据层，如图 4–12（c）所示，这是一类线的矢量数据。第三个数据层是行政区划范围，如图 4–12（d）所示，这是一类面的矢量数据。在 GIS 软件中，每一个数据层分别用不同的地图符号显示出来，称为一个图层。

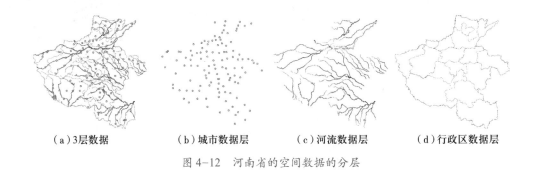

（a）3层数据　　　　　　（b）城市数据层　　　　　（c）河流数据层　　　　　（d）行政区数据层

图 4–12　河南省的空间数据的分层

4.1.3.3 时间分段

时间分段指的是将有时间特征的地理数据按其变化规律划分为不同的时间段数据，再逐一表示。这包括空间实体的位置随时间变化的情况，例如，地球磁场南北两极在不同时间处于不同位置。另一方面可能是空间实体的几何形状随着时间而变化，例如，城市范围随时间的不断扩张。此外，属性数据也可能发生时间变化，例如，水文站观测的河流水位日变化，气象站观测的气温每小时的变化，以及不同时期城市人口数的变化等。

在 GIS 中要给这些变化的空间和属性数据加上时间标记来按时间分段记录。不同时间的数据在 GIS 中常常称为数据具有不同的**时态版本**（temporal version）。具体应用的时候，用户可以从中选择符合时间要求的数据版本来使用。

4.2 空间数据模型与空间数据结构

在 GIS 中，空间数据的数据模型主要有矢量数据模型和栅格数据模型两大类（张康聪，2019）。矢量数据模型是以矢量点、矢量点连接形成的矢量线，以及矢量线连接形成的矢量面边界等的形式表达空间数据的，这些矢量的点、线、面都以经纬度坐标或投影坐标来记录。而栅格数据模型则是以规则的栅格单元的纵横排列来表达空间数据，每个栅格单元对应着地球表面一小块区域。

空间数据的数据结构，是指空间数据的坐标（矢量数据模型）或栅格单元（栅格数据模型）以什么样的形式在计算机中存储，是在计算机中表达的逻辑结构。相应地，空间数据结构也可以划分为基于矢量数据模型的空间数据结构和基于栅格数据模型的空间数据结构，下文将它们分别简称为矢量数据结构和栅格数据结构。GIS 中的空间数据模型、空间数据结构、空间数据类型，以及空间数据实例如表 4-2 所示。

表 4-2　空间数据模型及空间数据结构

空间数据模型	空间数据结构	空间数据类型	空间数据实例
矢量数据模型	实体数据结构	点、线、面	ESRI 的 Shapefile 文件，MapInfo 的 Tab 文件
	拓扑数据结构	点、线、面、不规则三角网、网络	DIME、TIGER、ESRI 的 Coverage
栅格数据模型	栅格矩阵结构	点、线、面、栅格 DEM、遥感影像	ESRI 的 Grid、USGS 的 DEM、GeoTIFF
	游程编码结构	点、线、面	ESRI 的 Grid、ERDAS 的 IMAGINE

4.2.1 矢量数据模型

GIS 矢量数据模型中的矢量概念可以这样去理解，即在数学上，矢量是"具有大小和方向的量"。而在 GIS 的空间数据中，在线和面的边界上相邻两个坐标点之间的长度可以表示矢量的大小，两个坐标点的存储顺序可以表示矢量的方向，因此把这种形式的空间数据称为矢量数据，如图 4-13 所示。

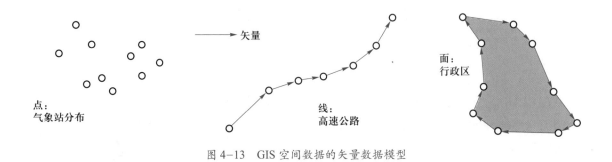

图 4-13　GIS 空间数据的矢量数据模型

矢量数据模型是一种利用**欧几里得**（Euclid）几何学中的点、线、面及其组合体来表示空间要素在空间中分布的数据组织方式。这种数据组织方式能很好地表达空间要素的空间分布特征，数据精度高，数据存储的冗余度低。对于矢量数据模型，其矢量数据结构主要分为实体数据结构和拓扑数据结构两种类型。

4.2.1.1 实体数据结构

在实体数据结构中，空间数据按照基本的空间要素（点要素、线要素、面要素）为单元进行单独组织，并存储各自的坐标值。这些坐标值可以是经纬度坐标值，也可以是地图投影坐标系的坐标值，如图 4-14 所示。采用这种数据结构的主要有 ESRI 的 Shapefile 文件和 MapInfo 的 Tab 文件等。

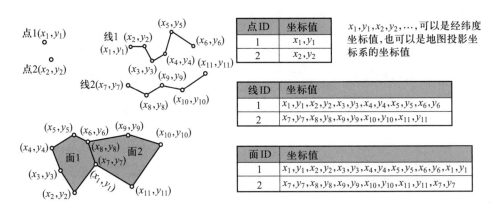

图 4-14　实体数据结构及编码文件

实体数据结构的主要特点是：①数据按点、线、面为单元进行组织，数据结构直观简单。②每个点、线和面有各自的坐标数据，彼此不关联。③每个面都以闭合**线段**（segment）存储其边界，如图 4-14 中每个面的第一个坐标值都与最后一个坐标值相等；相邻两个面的公共边界上的坐标点会分别被各个面存储一次。例如，图 4-14 中面 1 的边 (x_1, y_1) (x_6, y_6) 与面 2 的边 (x_7, y_7) (x_8, y_8) 是两个面的公共边，面 1 中的坐标 (x_1, y_1) 与面 2 中的坐标 (x_7, y_7) 是相等的，在面 1 和面 2 中各自存储了一次。同样，面 1 中的坐标 (x_6, y_6) 与面 2 中的坐标 (x_8, y_8) 相等，在面 1 和面 2 中也各自存储了一次。所以，公共边上的相同坐标一共被存储了两次，造成数据冗余。若修改了面 1 公共边上的坐标位置，则必须同时相应地修改公共边上面 2 对应点的坐标位置。

1. 点要素与多点要素

矢量**点要素**（point feature）通常由一个点的**标识码**（identifier，简称 ID 码）和一对 (x, y) 坐标组成，如图 4-15（a）所示。ID 码是数据中用来唯一确定某个要素的数值编码，每一个空间要素都具有一个独一无二的 ID 码，ID 码在同一个空间数据中是不会重复出现的。

实体矢量数据还可以是点、线、面各自的组合。由多个点要素组成**多点**（multipoint）要素，可以用来表示位置或某种性质相同的点的集合。例如，长三角城市群、珠三角城市群等，是由多个城市（以点表示）组合在一起的多点。

点与多点的区别在于每一个点表示一个要素，而每一个多点则表示多个点组合在一起的一个要素。多点要素在表达含有大量点要素的数据（如 LiDAR 数据，即激光雷达数据）时比较节省存储空间。例如，图 4-15（a）所示是三个独立的点要素，图 4-15（b）所示是一个由 5 个点组成的多点要素。

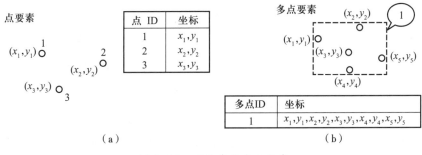

图 4-15　点要素与多点要素

2. 线要素与多线要素

矢量**线要素**（line feature）是由连接一串坐标点的线段组成的。线要素常常称为**折线**（polyline）。以这种方式表示的线要素可以方便地进行长度计算，即累加所有相邻坐标点之间的线段的长度，如图 4-16（a）所示。线也可以由几个组成**部分**（part）形成线的组合，即多线要素。例如，图 4-16（b）中的多线就是由两个单独的线组合而成的。这两部分线可以连接在一起，也可以是分开的，还可以是自相交的。多线要素可以用来表达一个水系的所有河流的组合。

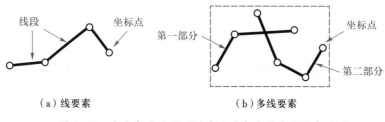

（a）线要素　　　　　　　　　　（b）多线要素

图 4-16　线要素（a）和两个部分自相交的多线要素（b）

3. 面要素与多面要素

矢量**面要素**（area feature）也称为**多边形**（polygon）要素，是由一串坐标围成的**环**（ring）来表示的。但是环不能自相交。如图 4-17 所示，左边的环可以作为一个面要素，而右边自相交的情况就不能当作一个面要素了。但与此相反，线要素和多线要素是可以自相交的，如图 4-16 所示。

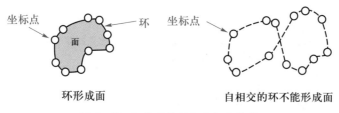

环形成面　　　　　　　　　自相交的环不能形成面

图 4-17　组成面的环与自相交的线

同样，面要素也可以由几个部分组合成多面要素。如图 4-18 所示，（a）代表的是由两个相邻的面组合成的多面要素。（b）代表的是两个分离的面组合成的多面要素。一种特殊情况是编号（c）的多面要素，分别由外环和内环套合而成，内环形成一个"洞"。而另一种特殊情况是组成多面要素的几个环可以相互交叠，如（d）表示的多面要素。

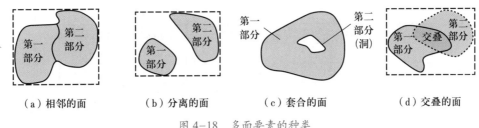

（a）相邻的面　　　　　（b）分离的面　　　　　（c）套合的面　　　　　（d）交叠的面

图 4-18　多面要素的种类

4.2.1.2 拓扑数据结构

GIS 矢量空间数据也可以采用**拓扑数据结构**（topological data structure）表达。例如，GIS 发展过程中出现的 DIME（对偶独立地图编码法）、TIGER（地理编码和参照系统的拓扑集成）和 ESRI 的 Coverage 等，都是拓扑数据结构。

拓扑（topology）指的是矢量数据中的点、线、面之间的空间联系，即：点是相互独立的，点连成线或**弧段**（arc），线或弧段构成面（称为多边形）。每条弧段始于**起始结点**（from-node），即第一个坐标点，止于**终止结点**（to-node），即最后一个坐标点。多边形的边界线弧段还需要记录它左右**邻接**（adjacency）的多边形。左右多边形是按照从弧段起始结点到终止结点的方向来判定的。弧段相连处的点称为结点，一条封闭弧段可以作为多边形的内边界，称为"洞"；一条封闭弧段形成一个孤立的多边形称为"岛"。该数据结构的基本元素如图 4-19 所示。

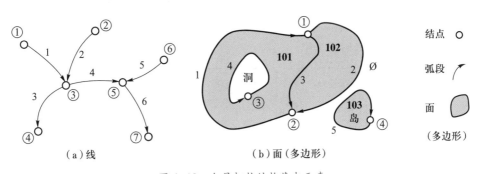

（a）线　　　　　　　　　（b）面（多边形）

图 4-19　矢量拓扑结构基本元素

1. 点、线、面的拓扑结构

在点、线、面的拓扑数据结构中，点的数据结构与点要素一样，而线与面的拓扑结构不同于线要素和面要素。弧段是线和面拓扑结构的基本元素。线弧段文件由弧段数据组成，包括线弧段 ID、起始结点 ID 和终止结点 ID。例如，图 4-20 所示是以图 4-19 中的线与面为例，列出其拓扑结构的存储形式。

线弧段文件

线弧段 ID	起始结点 ID	终止结点 ID
1	①	③
2	②	③
3	③	④
4	③	⑤
5	⑥	⑤
6	⑤	⑦

多边形文件

多边形 ID	弧段 ID
101	1,3,4
102	2,3
103	5

多边形边界弧段文件

Ø 表示多边形外部区域

多边形弧段 ID	起始结点 ID	终止结点 ID	左多边形 ID	右多边形 ID
1	②	①	Ø	101
2	①	②	Ø	102
3	①	②	102	101
4	③	③	Ø	101
5	④	④	Ø	103

图 4-20　针对图 4-19 中的线和面拓扑数据结构的存储形式

多边形边界弧段文件除了要有起始结点 ID 和终止结点 ID 外，还要有左多边形 ID 和右多边形 ID。多边形文件由多边形的数据组成，包括多边形 ID、组成该多边形的弧段 ID 等。相应的结点文件结构和弧段坐标文件结构如表 4-3（a）和（b）所示。

表 4-3(a)　结点文件结构

结点 ID	横坐标	纵坐标
①	x_1	y_1
……	……	……

表 4-3(b)　弧段坐标文件结构

弧段 ID	坐标值
1	x_1, y_1, x_2, y_2, …, x_n, y_n
……	……

2. 不规则三角网拓扑结构

另一种用拓扑结构表达的空间数据是不规则三角网（TIN）。TIN 数据通常用于数字地形这类曲面数据的表达。它是将离散分布的实测数据点连成三角形组成的网络，三角网中的每个三角形可视为一个空间斜平面，如图 4-21 所示。

TIN 的拓扑数据结构中对每个三角形分别存储的数据项包括：三角形标识码、三个相邻三角形的标识码、三个顶点标识码等。顶点的空间坐标值（x, y, z）则另外存储。利用

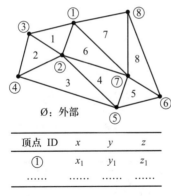

三角形	相邻三角形 ID			三角形顶点 ID		
ID	△A	△B	△C	●a	●b	●c
1	Ø	6	2	①	②	③
2	1	3	Ø	②	④	③
3	4	Ø	2	②	⑤	④
4	6	5	3	②	⑦	⑤
5	8	Ø	4	⑦	⑥	⑤
6	7	4	1	①	⑦	②
7	Ø	8	6	①	⑧	⑦
8	7	Ø	5	⑧	⑥	⑦

Ø：外部

顶点 ID	x	y	z
①	x_1	y_1	z_1
……	……	……	……

图 4-21　不规则三角网及其拓扑数据结构

这种相邻三角形信息，便于连续分布现象的顺序查询检索，例如，利用 TIN 生成等高线是非常便捷的。利用这种数据结构，可方便地进行地形分析，如提取坡度和坡向信息等。

3. 道路网络拓扑结构

拓扑数据结构还可以表示道路网络数据。道路网络的数据结构通常包含两个部分，一个是网络数据的空间坐标数据，另一个是网络数据的拓扑结构。如图 4-22 所示，网络数据的空间坐标数据表达网络的地理分布位置，包含了结点的坐标和连接结点的边的坐标，对应着矢量数据中的点和线；网络数据的拓扑结构表示网络中元素的连接关系，如道路之间的连通性质等。

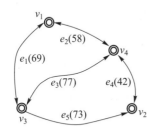

网络的邻接表

结点	邻接结点及边	邻接结点及边	邻接结点及边
v_1	v_3, e_1	v_4, e_2	
v_2	v_4, e_4	v_3, e_5	
v_3	v_1, e_1	v_2, e_5	v_4, e_3
v_4	v_1, e_2	v_2, e_4	v_3, e_3

图 4-22　道路网络的邻接表拓扑结构

例如，图 4-22 中有四个结点（v_1，v_2，v_3，v_4）表示四个城市的位置，连接这四个结点有五条边（e_1，e_2，e_3，e_4，e_5）分别表示连接四个城市之间的道路。若道路的长度如图中括号内的数字所示，则该道路网络可以用一种称作**邻接表**（adjacency list）的拓扑结构来表达。值得注意的是，网络中的边是有方向的，如图中的箭头所示，表示道路允许的通行方向，有的道路是双向通行的，有的道路则是单向通行的。

4.2.2 栅格数据模型

栅格数据模型将空间分割成规则的网格（称为栅格单元），在各个栅格单元内记录相应的属性值来表示空间实体在栅格单元处的某种属性。如图 4-23 所示，（a）是一个矢量数据，（b）和（c）是对应的两个不同大小栅格单元的栅格数据。

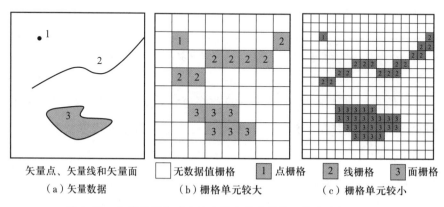

矢量点、矢量线和矢量面   □ 无数据值栅格   1 点栅格   2 线栅格   3 面栅格

（a）矢量数据   （b）栅格单元较大   （c）栅格单元较小

图 4-23 矢量数据与对应的空间分辨率较低及较高的栅格数据

栅格数据模型可以用来表达离散的空间数据，称为**离散栅格**（discrete raster）。例如，图 4-23 中用一个栅格单元表示点；用一串属性值相同的相互连接的栅格单元表示线；用一片属性值相同的相互连接的栅格单元表示面。表示离散的点、线、面空间数据的栅格数据，栅格单元里存储的属性值通常是点、线、面的标识码，这些标识码一般以 1、2、3 这样连续自动生成的**整型数**（integer）表示。点、线、面外部的栅格单元中是**无数据值**（no data），是一个特定的数值，如 –9 999。

栅格数据模型也可以用来表达连续的空间数据，称为**连续栅格**（continuous raster）。例如，数字高程模型通常就是采用栅格形式来记录每个栅格单元所在地点的海拔高度（即高程）的数值的。在这样记录的栅格 DEM 中，每个栅格单元中的属性值一般用实数型的**浮点数**（floating point）来记录高程。例如，图 4-24 记录了一片区域的高程值，每个高程值表示该栅格单元位置的高程。

栅格数据模型表示的是二维表面上地理要素的离散化数值，每个栅格单元对应一种属性，其空间位置用横向的**行**（row）坐标和纵向的**列**（column）坐标标识。行坐标可以是从上往下递增，也可是从下往上递增，而列坐标总是从左往右递增。栅格单元的形状一般是正方形，有时也可以采用宽和高不相等的矩形。

行1	5.6	5.5	5.3	5.2	5.0	4.8	4.5	4.2
行2	5.5	5.4	5.2	5.1	4.9	4.7	4.4	4.1
行3	5.3	5.2	5.0	4.9	4.7	4.6	4.3	4.0
行4	5.1	5.0	4.8	4.7	4.5	4.2	4.0	3.8
行5	4.7	4.8	4.6	4.4	4.2	4.0	3.8	3.6
行6	4.6	4.5	4.3	4.2	4.0	3.7	3.6	3.3
行7	4.3	4.4	4.0	3.9	3.6	3.5	3.3	3.1
行8	4.1	3.8	3.9	3.4	3.3	3.2	3.0	2.9
	列1	列2	列3	列4	列5	列6	列7	列8

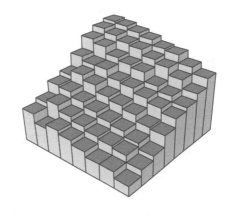

图 4-24　数字高程模型

栅格单元的边长决定了栅格数据的精度，或称之为**空间分辨率**（spatial resolution）。如图 4-23（b）所示，若栅格单元越小，则空间表达的精度越高，但数据量越大。反之，栅格单元越大，数据精度越低，空间信息损失越大，但总的数据量减小。在实际应用中采用多大的栅格单元，要根据实际的情况加以权衡，既要使栅格数据能有效地逼近空间实体，又要最大程度减少数据量。

与矢量数据模型相比，用栅格数据模型表达地理实体比较直观，容易实现多层数据的叠置操作，便于与遥感图像及扫描输入数据相匹配使用。但是，栅格数据的缺点也是很显著的。例如，数据精度取决于栅格单元的边长，当边长缩小时，栅格单元的数量将呈几何级数递增，造成存储空间的迅速增加；由于相邻栅格单元属性值之间存在相关性，所以栅格数据的冗余度比较大。

栅格数据模型可以分为栅格矩阵、游程编码和四叉树编码（马劲松，2020）等几种主要的栅格数据结构。

4.2.2.1 栅格矩阵结构

栅格矩阵结构是一种用矩阵来存储栅格数据单元的存储结构。如图 4-25 所示，由点、线和多边形组成的矢量数据都可以转化为对应的栅格数据。这里的栅格数据结构为一个 8×8 的矩阵，代表空间分辨率为 8 行 ×8 列的一个面要素的栅格数据，其中的数值表示各个不同的面要素的属性值。如果矩阵的每个元

行1	34	34	34	34	31	31	31	31
行2	34	34	34	34	32	31	31	31
行3	34	34	34	34	32	31	31	31
行4	35	35	34	34	32	32	32	32
行5	35	35	33	33	33	32	32	32
行6	35	35	33	33	33	33	32	32
行7	35	35	33	33	33	33	33	32
行8	35	33	33	33	33	33	33	33
	列1	列2	列3	列4	列5	列6	列7	列8

图 4-25　栅格矩阵结构

素在计算机里用一个双字节的数值来存储，那么该栅格数据所需要的存储空间为 8（行）× 8（列）× 2（字节）= 128 字节。

以一个面积为 $10 \times 10 \text{ km}^2$ 的区域为例，如果栅格边长取为 1 m，那么将形成 10 000 × 10 000 的栅格矩阵。若每个栅格用一个双字节的数值存储，则约要占用 200 兆字节的存储空间，这是一个比较大的存储量。而且随着空间分辨率的进一步提高，存储数据量将呈几何级数递增。因此，对栅格矩阵数据的压缩是栅格数据结构要解决的重要任务之一。

4.2.2.2 游程编码结构

游程编码（run length encoding）中的游程指在栅格矩阵的一行内位置相邻且具有相同属性数值的栅格单元的数量，也称为行程。游程编码结构逐行将相邻同值的栅格单元合并，记录所合并的栅格单元的值，以及所合并栅格单元的数量（即游程）。采用游程编码的目的是压缩栅格数据量，消除数据间的冗余。

游程编码结构的建立方法是：将栅格矩阵一行中的所有栅格单元属性值序列 $\{a_1, a_2, \cdots, a_n\}$ 映射为若干个相应的二元组序列 (A_i, P_i)，$i=1, \cdots, k$，且 $k \leqslant n$。其中，A_i 为属性值，P_i 为游程，i 为游程序号。例如，将图 4-25 所示的栅格矩阵结构转换为游程编码结构，如表 4-4 所示。

以表 4-4 为例，原来的栅格矩阵数据中栅格单元的数量为 64 个。采用游程编码表示时，建立的游程编码二元组总数为 22 个。因此，这种结构压缩了栅格矩阵编码的数据存储量，而且原来的信息并没有损失。所以，游程编码是一种**无损压缩**（lossless compression）方法。通过**解码**（decoding）即编码的逆过程，还可以将游程数据恢复为原来的栅格矩阵格式。

表 4-4　对应于图 4-25 所示栅格数据的游程编码结构

行	游程编码	游程编码	游程编码
1	（34，4）	（31，4）	
2	（34，4）	（32，1）	（31，3）
3	（34，4）	（32，2）	（31，2）
4	（35，2）	（34，2）	（32，4）
5	（35，2）	（33，3）	（32，3）

续表

行	游程编码	游程编码	游程编码
6	(35, 2)	(33, 4)	(32, 2)
7	(35, 2)	(33, 5)	(32, 1)
8	(35, 1)	(33, 7)	

复习思考题

1. 什么是空间实体？什么是空间要素？它们有什么区别和联系？

2. GIS 中的空间数据模型和空间数据结构各是什么含义，它们之间存在什么关系？

3. 空间数据的组织方式通常有哪三种？

4. 矢量数据模型和栅格数据模型在表达点、线、面和曲面的空间实体时，有什么区别？

5. 组建矢量数据模型的实体数据结构与拓扑数据结构的区别是什么？

6. 为什么使用游程编码结构可以有效地压缩栅格矩阵数据的数据量？

7. 总结说明矢量数据模型和栅格数据模型各自具有的优缺点。

第 5 章　空间数据——获取与编辑

　　我国宋代著名学者朱熹曾在《观书有感》诗中用"问渠那得清如许？为有源头活水来"的名句说明了知识来源对于做学问的重要性，以及知识需要不断更新的道理。

　　GIS 空间数据源是 GIS 中获取空间数据的来源，空间数据同样需要不断更新。本章主要介绍 GIS 通过各种空间数据源获取空间数据的方法，以及更新空间数据的方法即数据编辑。

电子教案　第 5 章

5.1 空间数据获取

　　空间数据获取指的是得到 GIS 中所用的空间数据的方法，即怎样把地球表面上我们想表达的空间实体转换成数字的形式，并存储到计算机 GIS 软件中，以便进行分析和应用。这个方法与过程就叫作空间数据获取。

　　GIS 中所有要处理的信息都是以空间数据的形式来反映的，如果没有空间数据，那么 GIS 将无法运行。所以说，空间数据获取是 GIS 分析处理流程的第一步，也是极其关键的一个步骤。

　　空间数据获取可从三个方面来阐述：①空间数据产品的主要类型。也就是在 GIS 里，通常可以获取并处理哪些具体种类的空间数据产品。②空间数据下载。介绍如何直接从网络上把一些基础地理信息数据下载下来，这样就可以直接使用现成的、由专业部门创建好的空间数据。这是一种获取空间数据的重要方法。③空间数据创建。也就是说当所需要的空间数据不能从网上获取，在没有办法得到现成数据的时候，就需要使用 GIS 的方法来创建自己所需的空间数据，这是另一种重要的空间数据获取方法。

5.1.1 主要空间数据产品

　　前面章节介绍过空间数据模型和数据结构，是从空间数据的逻辑结构上来说明的，有矢量和栅格两类空间数据模型。而空间数据产品指的是 GIS 具体使用到的空间数据的存储形式。它通常是由测绘部门经过精确测量以后，最终生产出来的空间数据。这些数据以数据文件或者数据库的形式存储，这些空间数据文件或数据库就是具体的空间数据产品。

GIS 实际应用中最常用到四种空间数据产品，它们的英文简称都以 D 字母开头，所以人们将它们统称为 4D 数据产品。它们分别是：**数字线划图**（digital line graph，简称 DLG）、**数字栅格图**（digital raster graph，简称 DRG）、**数字高程模型**（digital elevation model，简称 DEM）和**数字正射影像图**（digital orthophoto quadrangle 或 map，简称 DOQ 或 DOM）。这四种主要的 4D 数据产品，最早是由 USGS（美国地质调查局）设计出来并使用的。USGS 的主要职责之一，就是详细测量整个美国的空间数据，特别是地形图，还有各种遥感影像。后来这些 4D 数据产品也被其他国家所采用。其他国家包括中国现在也同样提供 4D 数据产品。

5.1.1.1 数字线划图

数字线划图是一种矢量地图数据，主要是用矢量数据模型表达的标准地形图数据。它是一种通过矢量数据采集手段，将地理实体分层提取、编辑、输入，并以矢量坐标数据形式存储在计算机中的空间数据产品。其特点在于分层表达、分层存储，也就是说对地形图上的所有空间要素，把它们按照不同的类型放在不同的数据层里。比如在一个河流层的数据中，所有的空间要素都是河流；而在等高线的数据层中，所有的空间要素都是地形等高线，如图 5-1 所示。

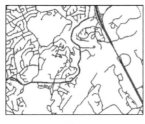 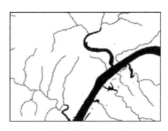 

（a）道路 DLG 层　　　　　（b）水系 DLG 层　　　　　（c）等高线 DLG 层

图 5-1　数字线划图

存储 DLG 数据主要有三种文件格式：① SDTS（spatial data transfer standard）空间数据转换标准文件格式，这是一种用来在不同的 GIS 之间共享数据的数据文件格式；② Shapefile 文件，这是 ESRI 公司开发的以实体数据结构存储的矢量空间数据文件格式；③ Geodatabase（地理数据库），是 ESRI 公司开发的基于对象的空间数据库（郭庆胜等，2003）。

我国的基础测绘部门现在也提供数字地形图，即中国的 DLG 数据，而不再像过去那样只提供纸质的地形图。这种地形图数据主要是以 Shapefile 文件和 Geodatabase 两种数据文件格式存储的。我国的 DLG 数据产品分成了各种不同比例尺的地形图，这些数字地形图的幅面按照经纬度进行分割，以高斯–克吕格投影坐标系的坐标记录位置信息。

由于 ESRI 的 Shapefile 格式数据其文件结构是公开的，所以它成为了 GIS 实际上的空间数据文件格式标准。一个 Shapefile 数据至少要包括三个文件：①主文件，以 shp 为文件扩展名；②索引文件，以 shx 为文件扩展名；③ dBASE 格式的属性表文件，以 dbf 为文件扩展名。此外，Shapefile 数据还可以具有以 prj 为文件扩展名的地理坐标系和地图投影坐标系定义文件。

主文件是一个记录长度可变的二进制文件。这里所谓的记录，是指一条完整意义上的数据。主文件中每条记录包含一个空间要素（点、线或面）的所有坐标值。在索引文件中，每条记录指明主文件中该记录距离文件头的字节**偏移**（offset）量。dBASE 是 20 世纪 90 年代初期一款主流的桌面型个人数据库软件，其文件结构也是公开的，被用来存储属性数据表，包含了主文件中每一个空间要素的属性数据。主文件中空间要素坐标数据的记录和其属性数据记录之间存在一一对应的关系，该对应关系通过关联相同的记录 ID 码来体现。

5.1.1.2 数字栅格图

数字栅格图是以数字图像的形式存储的地形图数据。迄今为止，人们已经进行了很长一段时期的各种形式地形图的测量和绘制出版工作，这些地形图过去都是印刷成纸质地图保存的。因为纸质地图一旦保存时间长了，精度就会降低，所以地形图需要采用彩色数字图像的形式来保存。

数字栅格图就是这种彩色数字图像，它的本质是一种排列成行的栅格数据，其栅格单元叫作**像素**（pixel，或称为**像元**），记录了纸质地形图上的色彩信息。其生成方法通常就是使用工程扫描仪，把纸质地图放在工程扫描仪中扫描，就能生成栅格形式的彩色数字图像，从而保存其地理信息。

数字栅格图的文件格式现在使用较多的是 GeoTIFF 图像格式。它本身是一种 TIFF 格式图像文件，可以记录各种数字图像，比如数码相片等。而且 TIFF 格式的图像文件有一个独特的优点，就是它可以带上一些标签，对 TIFF 格式的图像文件进行进一步的说明。比如在 GIS 里，可以给这个 TIFF 格式的图像文件带上一个地理坐标的标签，以描述该图像对应的地理坐标。这种具有地理坐标标签的 TIFF 格式文件，就称为 GeoTIFF 图像，如图 5-2（a）所示。

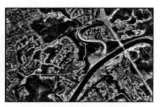

（a）DRG数据　　　　　　　（b）DEM数据　　　　　（c）DOQ或DOM数据

图 5-2　USGS 的数字栅格图、数字高程模型和数字正射影像图

5.1.1.3 数字高程模型

DEM 数据通常是一种用来表达地面高程的有序的数值矩阵，即它是一种栅格形式的数字地形数据，也可以使用 GeoTIFF 图像格式存储。在每一个栅格单元的中心位置上，DEM 数据存储的属性数值表达的是这个栅格单元所在位置代表的那个点的海拔高度。如果很多行、很多列的海拔高度整齐地排列在一起，人们就可以把它看作表达整片地区海拔高度的数字地形数据，反映了地形起伏的状态。图 5-2（b）就是一个使用了阴影渲染的、在视觉上很有立体感的数字高程模型的例子。

DEM 数据在 GIS 软件中可以显示成平面图形式，如图 5-3（a）所示，使用不同的颜色或深浅来显示不同的高程数值。还可以将 DEM 数据显示成一种具有立体感的三维**透视场景图**（perspective view map），如图 5-3（b）所示。这样就可以形象直观地看出地形起伏的状态。透视场景图是三维 GIS 重要的数据可视化方法。

（a）二维平面栅格矩阵显示　　　　　（b）三维透视场景图显示

图 5-3　DEM 数据的可视化

5.1.1.4 数字正射影像图

DOQ 数据通常是航空摄影得到的数字图像，并经过对几何误差的纠正，形成垂直于地面的正射投影的图像。航空摄影测量是一种用来测量地形图的方法。该方法是使用一架测量飞机（或无人机），飞到要测量地区的上空，用飞机携带的照相机对地面进行拍照。在拍了一

系列照片以后，在计算机上处理这些照片，去除地形起伏和照相机倾斜造成的位移误差，使得照片和地形图能够精确地配准起来，纠正位置误差和错误，最后得到的就是一幅数字正射影像图。数字正射影像图一般也是以 GeoTIFF 图像格式存储的，如图 5-2（c）所示。

5.1.2 空间数据下载

当实际应用 GIS 的时候，所需要的这些 4D 数据产品从哪里可以得到呢？第一种方法就是在因特网上找一找有没有现成的数据资源。在通常情况下，这些数据已经由某些专业部门或企业制作好了，并作为一个共享的基础地理数据源，在网络上提供给大家，用户只要去相应的网站下载就可以使用。

5.1.2.1 地理数据门户网站

提供各种基础空间数据资源查询和下载服务的网站称为**地理数据门户网站**（geoportal）。在美国，主要是美国地质调查局和美国航空航天局这样的政府机构网站提供免费下载的 4D 数据产品，各个州和县政府的网站通常也提供各自行政范围内的自然与社会经济空间数据，一些 GIS 软件企业如 ESRI 等，也会在它们的官方网站上提供很多供免费下载的 GIS 数据。此外，一些由志愿者参与建设的项目，包含由非专业的志愿者使用个人定位设备和网络地图工具在因特网上生成的空间数据。在它们的网站上通常也会共享所有这些空间数据。

在我国，也有很多地理数据门户网站可以通过注册个人账户，免费下载不涉密的标准中小比例尺矢量地图数据、数字高程模型数据和遥感影像数据等。图 5-4 所示是在"全国地理信息资源目录服务系统"网站上从国家基础地理信息中心下载矢量地图数据的例子。用户可以在网站上打开全国地图，选取一个感兴趣的区域，然后把一组 1∶25 万的 Shapefile 格式矢量地形图数据（即 DLG 数据）下载到自己的计算机里。这个矢量地形图数据，包含了 9 个不同属性的数据层。

需要说明的是，我国的基础地理信息特别是大比例尺的地形图及其数字形式的空间数据都属于国家机密文件，保存和使用这些空间数据需要遵守《中华人民共和国测绘法》和《中华人民共和国测绘成果管理条例》等全国性的相关法律法规。同样，使用测绘仪器进行空间数据的采集和制作，在网络上发布空间数据和网络地图等，也都要具备相应的测绘资质和遵守相应的规定。基础地理信息事关国家的信息安全，我们不能掉以轻心。

图 5-4 "全国地理信息资源目录服务系统"网站

5.1.2.2 空间元数据

以从"全国地理信息资源目录服务系统"网站下载的地形图矢量数据为例（如图 5-4 所示），该空间数据是以 Shapefile 文件格式存储的。由于 Shapefile 文件格式是实际上的空间数据格式标准，所以几乎所有的 GIS 软件都可以正确地打开 Shapefile 文件进行浏览。图 5-5 显示

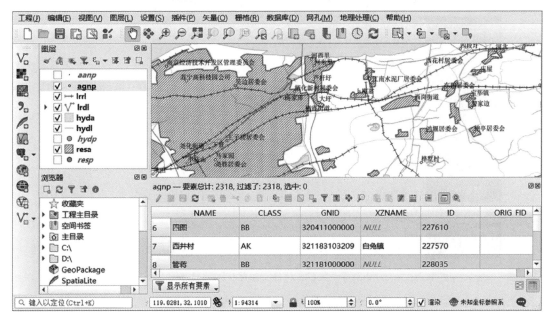

图 5-5 GIS 软件打开从网站下载的 1∶25 万地形图 DLG 数据的用户界面

了在 GIS 软件中加载了 1∶25 万南京幅标准地形图数据的用户界面，左边窗口显示它有 9 层 Shapefile 数据。

在图 5-5 显示的 GIS 软件界面上，可以看到左边的窗口里用列表形式列出了 9 个不同的数据层。但是，仅仅观察这些数据层的名称，用户通常不能立即清楚地了解到每一个数据层具体是什么数据。特别是利用这些从因特网上下载的共享空间数据的时候，如果不能知道每一层具体对应的是什么数据，就会给应用造成困难。这时候，就需要空间元数据的帮助了。

空间**元数据**（metadata）是用来对空间数据进行附加说明的数据。它通常包含了说明空间数据的内容、质量、状态和来源等方面的信息。例如，空间元数据可以描述一个空间数据层是什么专题内容，数据是如何获取的及由什么单位或个人采用什么方式获取的，基于的地理坐标系和投影坐标系是什么，数据范围有多大，比例尺和空间分辨率是多少，数据测量的长度单位是什么，等等。对于通过因特网共享的空间数据，其空间元数据的完整性对数据的进一步应用显得尤其重要，甚至不可或缺。

每一款 GIS 软件都为用户提供了编写生成空间元数据的功能。如图 5-6 所示，在 GIS 软件中可以找到"元数据"这一栏，用户可以把相关的空间元数据分类填写到对应的各个选项中。

图 5-6　在 GIS 软件中编辑空间元数据

5.1.3 空间数据创建

在理想的情况下，如果用户所需要的空间数据产品能够直接在网络上找到，并可以免费下载，那么这自然是一件非常好的事情。但是有的时候，由于很多 GIS 的应用要求非常特殊，用户可能根本就没有办法从网络上找到需要的空间数据产品并下载使用，或者可能即使找到了相关的空间数据，其数量和质量也并不符合用户自身应用的要求。这个时候，用户就需要依靠自身的力量去创建所需要的空间数据。

在 GIS 中创建新的空间数据通常有四种常规方法：实地测量、遥感、地图数字化和空间数据变换。实地测量是在野外通过测量设备获得空间坐标生成 DLG 数据产品。遥感是通过飞机或卫星对地面物体进行拍摄，可以获得 DOQ 等空间数据产品。这两种创建新空间数据的方法都是直接的获取方法。地图数字化和空间数据变换则是间接创建新空间数据的方法，其中空间变换包括了创建栅格数据的矢量栅格化方法，以及创建栅格 DEM 的空间插值方法等，如表 5-1 所示。

表 5-1　GIS 创建新空间数据的方法

方法	实地测量		遥感		地图数字化		空间数据变换	
空间数据产品	全站仪等	DLG 数据	航空航天	DOQ 数据	手扶跟踪	DLG 数据	矢量栅格化	栅格数据
			摄影测量	DOQ、DLG 数据	扫描矢量化		栅格矢量化	矢量数据
	北斗 GPS		激光雷达	DEM 数据	屏幕数字化		空间插值	DEM 数据

5.1.3.1 实地测量创建空间数据

GIS 获取空间数据的实地测量方法，就是使用测绘仪器（例如经纬仪、水准仪、全站仪、北斗或 GPS 接收机等），到野外实地把空间实体的坐标通过这些设备利用传统的三角测量方法测量出来，并导入 GIS。

现在使用全球导航卫星系统去测量实地点位的坐标是非常简单的。我国正在太空中运行的北斗卫星组成了一个覆盖全球的网络。这些卫星可以向地球表面不断发射信号，信号中包含这些卫星自身的位置、轨道、时间等信息。北斗接收机处在地球表面上，由用户携带。用户如果想知道某一点的具体准确坐标，就可以用北斗接收机接收北斗卫星的信号，然后通过记录北斗卫星信号传输到用户的接收机花费的时间，推算出卫星到用户北斗接收机的距离。因为每一颗卫星某一时刻在轨道上的坐标都是可以预先计算出来的，所以通过若干颗卫星，就可以把当前的北斗接收机所在位置的准确坐标推算出来，这就是通过北斗卫星导航系统进行测量的原理。

当前可以应用的全球导航卫星系统，除了美国的 GPS、俄罗斯的格洛纳斯（GLONASS）系统和欧盟的伽利略（Galileo）系统外，还有后来居上的我国北斗卫星导航系统。现在北斗卫星导航系统已经普及全球应用，相信很多国家都会运用北斗卫星导航系统来进行空间坐标测量和导航。

5.1.3.2 遥感创建空间数据

在 GIS 中获得空间数据还有一种非常重要的方法，就是使用遥感数据。获取遥感数据的方法有很多，例如：①遥感可以是依靠在太空中飞行的卫星对地面进行拍摄，获得地面的照片，然后在照片上进行测量来确定地面上的位置。②遥感也可以是航空**摄影测量**（photogrammetry）。这是指在飞机上对地面拍摄照片，然后用照片进行测量。现在运用无人机对地面拍照并测量获得空间数据的做法非常普遍。③遥感也可以通过使用机载激光雷达系统，扫描地面生成含有高程坐标的点云数据。④遥感还可以使用多波束装置。在海上航行的船只上用声呐向海底发射超声波，通过反射的回波来获得海底的深度信息。

5.1.3.3 地图数字化创建空间数据

如果需要得到某一地区的空间数据，但是既不能从网上下载，又没有办法实地测量，或通过遥感测量方式得到空间数据，如果可以找到该地区包含相关信息的纸质地图的话，就可以用一种方法，将地图上面的图形转换成坐标数字形式，存入 GIS 供用户使用，这种转换的技术方法就是地图数字化。

地图上的地理信息是通过**地图符号**（map symbol）表现的。地图符号在地图上的位置记录了空间实体的坐标信息。地图符号的形状、大小、颜色等要素表现了空间实体的属性信息。我们可以通过地图数字化的技术方法，把纸质地图上的这些地图符号所表达的地理信息，即它们在地图上的坐标数值直接转换到 GIS 中去，以数字形式记录下来，从而创建所需的空间数据。

地图数字化通常有三种方式：手扶跟踪数字化、扫描矢量化和屏幕数字化。

1. 手扶跟踪数字化

手扶跟踪数字化需要一台数字化仪，如图 2-5 所示。数字化仪通过数据线与计算机连接，在计算机中运行 GIS 软件，这款软件就可以通过数字化仪来接收地图上的坐标。操作员坐在数字化仪前面，把需要数字化的纸质地图贴在数字化仪的平板上，然后用手扶着一个拖着一根连接数字化仪的线、看上去像鼠标的设备，叫作游标，在平板上移动游标，把游标前面十字交叉点对准地图上地图符号的位置，按下游标的按键，地图符号的坐标就输入到 GIS 软件中了。

数字化仪的工作原理是：数字化仪的平板叫作电磁感应板，里面布设密集的电子线路；当手扶着游标在电磁感应板上移动时，电磁感应板会感应到游标所处在板上的坐标位置，这个坐标位置是数字化仪上面预设的一个设备坐标系，数字化仪通过和计算机之间的电路把这个设备坐标传递给在计算机中运行的 GIS 软件。

手扶跟踪数字化的操作步骤为：

① 连接数字化仪：将数字化仪和计算机通过数据线路连接起来，在数字化仪与计算机之间进行数据的通信。

② 建立**地理配准**（georeferencing）函数：即建立起数字化仪平板上设备坐标系的 x 和 y 坐标与地图投影坐标系的 X 和 Y 坐标之间的数学转换方法，这种从一个坐标系到另一个坐标系的数学转换叫作**几何变换**（geometric transformation）。

③ 图形数字化：在地图的表面上用手扶着游标移动到想要采集坐标点位的地方，按下游标上的按键，就可以完成坐标的采集，传递给 GIS 软件接收。GIS 软件把接收到的设备坐标根据地理配准参数转换成地图投影坐标保存。

2. 扫描矢量化

由于手扶跟踪数据化工作强度大、容易出现遗漏或重复跟踪等数字化错误，所以，当前人们对它的使用并不多。取而代之的是另外两种地图数字化方法，即扫描矢量化和屏幕数字化。对于扫描矢量化而言，当需要数字化的纸质地图是一幅由很多线状符号组成的线划类型地图的时候，比如等高线地图、道路网地图、河流地图等矢量线要素较多的地图，扫描矢量化的效率与准确性比手扶跟踪数字化高得多。

扫描矢量化方法也分为三个步骤：

① 用工程扫描仪把需要数字化的纸质地图扫描成一幅彩色的数字图像，如同给纸质地图拍摄了一张清晰的照片。

② 建立地理配准函数。和手扶数字化地理配准相似，这个步骤的目的是建立扫描数字图像上的坐标系和地图投影坐标系的转换函数。扫描数字图像上地图符号的坐标是按照数字图像的像素所在的行列值表达的。

③ 在 GIS 软件中对地图数字图像上的线状符号进行自动或半自动的矢量化，GIS 软件

运用一种叫作**跟踪**（tracing）的算法，可以自动地在数字图像上寻找线状符号所在的位置，并把线上所有的点坐标记录下来，形成空间数据。也可以由操作员在 GIS 软件中用鼠标点击某条线状符号开始的地方，并进一步点击需要跟踪线状符号的方向，然后 GIS 软件半自动地跟踪出整个线状符号上的点坐标。

3. 屏幕数字化

第三种地图数字化方法叫作屏幕数字化。它同样先把纸质地图扫描成一幅数字图像，然后在 GIS 软件中打开扫描得到的数字图像，操作员对着计算机屏幕，用鼠标移动屏幕上的光标，在 GIS 软件里点击地图数字图像上需要采集坐标的位置。这个过程通常是用手工来完成的。屏幕数字化的方法还可以用在卫星遥感影像或航空摄影照片上对空间数据进行数字化处理。

屏幕数字化的步骤为：

① 和扫描矢量化一样，扫描纸质地图，生成一幅彩色的数字图像。

② 和扫描矢量化也是一样的，用 GIS 软件打开地图的数字图像，进行地理配准。配准以后图像上的每一个像素坐标位置就可以对应地图坐标系的相关位置。

③ 在 GIS 软件中创建一个新的空间数据层，对该层空间数据进行数据编辑，即在计算机屏幕上用鼠标点击要采集坐标的地方，就把坐标添加到新的空间数据中了。

5.1.4 几何变换

5.1.4.1 几何变换方法分类

地图数字化中的地理配准是通过在两个坐标系之间进行几何变换实现的。GIS 中有多种几何变换方法可供选择，常见的方法从简单到复杂分别是：等面积变换、相似变换、仿射变换和射影变换。这些几何变换方法的原理相似，都是通过对坐标系进行平移、旋转和缩放等基本变换的组合得到的结果。不同的组合得到不一样的几何变形性质，如表 5-2 所示。

表 5-2　**GIS 中常用的几何变换方法的类型及性质**

几何变换方法的名称	坐标系 1（变换前）	坐标系 2（变换后）	变换性质
等面积变换（欧氏变换）	A	a	允许平移、旋转
			保持形状和大小不变

几何变换方法 的名称	坐标系 1 （变换前）	坐标系 2 （变换后）	变换性质
相似变换	B	b	允许平移、旋转、缩放
			保持形状不变，不保持大小不变
仿射变换	C	c	允许平移、旋转、缩放、剪切
			保持线的平行性不变
射影变换	D	d	允许角度变形和长度变形
			保持共线性不变

（1）**等面积**（equal area）变换：仅允许两个坐标系之间进行平移和旋转，从而保持空间实体的形状和大小不随变换而改变。这是四种常用几何变换方法中最简单的一种。

（2）**相似**（similarity）变换：允许两个坐标系之间发生平移、旋转和等量缩放等基本变换，但保持形状不变，即形状的相似性保持不变而大小允许发生变化。

（3）**仿射**（affine）变换：除允许平移、旋转和不等量缩放等基本变换外，还允许剪切（或称为扭曲）变换，即角度的变化，但保持原有的平行性不变。这种变换可将矩形变为平行四边形，虽然变换后各个边之间的夹角发生了变化，但是原来相互平行的边在变换之后仍然保持平行的性质。

（4）**射影**（projective）变换：允许角度和长度的变形，不保持原有平行直线的平行性，但保持共线性。这是四种常用几何变换方法中最复杂的一种。

从**解析几何**（analytic geometry）或称为**坐标几何**（coordinate geometry）的角度来看，除了射影变换，其他三种变换都是由一次多项式实现的。此外，也可以用高次多项式实现复杂的非线性变换。在地图数字化的时候，在一般情况下从设备坐标系到地图投影坐标系的变换采用一次多项式函数如仿射变换就完全可以达到精度要求。只有在非常特殊的情况下才会用到射影变换或高次多项式函数的非线性变换。

5.1.4.2 仿射变换

仿射变换是地图数字化时地理配准最常用的几何变换。仿射变换的公式是包含 6 个待定系数的二元一次多项式：

$$X = a_0 + a_1 x + a_2 y, \quad Y = b_0 + b_1 x + b_2 y \tag{5-1}$$

其中 x, y 是输入设备坐标，X, Y 是输出地图投影坐标，a_0、a_1、a_2 和 b_0、b_1、b_2 是 6 个变换的待定系数。如果能够计算出 6 个系数，就可以在两个坐标系之间建立仿射变换的公式，从而把设备坐标代入公式计算出对应的地图坐标系的数值。

估算这 6 个系数，在 GIS 中是利用已知的**控制点**（control point）来实现的。控制点是用户事先已经知道地图投影坐标数值（X, Y）的点，同时在地图上也是易于找到的点，例如，地图坐标系方里网的网格线交叉点、图廓点、重要地物位置点（道路交叉点、河流交汇点、三角测量点）等。在手扶跟踪数字化时，这些点的设备坐标（x, y）可以通过数字化仪的游标点击点位来采集；在扫描矢量化或屏幕数字化的时候，设备坐标（x, y）可以用鼠标操控计算机屏幕上的光标点击来采集。控制点对应的地图投影坐标（X, Y）则通过计算机键盘输入到 GIS 软件中。

在仿射变换的二元一次多项式函数中，当有一个控制点的时候，就可以将其已知的地图投影坐标（X, Y），以及数字化仪游标或屏幕光标采集的设备坐标（x, y）代入公式，形成两个方程。而当有不在同一条直线上的 3 个控制点时，就可以形成 6 个方程。这 6 个方程联立方程组的解，就是估算出的 6 个系数。在实际应用中，为了估算出更高精度的 6 个系数，最大程度地减小转换误差，通常采集多于 3 个的控制点，并使用**最小二乘法**（least squares method）来计算这 6 个系数（马劲松，2020）。

图 5–7 所示是用仿射变换建立地理配准函数时选定控制点的情况。用户在计算机屏幕上的地图扫描图像上点击一个控制点位置，计算机获得该控制点在图像坐标系（设备坐标系）中的坐标值（x, y），然后用户用键盘输入该控制点的投影坐标（X, Y）。重复上述的过程，至少选取 4 个控制点。

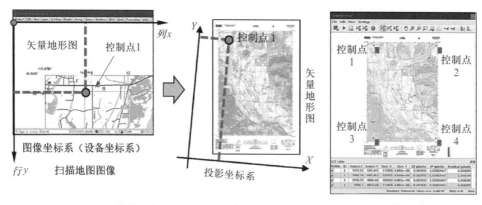

图 5–7　屏幕数字化时仿射变换建立地理配准选取 4 个控制点的情况

GIS 软件以这些控制点的坐标值估算出仿射变换的 6 个系数，并使用仿射变换公式重新计算控制点的投影坐标估算值（X', Y'）。该估算值与理论值（X, Y）的误差称为**残差**

（residual）。只要残差处于可接受的范围内，就可以使用这个仿射变换的结果。如果残差过大，就重新选择控制点，直到残差满足要求为止（张康聪，2019）。

5.2 空间数据编辑

在获取空间数据并输入 GIS 之后，下一步通常还要对数据中可能存在的错误进行检查，并对发现的错误进行修改。此外，当空间数据发生变化时，需要对空间数据进行更新。这种对空间数据中的错误进行检查和修改，或对过时的数据进行更新的工作称为**空间数据编辑**（spatial data editing）。

空间数据编辑主要针对矢量数据进行，其操作分成两部分：①几何数据编辑，就是对矢量数据中的点、线、面这样的几何元素进行添加、坐标位置修改和删除等操作；②属性数据编辑，就是对属性数据中的数值进行添加、删除和修改等操作。

5.2.1 几何数据编辑

几何数据编辑用来修改矢量数据中的空间位置错误。空间位置错误分为：定位错误和拓扑错误。所以，相应地对于定位错误，采用定位错误的编辑方法，而对于拓扑错误，则采用拓扑错误的编辑方法。

5.2.1.1 定位错误与几何图形编辑

定位错误指空间位置上的错误，例如，地图数字化的时候漏掉了一些点、线、面，或者在数字化线段的时候坐标位置输入不准确造成变形等。针对定位错误，几乎所有的 GIS 软件都提供如下的一些编辑修正功能。

（1）重新进行地图数字化：如果是在地图数字化的过程中漏掉了一些点、线、面，那么可以重新在漏掉的地方进行数字化过程，添加这些遗漏的数据。

（2）删除：对于重复数字化的多余点、线、面等几何数据，可以在 GIS 的图形窗口中选定这些多余的几何元素，再通过**删除**（delete）编辑工具进行修改，把多余的几何元素去除掉。

（3）移动：如果某些几何元素的位置存在偏差，那么可以使用**移动**（move）编辑工具，将存在位置偏差的几何元素移动到正确的位置上。

（4）改变形状：对于线或者面的边界上坐标点位置不准确的情况，可以使用**重塑**（reshape）编辑工具对线或面边界上的每一个坐标点进行位置修改，如图 5-8 所示。

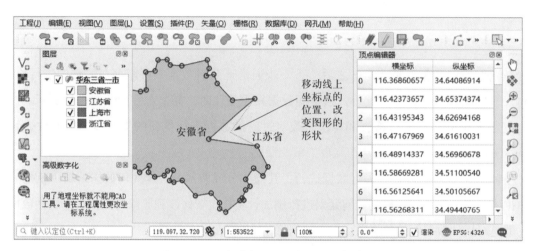

图 5-8 GIS 矢量数据的几何图形编辑实例

5.2.1.2 拓扑错误编辑

拓扑编辑是用来检查并改正空间数据中存在的拓扑错误的操作。**拓扑错误**（topological error）指矢量数据的点、线、面在空间位置关系上的错误。空间位置关系在 GIS 中称为**拓扑关系**（topological relationship）。这些空间位置关系的错误可能发生在同一个数据层里面，也可能发生在不同的数据层之间。GIS 通过建立拓扑关系的规则（马劲松，2020），来进行拓扑错误的检查。若违反拓扑关系规则，则会产生相应的拓扑错误。

1. 拓扑关系规则

拓扑关系规则指的是矢量数据点、线、面之间应该遵循哪种空间位置关系。例如，假设有一个包含等高线的数据层，在这个数据层中，所有等高线之间都必须遵循一条"不能相交"的拓扑关系规则，表示不同的等高线之间不能相交。如果有等高线相交，就判定它为拓扑错误。

GIS 支持用户设定很多种拓扑关系规则。比如，"面和面之间不能有空隙"和"面和面之间不能相互重叠"这两条规则表示两个相邻的面之间不能存在空隙，也不能相互重叠，这在检查行政区划范围空间数据的时候特别有用，可以避免像江苏省和安徽省之间有空隙，以及南京市与镇江市有部分地区重叠的拓扑错误，如图 5-9（a）所示。

同一数据层内矢量线常见的拓扑错误有**过头**（overshoot）和**未及**（undershoot），如图 5-9（b）所示。当一条线要和另一条线相接的时候，如果超出了结点所在的位置，就是过头；相反，如果未到结点的位置，就是未及。过头和未及都会产生一个**悬挂结点**（dangling node），这样的拓扑错误在数字化河流和道路等矢量线时非常容易出现。

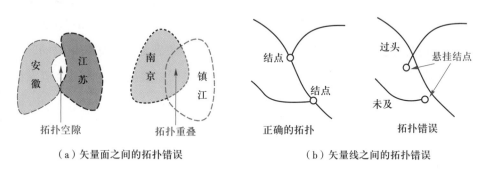

（a）矢量面之间的拓扑错误　　　　　　　　（b）矢量线之间的拓扑错误

图 5-9　面和线的拓扑错误

2. 拓扑错误的检查

一旦用户指定了某些拓扑错误，GIS 软件就可以对空间数据进行检查，看是否存在指定的拓扑错误。例如，当需要检查等高线数据是否有相交的拓扑错误时，GIS 软件根据对等高线数据层设定的"不能相交"的拓扑关系规则进行违反该拓扑关系规则的拓扑错误检查。GIS 软件会检查每一条等高线，看它是否和其他等高线相交。如果有相交情况，GIS 软件就会把错误标注出来，供用户进一步去修改这样的错误。

对有些拓扑错误的检查，用户需要根据实际情况指定一个**容差**（tolerance），也就是误差允许的范围。然后 GIS 软件就可以自动根据容差和拓扑规则来检查数据中是否存在拓扑错误，例如，是否有悬挂结点，如果一个矢量线的结点只和一条线相连，且到另一条线的距离小于容差，就可判定其为疑似悬挂结点错误。

3. 拓扑错误改正

经过拓扑错误检查之后，所有可能的拓扑错误都会被标识出来。用户可以根据实际情况直接在 GIS 软件中对找到的拓扑错误进行改正，或者对某些并不是拓扑错误而被误判为拓扑错误的情况选择忽略操作而不进行修改。

在使用屏幕数字化方法生成新的空间数据时，拓扑编辑也有作用。用户可以设定一个**捕捉**（snapping）的容差，当在屏幕上移动光标到距离已有的空间数据（坐标点或线段）在容差以内的时候，光标会自动捕捉已有的空间数据，这时如果按下鼠标键，那么新增的坐标点就会和已有的空间数据重合，从而避免了产生悬挂结点和边界不重合的拓扑错误。

5.2.1.3 线的简化

当采用扫描矢量化方法创建矢量线空间数据的时候，自动或半自动跟踪算法会沿着扫描图像上表示线的像元产生密集的矢量点。在这些密集的矢量点连接成的矢量线上存在大量的点坐标。如果不加以处理就把这么多坐标点组成的矢量线存储起来，那么一方面会造成数据量很大，占用计算机过多的存储空间。另一方面，GIS 软件在显示这些矢量线的时候，也会因为数据量大造成效率降低。在后面进行空间分析的时候，数据量过大也会造成计算量过大，消耗更多的计算时间。

所以，对这一类矢量线数据，一般需要做简化处理，也就是把一条坐标点密集的矢量线上不影响线的形状特征的坐标点去掉，减少线上坐标点的数量，从而达到减少数据量、提高处理或计算效率的目的。这个过程就称为**线简化**（line simplification）或**概化**（generalization）。

GIS 中最经典的线简化方法是道格拉斯 – 皮克算法，该算法是 David H. Douglas 和 Thomas K. Peucker 在 1973 年提出的。该算法的原理是：先设定一个距离的容差，该容差用来控制简化以后的线与原来的线之间的最大距离误差。然后生成一条连接矢量线首尾坐标点的线段，并计算原来线上的坐标点到线段的垂直距离，如图 5–10（a）所示。

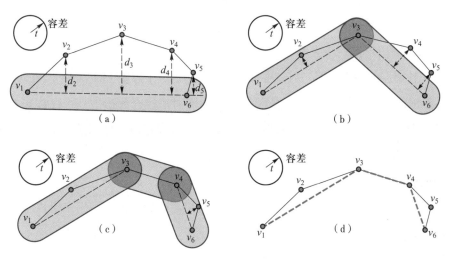

图 5–10　道格拉斯 – 皮克算法步骤示意图

如果所有线上的坐标点到线段的距离都小于预先设定的容差，这条线段就被用来代替原来的那条线，即原来线上的坐标点都被去掉了；如果有些坐标点的距离大于容差，就把距离最远的那一点保留，并以该点将原来的线分成两段。对分成的两段线重复上述过程，最后保留下来的点就是经过简化的线。

例如，设距离容差为 t，原来的线由 6 个坐标点（v_1, v_2, v_3, v_4, v_5, v_6）组成，首先连接第一个坐标点 v_1 和最后一个坐标点 v_6 形成线段 v_1v_6。接着判断一下，如果只选择这两点形成的线段 v_1v_6 是否能代替原来的线，于是就计算原来线上的其他点（v_2, v_3, v_4, v_5）到线段 v_1v_6 的垂直距离（d_2, d_3, d_4, d_5）。

把这些距离和容差相比较，当最大的距离 d_3 大于容差 t 的时候，说明不能用线段 v_1v_6 代替原来的线。所以，把坐标点 v_3 保留下来，连接 v_1v_3 和 v_3v_6，形成两条线段，如图 5-10（b）所示。然后重复上述的过程，判断是否可以用线段 v_1v_3 代替原来的 $v_1v_2v_3$ 和是否可以用线段 v_3v_6 代替原来的 $v_3v_4v_5v_6$，如图 5-10（c）所示。整个过程是一个**迭代**（iteration）的过程，所谓迭代，就是指一个多次循环的过程。直到最后小于容差的坐标点 v_2 和 v_5 被舍弃掉，剩下 $v_1v_3v_4v_6$ 表达原来的线，如图 5-10（d）中虚线所示。

5.2.1.4 几何数据更新

如果原有的空间数据中某些几何元素发生改变，就需要对几何数据进行更新。常见的几何数据更新操作包括**分割**（split）和**合并**（merge）。例如，一个行政区被分成了两个不同的行政区，或者若干个原来的行政区合并为一个新的行政区。几何元素的分割操作可以通过使用一条作为分割线的线数据来实现，而合并操作通常是先选中所有要合并的几何元素，然后使用合并命令，将选定的几个几何元素合并成一个几何元素。

GIS 软件通常还具备**复制**（copy）和**粘贴**（paste）的功能，在编辑矢量数据的时候，可以从某些空间数据中选取点、线、面等空间要素，然后进行复制操作。这些被选中的空间要素包括其坐标数据和属性数据记录都会被复制到计算机系统的**剪贴板**（clip board）中暂时保存。然后，如果打开另外一个新的矢量空间数据进行编辑操作，并使用粘贴功能，那些暂存的空间要素就会依据其坐标位置，结合到新的矢量空间数据之中，成为新数据的一部分，从而实现数据的更新。

5.2.2 属性数据编辑

在 GIS 中，属性数据和空间定位数据是同时存在、相互依存、不可分割的。空间定位数据仅仅说明了空间实体所在的位置，而属性数据则说明了空间实体的性质。图 5-11 所示是华东区几个省、直辖市的矢量数据。在中间的窗口里显示的图形是空间定位数据，而右边的窗口中是一张表格，显示的是各个省、直辖市的属性数据。这里有两个属性数据项，第一项是省、直辖市的名称，第二项是省、直辖市的国标编码。GIS 中只要存在一个矢量数据（点、线或面），就必然存在一个属性数据和它对应，这个属性数据是表格中的一行数值，并包含若干个属性数据项。

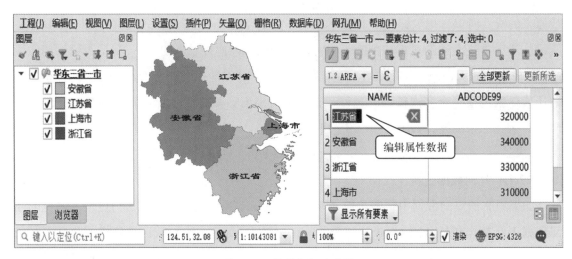

图 5-11　属性数据的编辑

属性数据通常是在地图数字化的同时，通过计算机键盘在 GIS 软件所显示的数据表格中手工输入的，属性数据也可以从其他的表格文件中导入到 GIS 中。对于属性数据输入过程存在的错误，可以在 GIS 中显示的属性表格里直接通过编辑各个数据项的值来修改。如图 5-11 所示，如果想修改江苏省的属性数据，就先选中该省，然后在需要修改的属性数据项上直接利用键盘输入正确的数据。也可以在属性数据表中增加或删除属性数据项，例如，可以在图 5-11 所示的属性数据表中新增一列数据项，名为 AREA，用来存储每个省级行政区的面积数值，如图 5-12 所示。新数据项的数据类型为实数类型，长度为 10 位，小数点后有 3 位。如果不再需要某一列数据项，就可以删除这列数据项，那么相应的数据也就被删除了。

由于 GIS 中属性数据和空间定位数据是一一对应的关系，所以添加一个空间定位数据，自然就会在属性表格中同时添加一行属性数据。如果删除一个空间定位数据，就会在属性表格中同时删除它对应的属性数据行。反之，如果在属性数据表格里删除一行，那么该行所对应的空间定位数据也会被相应地删除掉。

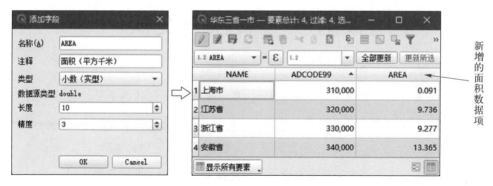

图 5-12 属性数据项的添加

复习思考题

1. 请论述 4D 数据中哪些是矢量数据，哪些又是栅格数据。

2. 除了可以在"全国地理信息资源目录服务系统"网站下载空间数据以外，还有哪些网站可以下载空间数据？请通过上网搜索的方式，找出答案。

3. 为什么说在四种常用的几何变换方法中，等面积变换、相似变换、仿射变换和射影变换的复杂性是逐渐增大的？

4. 通过地图数字化过程中的地理配准来说明仿射变换的作用。

5. 请说明拓扑编辑在检查空间数据是否存在拓扑错误中的作用。

6. 请说明道格拉斯 - 皮克算法的基本原理。

第6章 空间数据——转换与变换

《易经》是中华传统文化中博大精深的辩证法哲学著作。"易"指的是变易、简易和不易。变易说明了事物总处于变化之中；简易则指明了事物皆有阴阳两面，相反相成而又对立统一；不易则表明万物都要遵循一定的规律。

GIS 中的空间数据在应用中同样需要经历各种**转换**（conversion）和**变换**（transformation）。例如，矢量和栅格是 GIS 空间数据中相反相成的两种数据模型，它们之间就需要能够相互转换。而地理坐标和投影坐标也可以看作 GIS 空间数据的两种对立统一的参照系统，它们之间需要有相应的变换方法。

电子教案 第6章

6.1 矢量栅格转换

通过地图数字化过程，可以得到矢量形式的空间数据。但在实际应用 GIS 时，在某些情况下仅仅使用矢量数据并不能很容易地解决所有的问题。在遇到连续分布的空间数据比如地形的分布、人口密度分布、大气污染浓度分布等问题时，矢量数据往往需要和栅格数据配合使用才能顺利解决问题。这时就会有一种需求，即把矢量数据表达的点、线、面空间要素转换成对应的栅格数据的表达形式。同样，也会存在将栅格数据转换成对应的矢量数据的需求。

矢量栅格转换包含两个相反的过程：①矢量**栅格化**（rasterization）过程，指的是把用矢量形式表达的点、线、面数据转换成用对应的栅格形式表达的点、线、面数据；②栅格**矢量化**（vectorization）过程，指的是把用栅格形式表达的点、线、面数据转换成用对应的矢量形式表达的点、线、面数据。矢量栅格化和栅格矢量化互为逆过程，即矢量栅格化把点、线、面从矢量数据转成了栅格数据；反过来，栅格矢量化又可以把点、线、面从栅格数据转回矢量数据。

GIS 中的矢量数据模型和栅格数据模型各有优势，且优势互补。例如，矢量数据模型有空间定位精度高、数据存储量小、投影变换实现起来比较容易等优点；而栅格数据模型在空间叠置分析与遥感数据集成分析等方面也存在明显优势。所以，通常在针对不同的应用需求时，人们会选择两种数据模型中更有利的那一种来使用。因此，经常需要把空间数据在矢量形式和栅格形式之间来回转换，以最大程度地发挥各自的优势。

6.1.1 矢量栅格化

GIS 中的矢量数据主要分成点、线、面三种不同的几何形式，其栅格化如图 6-1 所示。

一个矢量点用一个坐标点 (x, y) 表达。矢量栅格化时，点的矢量坐标被转换成所在位置的一个栅格单元坐标，并给该栅格单元赋予点的属性值。栅格单元的栅格坐标以 (I, J) 表示，I 是行坐标，J 是列坐标，行列坐标都设成自然数。行由横向排列的栅格单元组成，列由纵向排列的栅格单元组成。

如果把栅格坐标原点设置在栅格数据的左下角，如图 6-1 所示，那么行坐标 I 自下而上递增，列坐标 J 自左至右递增。当然也可将栅格坐标原点设置在栅格数据的左上角，那么行坐标 I 自上而下递增。这两种设置原点的方法没有本质上的区别。

一条矢量线是用一串坐标点 (x_1, y_1)、(x_2, y_2)、……、(x_n, y_n) 表达的。矢量栅格化的时候，线被转换成该线经过的一连串栅格单元。记录下这些栅格单元的栅格坐标，并给每一个栅格单元赋予线的属性值。

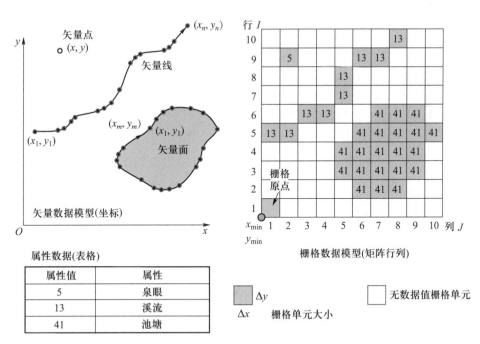

图 6-1　矢量数据和对应的栅格数据示意图

一个矢量面是由包围该面的边界线上的一串坐标点 (x_1, y_1)、(x_2, y_2)、……、(x_m, y_m) 表达的。由于面的边界是闭合的，所以第一点和最后一点重合，(x_1, y_1) 等于 (x_m, y_m)。矢量面的栅格化是把该面所包围的一片栅格单元的栅格坐标都找出来，并赋予面的属性值。

在介绍具体的矢量栅格化方法时，需要分别讨论矢量点的栅格化方法、矢量线的栅格化方法和矢量面的栅格化方法。其中，矢量点的栅格化方法是最简单且直接的，矢量线的栅格化方法复杂性有所增加，最复杂的是矢量面的栅格化方法。而且从这些方法来看，矢量点的栅格化方法是矢量线的栅格化方法的基础，而矢量线的栅格化方法又是矢量面的栅格化方法的基础。

6.1.1.1 矢量点的栅格化

已知一个矢量点 P 的坐标为 (x, y)，需要计算出它转换成对应的那个栅格单元所在位置的栅格行列坐标值 (I_p, J_p)。设栅格单元的大小在 x 方向上是 Δx，在 y 方向上是 Δy。由于在通常情况下，人们都会选择正方形的栅格单元铺满整个研究区，所以 Δx 和 Δy 可以设置成相等的值 Δr。当然也可以把它设置成不相等，但在实际应用时，设置成相等的情况是最多的。此外，还要知道整个栅格数据最左下角的栅格单元的左下角的矢量坐标 $(x_{\min}, y_{\min})$。一旦知道后就可以用下面的公式计算一个矢量点对应的栅格行列坐标值：

$$I_p = int\left(\frac{y - y_{\min}}{\Delta y}\right) + 1, \quad J_p = int\left(\frac{x - x_{\min}}{\Delta x}\right) + 1$$

其中：int 为取整函数，所谓取整，又称向下取整，就是对计算出来的数值舍弃它的小数部分，只保留它的整数部分，并不需要四舍五入；Δx 和 Δy 为栅格单元的大小。I_p 代表的是点 P 的行坐标，假设行是从下往上计数的，所以行对应矢量 y 坐标。计算行坐标的时候，用矢量坐标点的 y 坐标减去栅格左下角点 y 坐标 $y_{\min}$，再除以栅格单元的大小 Δy，然后取整。取整以后再加上 1 就是行坐标。加上 1 是因为这里设置栅格数据的行和列坐标都是从 1 开始递增，而不是从 0 开始，所以栅格行列是以第一行、第二行、……、第一列、第二列、……的顺序计算的。

同理，可以计算出列坐标 J_p。如果有一个矢量点的 (x, y) 坐标，那么把它代入上面的公式，就可以计算出这个矢量点对应栅格的第几行和第几列，然后在这个行列坐标对应的栅格单元中存储这个矢量点的属性值，那么这个矢量点的栅格化就完成了。其他没有矢量点的栅格单元都赋值为"无数据值"。

矢量点栅格化成栅格点的实例如图 6-2 所示。图 6-2（a）的中部是某区域村庄居民点的分布数据，每个村庄的中心位置为一个矢量点，右侧是村庄的属性数据表。选择其中一个属性数据项（名为 id）的数值作为转换成栅格以后栅格单元中的属性值，转换生成的栅格数据如图 6-2（b）所示。

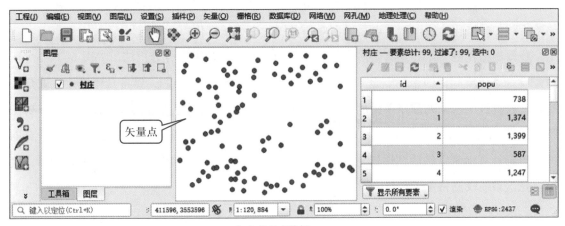

（a）矢量点数据

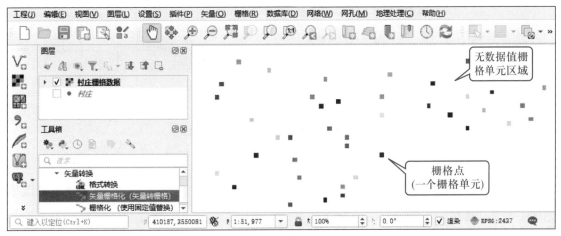

（b）转换成栅格的点数据

图6-2　矢量点的栅格化实例（村庄点数据）

6.1.1.2　矢量线的栅格化

矢量线的栅格化方法比矢量点的栅格化稍微复杂一些。矢量线通常是由一串坐标点组成的。把这一串坐标点依次用线段连接起来，就形成了一条矢量线，这在 GIS 中称作折线。若要对整条折线进行栅格化，则可以将其分解成多条线段分别进行。因为每一条线段的栅格化方法都是相同的，只要知道对一条线段如何进行栅格化，就可以对整条折线实现栅格化。

如图6-3（a）所示，假设这条折线由4个坐标点连接而成，可以将它分成三条线段，线段1连接它的第一个坐标点（x_1, y_1）和第二个坐标点（x_2, y_2），线段2连接它的第二个坐标点（x_2, y_2）和第三个坐标点（x_3, y_3），依次类推。然后就可以依次对每一条线段进行矢量栅格化。

即先对线段 1 栅格化，然后对线段 2 栅格化，依此类推。把所有线段都栅格化后，就实现了整条折线的栅格化。所以，重点是如何对每条线段进行栅格化。

线段栅格化的具体算法有很多，但其工作原理都基于数字微分分析法。如图 6-3（b）所示，设一条线段起始的坐标点是 (x_a, y_a)，终止的坐标点是 (x_b, y_b)。要将其栅格化，就是要找到它所经过的一系列栅格单元的位置，即图 6-3（b）中的阴影栅格位置。数字微分分析法就是按照一定的间距，沿着这条线段找出一串矢量点（图中小黑圆点）。先把这些矢量点的矢量坐标计算出来，然后利用矢量点的栅格化方法，计算出它们所对应的栅格单元坐标，就可以把这条线段栅格化了。

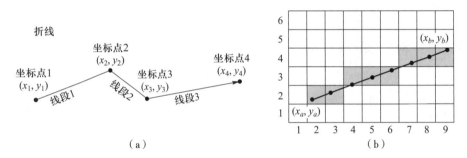

图 6-3　折线分解为线段及其栅格化方法

这一串矢量点的矢量坐标 (x_a, y_a)、(x_1, y_1)、(x_2, y_2)、$\cdots$、(x_i, y_i)、$\cdots$、(x_b, y_b) 可以使用如下的公式计算：

$$\begin{cases} x_i = x_a + \mathrm{d}x \cdot i \\ y_i = y_a + \mathrm{d}y \cdot i \end{cases} \tag{6-1}$$

$$i = 0, 1, \cdots, n-1$$

$$n = \max\left(int\left(\frac{|x_b - x_a|}{\Delta x}\right), \quad int\left(\frac{|y_b - y_a|}{\Delta y}\right) \right) \tag{6-2}$$

$$\mathrm{d}x = \frac{x_b - x_a}{n}, \quad \mathrm{d}y = \frac{y_b - y_a}{n}$$

其中：n 是线段经过的栅格单元数量，i 从 0 逐一递增到 $n-1$，就可计算出 n 个矢量点坐标 (x_i, y_i)。i 等于 0 的时候就是线段起始点 (x_a, y_a)，i 等于 $n-1$ 的时候就是终止的坐标点 (x_b, y_b)。Δx 和 Δy 是栅格单元的大小，$\mathrm{d}x$ 和 $\mathrm{d}y$ 是每次在 x 和 y 方向上的微分增量。

首先计算出一条线段上所有的矢量点坐标 (x_i, y_i)，再把矢量点坐标用前面介绍过的点的栅格化方法转成栅格行列坐标，就完成了一条线段的栅格化。如果把这种方法重复运用于折线的每一条线段，就栅格化了整条折线。

图 6-4 显示的是矢量线栅格化的一个实例，图 6-4（a）为某地区三条河流的矢量线数据，每条河流的属性数据项（称为字段）包括河流的名称（Name 字段）与河流的编码（ID 字段）等。选择河流的编码属性值作为栅格数据的属性值，转换成线的栅格数据，如图 6-4（b）所示。将转换成的栅格数据放大显示，可以看到组成线的栅格单元，导致了线栅格数据表现为锯齿状的边缘。

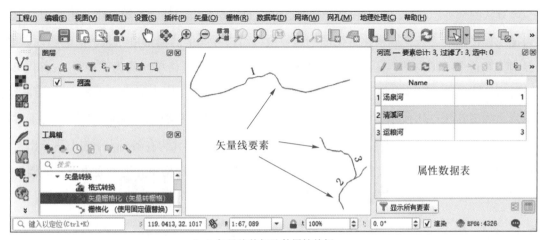

（a）矢量线数据及其属性数据

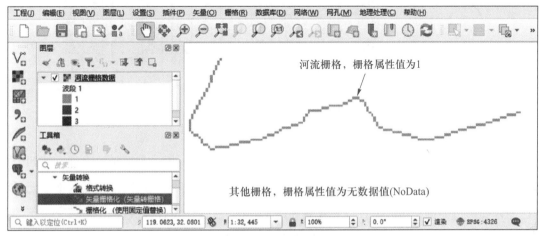

（b）线的栅格数据(放大显示)

图 6-4 矢量线的栅格化实例（河流线数据）

6.1.1.3 矢量面的栅格化

矢量面的栅格化要把一个矢量面所覆盖的整个区域都设为栅格数据，即填充属性数值。但是矢量面数据存储的仅仅是面边界上的坐标点，在其内部是没有坐标点的。在把一个面转换成栅格数据的时候，就不仅要把它边界上的栅格单元找到，同时还要把它内部的栅格单元也找到。这是矢量面的栅格化与矢量点的栅格化、矢量线的栅格化不同的地方。

矢量面的栅格化算法有许多种。这些算法中较为简单的一种是种子填充法，另外有一种被称为逐栅格单元判别法的算法原理也很直观。

1. 种子填充法

该算法的基本思路是：对于一个矢量面数据，如图 6-5（a）所示，第一步，用前面介绍过的矢量线栅格化的方法来栅格化这个面的边界线，给边界线上的栅格单元赋予面的属性数值；第二步，在这个面的内部，任意选择一个栅格单元，把这个栅格单元称为"种子"，如图 6-5（b）所示；第三步，以这个种子栅格单元为生长点，让它向其上下左右生长出 4 个新的种子栅格单元，如图 6-5（c）所示；第四步，以 4 个新生成的种子栅格单元为新的生长点，分别对每一个新的种子栅格单元重复上述的第三步，即每个新种子栅格单元再在各自上下左右生长出 4 个更新的种子栅格单元。这个过程不断重复进行，直到新生成的栅格单元遇到面边界上的栅格单元，则停止生长。这个填充算法最后就会把整个面的内部都填充完，如图 6-5（d）所示。

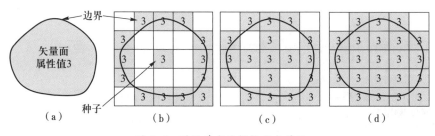

图 6-5　种子填充法栅格化矢量面

种子填充的过程是一个迭代的过程。在这个迭代过程中，每一步都是填充种子的四个相邻栅格单元，给它们赋予属性值。而是否需要填充，则要判断一下这四个相邻栅格单元是不是已经是面的边界栅格单元了，或者要判断是不是已经在前面的迭代过程中被填充过了，如果是，就不用再去填充它了，也不再需要把它们当作新的种子了。

2. 逐栅格单元判别法

另一种常见的矢量面栅格化方法是逐栅格单元判别法，即对栅格数据中的每一行每一列的栅格单元进行逐个判别，决定其应该归属于哪一个矢量面，即赋予它所属矢量面的属性值。

该方法在判别一个栅格单元应该属于哪个面要素时，通常有两种常用的判别方法：①栅格单元中心归属法，就是判别每个栅格单元的中心点位置在空间上是落在哪个面要素的范围内，该栅格单元就归属于那个面要素。②栅格单元面积占比最大法，即如果整个栅格单元都被包含在一个面要素内部，那么该栅格单元属于这个面要素。而如果一个栅格单元内部被多个不同的面要素各占据了一部分面积，那么取各个面要素中占据栅格单元部分面积最大的那个面要素作为该栅格单元所属的面要素。

图 6-6 是江苏省各个地级市行政区的矢量面数据栅格化的例子。江苏省内每一个地级市的范围都是一个矢量面，如图 6-6（a）所示。然后选定每个地级市属性表中的行政区划编码

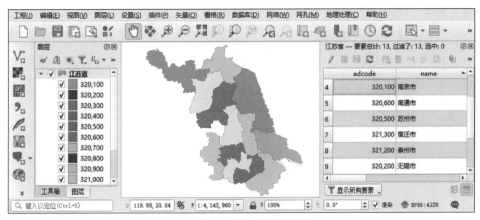

（a）矢量面数据及其属性数据

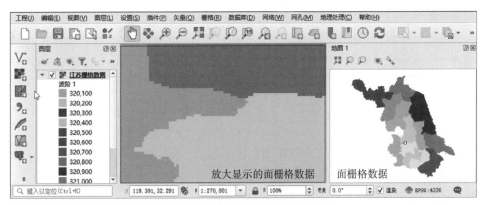

（b）栅格化后生成的面栅格数据

图 6-6　矢量面的栅格化实例（行政区）

数据项（adcode）作为栅格属性值，栅格化成面栅格数据，如图 6-6（b）所示，每一个栅格单元里填充的是所在地级市的行政区划编码属性值。如果放大显示栅格数据，就可以看到面栅格数据的边界上呈现锯齿状的栅格单元。

6.1.2 栅格矢量化

栅格矢量化是矢量栅格化的逆转换，也就是从栅格数据反过来向矢量数据的转换，这个过程简称为矢量化。同样，矢量化也可以分成三种形式：栅格点的矢量化、栅格线的矢量化和栅格面的矢量化。

6.1.2.1 栅格点的矢量化

栅格点的矢量化方法同样是最简单的，并且是栅格线与栅格面矢量化的基础。如图 6-7 所示，假设有一个点栅格数据，也就是说这个栅格数据里面有一些孤立存在的栅格单元，它们具有属性值，而其他位置的栅格单元都是"无数据值"。这些孤立的栅格单元表达的是一些点的位置，矢量化就是要把这些点的栅格单元的行列坐标 (I, J) 转换成矢量点坐标 (x, y)，并在属性表中记录下栅格单元的属性值。

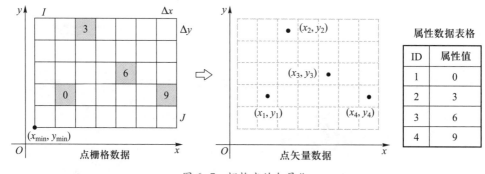

图 6-7 栅格点的矢量化

因为栅格单元是有一定大小的，即宽 Δx 和高 Δy，并不是一个没有大小只有一个 (x, y) 坐标值的矢量点。在栅格单元转化成矢量点的时候，通常就取这个栅格单元的中心位置的矢量坐标作为转化成的矢量点坐标。所以，假设点的栅格单元行列坐标为 I 和 J，转换后的中心点矢量坐标是 x 和 y，已知栅格单元的大小在 x 方向是 Δx，在 y 方向是 Δy，整个栅格数据左下角的矢量坐标是 $x_{\min}$ 和 $y_{\min}$，则栅格点的矢量化坐标可以用下面的公式计算：

$$\begin{cases} x = x_{\min} + (J - 0.5) \cdot \Delta x \\ y = y_{\min} + (I - 0.5) \cdot \Delta y \end{cases}$$

在上述公式中，栅格行列坐标值 I 和 J 都减去 0.5，表明是减掉了半个栅格单元的大小，使得矢量坐标点处于栅格单元的中心位置。图 6-8 是栅格点转化成矢量点数据的实例，是把图 6-2 所示的村庄居民点位置，从矢量点转成栅格点之后，这里又转换回了矢量点。可以看到新的矢量点数据都在栅格单元的中心位置，而矢量点数据的属性表中包含了原来栅格点的属性值。

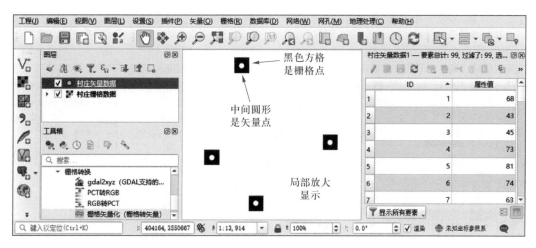

图 6-8　栅格点的矢量化实例

6.1.2.2 栅格线的矢量化

栅格线的矢量化方法比栅格点的矢量化方法稍微复杂一些，它也是去寻找栅格单元的中心位置，但是，它不是去寻找一个个孤立的中心点，而是要把这些栅格单元中心点根据线的走向串联起来。也就是说，它要沿着这条栅格线一直跟踪下去，从一条线的起点栅格单元开始，找到该栅格单元的中心点，然后，在它周围 8 个相邻的栅格单元中搜索，找到相邻栅格单元中属性值也是这条栅格线的栅格单元，然后就会跟踪走到这个新的栅格单元中心点位置。接下去重复上述过程，再从新的栅格单元开始，再在它 8 个相邻栅格单元中寻找属于栅格线的新栅格单元。如此循环，直到在 8 个相邻栅格单元中找不到新的属于栅格线属性的栅格单元为止，就结束跟踪过程，记录下所有的中心点矢量坐标，形成一条矢量线，如图 6-9所示。

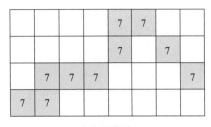 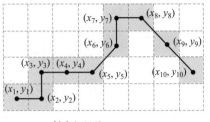

（a）栅格线　　　　　（b）矢量线

图 6-9　栅格线的矢量化原理

图 6-10 显示的是栅格线的矢量化实例，这是图 6-4 所示的河流矢量数据栅格化成栅格线数据后，再把栅格线数据转回河流的矢量线数据。将数据局部放大以后，可以从中看到矢量线都是从栅格单元中心穿过的。

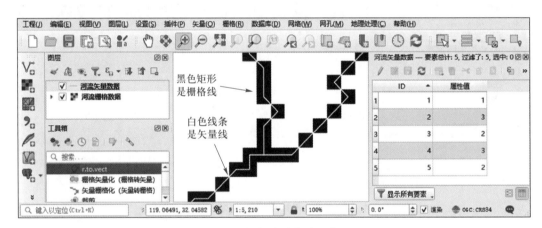

图 6-10　栅格线的矢量化实例

6.1.2.3　栅格面的矢量化

栅格面的矢量化，相对于栅格点、线的矢量化更为复杂，通常分成三个步骤：

1. 搜寻结点

在栅格数据中搜寻组成面的边界弧段相接处的结点位置，如图 6-11（a）所示，结点所在的位置通常是周围的栅格单元中存在三个及以上不同属性值的地方。在图 6-11（a）中可以找到两个结点，它们的周围都存在三个不同的栅格单元属性值，即 1、3 和"无数据值"。"无数据值"是栅格中一种特定的数值，表示没有数据。

2. 跟踪弧段

从结点出发，跟踪边界弧段到另一个结点结束，弧段所在的位置是周围有两种不同栅格

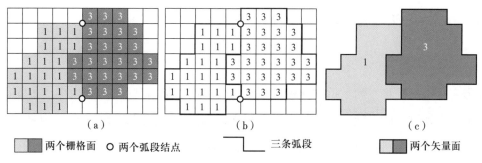

（a）　　　　　　　　　　　（b）　　　　　　　　　　　（c）

■ 两个栅格面　○ 两个弧段结点　　　　　└─ 三条弧段　　　　　■ 两个矢量面

图 6-11　栅格面的矢量化原理

单元属性值的地方。记录下两个结点之间边界弧段的矢量坐标，以及弧段两侧的面属性值。如图 6-11（b）所示，在两个结点之间可以跟踪到三条弧段：第一条弧段是属性值为 1 的面的外边界，弧段两侧的面属性值为"无数据值"和 1；第二条是属性值为 3 的面的外边界，弧段两侧的面属性值为"无数据值"和 3；第三条弧段是面 1 和面 3 之间的公共边界，弧段两侧的面属性值为 1 和 3。

3. 封闭成面

根据边界弧段记录下来的两侧的面属性值，把具有相同面属性值的弧段逐个连接起来，形成封闭的矢量面的边界如图 6-11（c）所示，即把第一条弧段与第三条弧段连接起来形成面 1，把第二条弧段与第三条弧段连接起来形成面 3。

图 6-12 以江苏省地级市栅格面数据为例，显示了栅格面的矢量化结果。将该图放大显示可以看出面的边界弧段沿着栅格单元边缘的走向。

图 6-12　栅格面矢量化实例

6.2 投影变换与重投影

投影变换指的是将空间数据在地理坐标系的经纬度坐标与某一种选定的投影坐标系的平面直角坐标之间进行的变换。它包括了从地理坐标到投影坐标的正变换，以及从投影坐标到地理坐标的逆变换两种形式。而重投影（reprojection）则是指将一种投影坐标系的坐标转换成另一种投影坐标系的坐标。

6.2.1 投影变换

空间数据常常是以地理坐标系的经纬度坐标形式存储的，例如，通过北斗接收机测量得到的坐标数据。当在 GIS 中使用这些数据计算长度和面积等几何特性时，使用平面直角坐标系往往比使用地理坐标系更加方便。同样，在制作各种地图时，也需要使用平面直角坐标系的坐标。因此，通过投影变换的方法，把经纬度坐标表达的空间数据转换成投影坐标表达的空间数据就显得非常重要。

图 6-13 所示是将地理坐标系 WGS84 表达的空间数据（四川省的行政区范围）投影变换为基于 2000 国家大地坐标系（CGCS2000）的高斯－克吕格投影坐标系表达的空间数据。在做投影变换的时候，GIS 软件通常把矢量数据中的每一个地理坐标对应地变换成投影坐标系中的坐标。这里是将四川面要素边界上的每一个坐标由 WGS84 经纬度坐标变换成了 2000 国家大地坐标系高斯－克吕格投影坐标。从图中可以看出两个数据一个是经纬度坐标，另一个是平面直角坐标系坐标。

在 GIS 软件中使用投影变换的方法时，要设置好地理坐标系的参数和需要变换成的投影坐标系的参数。地理坐标系的参数包括大地测量基准（如椭球体名称和参数），投影坐标系的参数同样包括了它所使用的大地测量基准，以及地图投影的相关参数。值得注意的是，当地理坐标系的大地测量基准与需要变换成的投影坐标系所基于的大地测量基准不一致时，例如，要把 WGS84 坐标系的经纬度坐标变换为我国的 2000 国家大地坐标系的坐标时，还需要设定好两个大地测量基准之间的转换方式。

GIS 通常使用一种投影文件来定义空间数据的地理坐标系或投影坐标系的参数。这个投影文件是以 prj 作为文件扩展名的文本文件，如图 6-14 所示。它是图 6-13（a）中 WGS84 地理坐标系

（a）WGS84 地理坐标系的矢量数据

（b）CGCS2000 高斯–克吕格投影坐标系的矢量数据

图 6-13　地理坐标系到投影坐标系的变换实例

图 6-14　定义地理坐标系的投影文件内容

的投影文件内容，涉及大地测量基准中参考椭球体的参数、本初子午线和测量单位等信息。

图 6-15 是图 6-13（b）中的 CGCS2000 高斯 – 克吕格投影坐标系的投影文件内容。它除了包含 CGCS2000 地理坐标系参数外，还包含投影坐标系的参数，包括东伪偏移为 18 500 000 m，其中 18 表示分带号是第 18 投影带，500 000 则是横坐标增加的偏移量，以保证在这个投影带内所

有的 *x* 坐标都是正值。北伪偏移为 0 m 与原点纬度为 0°，表明纵坐标起始于赤道投影，没有偏移量。中央经线为东经 105°，投影成纵坐标轴，其中比例系数为 1，表示在中央经线上没有长度变形。

```
PROJCS["CGCS2000_GK_Zone_18",
    GEOGCS["GCS_China_Geodetic_Coordinate_System_2000",
        DATUM["D_China_2000",
        SPHEROID["CGCS2000",6378137.0,298.257222101]],
        PRIMEM["Greenwich",0.0],
        UNIT["Degree",0.0174532925199433]],          东伪偏移
    PROJECTION["Gauss_Kruger"],
        PARAMETER["False_Easting",18500000.0],        北伪偏移
        PARAMETER["False_Northing",0.0],              中央经线
        PARAMETER["Central_Meridian",105.0],          比例系数
        PARAMETER["Scale_Factor",1.0],
        PARAMETER["Latitude_Of_Origin",0.0],          原点纬度
        UNIT["Meter",1.0]]
```

图 6-15　定义投影坐标系的投影文件内容

6.2.2 重投影

重投影是把一个投影坐标系中的空间数据重新投影到另一个投影坐标系中，并生成新的投影坐标系下的空间数据。重投影的实现方法可以分为两步：①把一个投影坐标系的空间数据用逆变换的方法转为地理坐标；②把第一步中得到的地理坐标再投影变换成所需要的另一个投影坐标的坐标数据。

6.2.3 栅格重采样

投影和重投影可以针对矢量数据进行变换，通常的做法是把矢量数据中的坐标点的数值在不同的坐标系之间进行转变。投影和重投影同样可以针对栅格数据进行变换。在把一个栅格数据从一个坐标系变换到另一个坐标系的时候，需要生成基于另一个坐标系的新的栅格数据。而在另一个坐标系中的栅格单元位置并不能正好对应着原来栅格数据中的栅格单元位置，因此，新的栅格数据中各个栅格单元的属性值就需要重新计算。

如图 6-16 所示，左侧的栅格数据是基于某一个坐标系的原栅格数据，中间的栅格数据是经过投影变换以后生成的基于另一个坐标系的新栅格数据。对于新坐标系下的每一个栅格单元，它的属性值需要从原坐标系的栅格数据中对应的位置进行采集，这个过程就叫作**重采样**（resampling）。如图 6-16 所示，图中某个新坐标系栅格单元的属性值需要通过利用在原坐标系栅格数据中对应位置附近的几个栅格单元的属性值进行插值计算来获得。

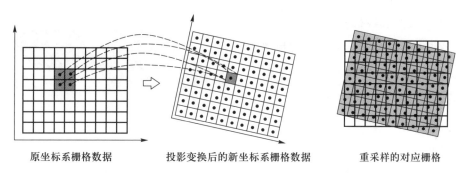

原坐标系栅格数据　　　投影变换后的新坐标系栅格数据　　　重采样的对应栅格

图 6-16　栅格数据投影变换后的重采样原理

GIS 中的栅格数据重采样与遥感影像处理中使用的重采样方法完全相同。最为常用的重采样方法有**最近邻**（nearest neighbor）插值法、**双线性**（bilinear）插值法和**三次卷积**（cubic convolution）插值法等。

6.2.3.1　最近邻插值法

最近邻插值法计算原理最为简单，即寻找距离新栅格单元插值位置最近的一个原栅格单元的值作为插值位置的数值。如图 6-17 所示，(i, j) 点为新栅格单元中心点位置对应的在原来的栅格数据中的坐标。原栅格单元坐标是整数值，例如（I，J）为（1，1），其属性值为 R_{11}。而 (i, j) 并不在原栅格单元的中心位置，所以（i，j）并不是整数值，例如（i, j）为（1.39，

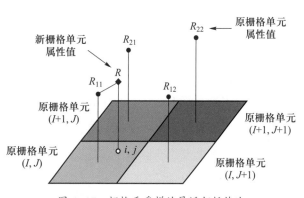

图 6-17　栅格重采样的最近邻插值法

1.34），则（i, j）点距离原栅格单元（1，1）最近，其属性值 R 采用原栅格单元（1，1）的属性值 R_{11}。与其他重采样方法相比，最近邻插值法运算效率最高。

6.2.3.2 双线性插值法

该方法采用距离新栅格单元插值位置最近的 2×2 个（共 4 个）原栅格单元进行线性插值。如图 6-18 所示，通常先根据新栅格单元插值点的 j 坐标值在两个行方向上进行两次线性插值，即分别用 R_{11} 和 R_{12} 线性插值得到 R_1，用 R_{21} 和 R_{22} 线性插值得到 R_2。然后再根据新栅格单元插值位置的 i 坐标值在列方向上进行一次线性插值，即用 R_1 和 R_2 线性插值得到新栅格单元插值位置最终的属性值 R。双线性插值法的执行效率低于最近邻插值法，但插值得到的数据在整体上更加平滑。

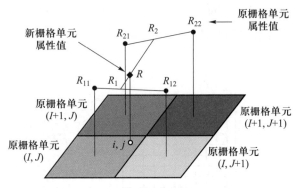

图 6-18 栅格重采样的双线性插值法

6.2.3.3 三次卷积插值法

三次卷积插值法比双线性插值法效果更好，只是计算过程更加复杂。它采用新栅格单元插值位置周围 4×4 个（共 16 个）原栅格单元的属性值进行加权计算，计算权重的核函数采用分段三次多项式的形式。它首先在行的方向上进行四次插值，再把这四次插值计算出来的属性值在列的方向上进行一次插值，从而得到新栅格单元插值位置的属性值（马劲松，2020）。

复习思考题

1. 请分别说明矢量栅格化中针对点、线、面矢量数据，其各自栅格化方法的原理。

2. 请分别说明栅格矢量化中点、线、面栅格数据各自矢量化方法的原理。

3. 为什么说点的栅格化方法是线的栅格化方法的基础？而线的栅格化方法又是面的栅格化方法的基础？

4. 请说明面的矢量化方法中结点和弧段的含义。

5. 什么是投影变换？什么是重投影？

6. 栅格数据进行投影和重投影的时候需要使用栅格重采样方法，请分别说明栅格重采样中运用最普遍的三种方法及其原理。

第 7 章　空间数据——插值与估算

　　我国宋代科学家沈括在他撰写的《梦溪笔谈》中记录了使用面糊、木屑和蜡等材料制作三维立体地形图的技术方法。这种方法比欧洲的三维立体地形图制作方法早了 700 多年。

　　现在，运用 GIS 的**空间插值**（spatial interpolation）方法，可以在计算机中制作数字高程模型来表达三维立体的地形，也可以运用**密度估算**（density estimation）方法来展现类似人口密度等现象在空间中高低起伏的分布状况。

电子教案　第 7 章

7.1 空间插值

　　空间插值是 GIS 中一种生成新的空间数据的技术，主要用来生成栅格数字高程模型（栅格 DEM）、年降雨量、大气污染物浓度等在空间上连续分布的现象的栅格数据，即连续栅格数据。而矢量栅格化主要生成离散栅格数据。

　　空间插值使用测量点数据作为插值的依据。所谓测量点数据，就是在空间上设置在各处测量点上的实测数据，例如，野外的三角测量点具有高程数据，雨量站具有降雨量观测数据，大气监测站具有大气污染物浓度监测数据，等等。测量点数据在 GIS 中通常以矢量点数据的形式存在，并将该点上的实测数据值以属性数据形式记录。

　　如图 7-1 所示，有一些测量点分布在一片区域中，这些测量点有它的平面位置 x 和 y 坐标，同时也有它测量的高程 z 坐标。所以，每一个测量点都是三维空间中的一个点。只要有了这样的测量点高程数据，就可以用它们通过空间插值来计算栅格数据中每个栅格单元处的地形起伏数据，即获得栅格 DEM 数据。

　　如果把高程 z 坐标值替换成年降雨量的值，就可以插值计算出年降雨量的连续空间分布数据了。这种年降雨量的连续空间分布数据可以和栅格 DEM 一样，被形象化地显示成三维立体的形式，降雨量多的地方就显示得比较高，像地形上突起的山峰，降雨量少的地方就比较低，像地形上凹下去的山谷。

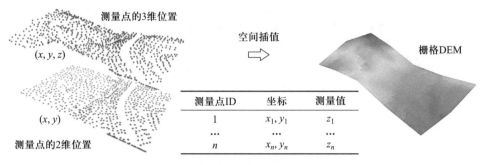

图 7-1　空间插值生成数字高程模型

　　所以，空间插值实际上就是通过有限的测量点数据，生成栅格形式的 DEM 或其他的在空间里连续分布现象的数据，即对最终生成的栅格数据中的每一个栅格单元，插值计算其高程值（在栅格 DEM 的插值中）或其他数值（如在年降雨量插值中），并作为属性值存储在该栅格单元中。正是因为在最终生成的栅格数据中每一个栅格单元处未必正好有一个已知的离散测量点，所以，空间插值要通过该栅格单元周围其他地方的已知测量点的数值来估算该栅格单元处的数值。

7.1.1 空间插值原理及其分类

7.1.1.1 空间插值原理

　　为什么可以使用空间插值这种方法进行数据的估算？这样估算是否有理论依据？这需要从理论的角度来思考一下，认清空间插值是基于一种什么样的原理。这就要提到 Tobler 地理学第一定律。沃尔多·托伯勒（Waldo Tobler，1930—2018）是美国地理学家，他于 1969 年提出了一条理论，最后被总结为地理学第一定律。地理学第一定律的内容指的就是**空间自相关性**（spatial autocorrelation），它是空间插值的理论基础。

　　空间自相关性简单来说指的是这样一种现象，例如，地形及那些和地形相似的、在空间里连续分布的要素，通常会有这样一种性质，即邻近点的数值会有很大的相关性。例如，地面的高程，相距很近的两个地点其高程数值之间存在相关性，而相距很远的两个地点其高程数值就不存在相关性了。相关性就是指如果这两个地点靠得很近，那么其中一个地形高，另一个地形也会高。反之，一个地形低，另一个通常也低。这种要高一起高、要低一起低的现象就叫作正相关性，且这种性质存在于空间邻近的地方，和空间距离有关，因此就叫作空间自相关性。

正是因为具有这样一种空间自相关性，因此当知道了一些已知高程数值的测量点以后，对它们附近的那些不知道高程数值的点，就可以通过这些已知点的高程来估算。这一类估算的方法就是空间插值方法。

7.1.1.2 空间插值方法分类

在 GIS 中，可以用来做空间插值的具体计算方法有很多种。常用的 GIS 软件基本上都提供了若干种不同的空间插值方法让用户选用。这些不同的空间插值方法通常用在不同的需求或条件下，也就是说在做空间插值的时候，要根据具体的实际情况，找一种最合适的空间插值方法来使用，才能得到相对理想的、能满足需求的空间插值效果。

这里先将不同的空间插值方法分类，再分析各类方法的特点，最后介绍它们各自适用于什么样的情况。通常 GIS 中的空间插值方法可以分成两大类：全局插值法和局部插值法。这两种插值法的区别在于：运用全局插值法估算一个未知数值点的数值时，都要使用整个研究区域里面所有的已知测量点来计算；而局部插值法在估算某一个未知数值点的数值时，并不会用到所有的已知测量点，而只用这个未知点周围一定范围内的、局部的已知测量点来估算。

在全局插值法中也有很多种具体的方法，最常用的一种叫作趋势面法，其中又分为一次趋势面插值法和高次趋势面插值法；而在局部插值法中同样有很多种具体方法，最常用的几种分别是样条函数法、反距离加权法和克里金法。样条函数法属于局部函数拟合法的一种，而反距离加权法和克里金插值法又有一个共同的类型名称叫作逐点加权平均法。常用的空间插值方法如表 7-1 所示。

表 7-1　空间插值方法分类

空间插值法	全局插值法	趋势面法	一次趋势面插值法
			高次趋势面插值法
	局部插值法	局部函数拟合法	样条函数法
		逐点加权平均法	反距离加权法
			克里金插值法

7.1.2 空间插值方法

7.1.2.1 全局插值法

全局插值法的含义就是：先用所有的已知测量点数值 (x, y, z) 建立一个覆盖全局的插值曲面函数 $z = f(x, y)$，即给整个区域建立一个曲面函数。这个函数一旦建立好以后，就相当于在该区域形成了一个连续的曲面。这个连续的曲面在 GIS 中可以由规则分布的栅格单元构成，在每一个栅格单元中心点位置 (x, y) 上，用建立起来的曲面函数 $z = f(x, y)$ 计算每一个栅格单元处的数值 z 是多少，从而生成连续的栅格数据，这就是全局插值法。

全局插值法的这个曲面函数，可以选择各种函数形式。通常最简单最常用的函数是多项式，所以全局插值法中用得最多的就是全局多项式插值法。全局多项式插值法是整套全局插值法中的一种，它使用一个多项式来表达曲面函数，也就是利用所有已知的测量点来拟合一个多项式函数，用这个多项式函数定义一个曲面，这个曲面就是最终生成的连续的空间数据。全局多项式插值法有的时候又称为**趋势面**（trend）法。趋势面法根据多项式的最高次数，分为一次趋势面插值法和高次趋势面插值法。

1. 一次趋势面插值法

趋势面法插值中最简单的多项式函数是二元一次多项式 $z = a_0 + a_1 x + a_2 y$，这样形成的趋势面是一次趋势面，该函数中只有三个待定系数 a_0、a_1 和 a_2，只须将这三个系数的值求解出来，代入函数，就可以计算出任何一点在 (x, y) 位置处的 z 数值（例如高程值或年降雨量数值），所以这是一种最简单的趋势面。

二元一次多项式趋势面从几何图形上看就是一个空间的斜平面，如图 7-2（a）所示。如果要表达的地形、降雨等空间分布恰好是一个斜坡，而且是一个比较平的斜坡的话，就可以

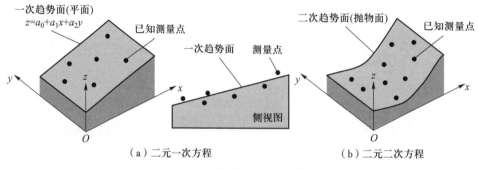

（a）二元一次方程 （b）二元二次方程

图 7-2 趋势面插值示意图

利用二元一次多项式趋势面插值。先通过最小二乘法的方法，用已知的测量点数值 (x, y, z) 估算出待定系数 a_0、a_1 和 a_2 的值，就可以形成二元一次多项式。

2. 高次趋势面插值法

使用更高幂次的多项式，可以生成形态更加复杂的趋势面。例如，使用二次多项式 $z = a_0 + a_1 x + a_2 y + a_3 x^2 + a_4 xy + a_5 y^2$，可以生成二元二次多项式趋势面，它也称作抛物面。该函数中有六个待定系数，其形成的曲面可以是下凹的谷地。如果地形正好为这种类型的山谷，就可以用二次多项式趋势面插值。

通常 GIS 软件会提供生成一次、二次直至十几次幂的多项式趋势面的插值功能。随着设定的次数越来越高，曲面的变化也会越来越复杂。但无论采用多少次的趋势面，这种全局多项式插值法都是一种不精确的插值方法，总会有一些测量点位于所插值出的趋势面的上方，还有一些测量点位于趋势面的下方，也就是说最终生成的这个趋势面并不会严格地通过所有已知的测量点。

从图 7-2 中一次趋势面的剖面图来看，可以清楚地看出其中黑点就是已知的测量点，它们分布在趋势面的上方或者下方。这是运用最小二乘法的缘故。如果将已知测量点高出曲面的距离相加，并将所有已知测量点低于曲面的距离也相加，那么得到的这两个和值应该相近，即生成的曲面使已知测量点与曲面之间的误差平方和最小化。一旦知道了这一点，就知道了趋势面仅仅是一个空间分布的总体趋势，所以通常并不用趋势面来精确地插值地形，而是把该方法用在插值年降雨量分布、温度分布等方面。

7.1.2.2 局部插值法

局部插值法是指只选择分布在待插值的点附近一个局部范围内的已知测量点进行插值的方法。对于每一个待插值点 P，都可以选取其邻近的 n 个已知测量点的数值（如高程）进行插值。如图 7-3 所示，假设要插值计算中间那个正方形栅格单元中心点所在位置 $P(x, y)$ 的高程 z，局部插值法并不需要用到所有的已知测量点，而只需要找到离 P 点较近的测量点，即图中的黑色实心圆点。这些测量点都在以 P 点为圆心，以 R 为半径

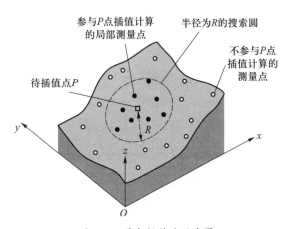

图 7-3 局部插值法示意图

的一个圆的范围内，这个圆叫作搜索圆。凡是被包围在搜索圆内的已知测量点就都被用来参与 P 点局部的插值计算，而那些落在搜索圆外的其他测量点（图中空心圆点）则不参与 P 点的插值计算。

局部插值法中运用的搜索圆，其大小即圆的半径是如何确定的？通常在 GIS 软件里，可以用以下两种方法来指定搜索圆的大小：

① 用户指定一个固定的圆半径，也就是说用户可以根据实际情况人为地设定一个半径，只要是落在这个半径范围以内的测量点，其数据就都要拿来做插值计算，而超出这个半径范围的测量点就不使用。

② 用户指定参与计算的测量点数，由 GIS 软件动态地确定一个可变大小的搜索圆。这就是说用户指定在这样一个搜索圆里面一共要使用多少个测量点参与插值计算。在插值时，GIS 软件先预设一个半径，然后看一看落在这样一个搜索圆里面的测量点是否达到了用户指定的数量要求。如果落在预设半径搜索圆内的点多于用户所要求的，就把搜索圆半径动态缩小，再判断其中的测量点数量是否符合用户要求。反之，如果在搜索圆中的测量点数量小于用户指定的数目，就动态地把搜索圆扩大，然后再去搜索。一直调整到这个圆正好囊括了用户指定的测量点数目为止。这时落在搜索圆里面的测量点就可以用来计算了。

用局部的测量点来进行插值计算的具体算法有很多种。在 GIS 软件中，常用的局部插值计算方法主要有两类：①局部函数拟合法，其中包括了样条函数法；②逐点加权平均法，其中包括了反距离加权法和克里金插值法等。一般而言，使用局部插值法生成的栅格曲面，精度比趋势面方法高，适合插值地形。

1. 局部函数拟合法

局部函数拟合法是在待插值点周围一个局部范围内拟合一个数学函数来表达曲面的形态，然后用该函数计算待插值点的数值。这些数学函数可以采用多项式函数，而实际更多的情况是使用样条函数。

样条（spline）函数是一种工程技术中经常使用的函数。样条最初的含义就是指以前工程师在图纸上画曲线的时候使用的一种模板，这种模板上有各种曲率的曲线供工程师依样描画。空间插值中的样条函数思想与此相似。样条函数是在二维平面上定义的数学函数，且函数曲面准确地通过已知的测量点。在没有测量点的地方，用光滑的曲面把测量点连接起来。

具体在生成样条函数的时候，可以从两个条件出发：①生成的样条函数曲面必须恰好经过参与插值计算的所有测量点，如图 7-4 所示，因此样条函数法生成的曲面是一个精确的曲面；②生成的样条函数曲面必须具有最小的曲率，就是指曲面上由每个测量点计算出的二阶导数项平方的累积总和必须是最小的。曲面的二阶导数近似于曲率，使其总的平方和最小也就使得这个曲面尽量平滑。

样条函数通常分为两部分的累加效果：①趋势面函数，也就是前面讨论过的多项式函数，用这个多项式趋势面函数来表达曲面总体的趋势；②基函数，或者叫作**径向基函数**（radial basis functions，简称 RBF）。这个基函数是用来描绘它

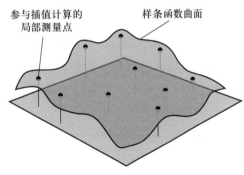

图 7-4　样条函数插值法

的局部变化特点的。所以说样条函数是趋势面函数累加上基函数的结果，即一个总体趋势加上局部变化的函数形式。

可以根据不同的基函数把样条函数法具体分为几种，如**薄板样条**（thin plate spline）、**规则样条**（regularized spline）和**张力样条**（spline with tension）等。这些不同样条函数的区别在于它们的基函数采用不同的函数形式。薄板样条函数拟合的曲面如图 7-5 所示，可以看出已知的测量点都位于拟合的曲面上。在拟合出来的曲面边界上有可能产生极值，所以人们也经常使用规则样条和张力样条来控制它的变形。

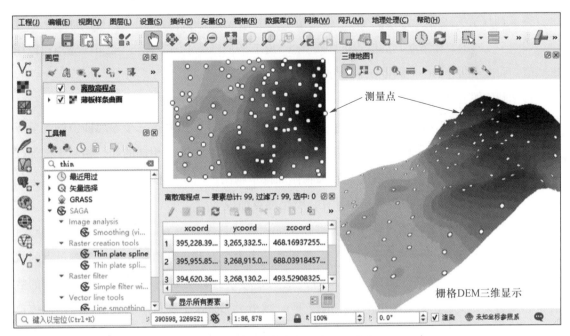

图 7-5　薄板样条函数拟合曲面的实例

2. 逐点加权平均法

用样条函数插值时，每插值一个点，都要在该点局部拟合一个样条函数，其计算过程比较复杂。另有一类计算相对简单的插值计算方法不需要拟合局部函数，仅仅使用加权平均的方法来计算。这类方法称为逐点加权平均法。逐点加权平均法的计算公式为：

$$z_p = \frac{\sum_{i=1}^{n} w_i \cdot z_i}{\sum_{i=1}^{n} w_i} \qquad (7-1)$$

其中，z_p 就是用待插值点 P 估算出来的数值，比如高程值。n 表示的是在这个待插值点 P 周围一定距离范围内参与插值计算的已知测量点的个数。如图 7-6 所示，在搜索圆内有三个测量点参与插值计算，n 就等于 3。w_i 表示的是第 i 个参与插值计算的测量点的**权重**（weight）。z_i 就是第 i 个测量点的数值（例如高程值）。

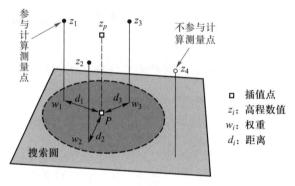

图 7-6　逐点加权平均法原理

逐点加权平均法对整个区域内每一个栅格单元中心点所在的位置都进行这样的加权平均计算。如图 7-6 所示，栅格点 P 的位置是待插值点，在它的周围搜索圆中有三个已知测量点可以用来插值，而搜索圆外的一个测量点不参与插值计算。

搜索圆内的三个测量点，每个都有一个高程值 z_i，同时，每一个测量点都有一个权重值 w_i。用各个测量点自身的 z_i 值和它的权重 w_i 相乘得到加权的乘积，然后把三个参与插值的测量点的加权乘积相加。加权乘积求和以后再除以三个测量点各自权重 w_i 相加的和，相当于把加权乘积对权重做了一个平均，所以这个方法叫作加权平均法。对于栅格数据中每一个栅格单元中心点位置都做这样一个加权平均的计算，就是逐点加权平均。

在逐点加权平均的插值方法中，关键在于如何计算这个权重 w_i。观察加权平均的公式，可以发现这个权重 w_i 具有这样的性质：w_i 通常是一个大于 0 的正数值，如果一个测量点的权重 w_i 越大，那么这个测量点的数值 z_i 对待插值点 P 的数值 z_p 的影响就越大，或者说 z_p 的数值就越接近 z_i。反之，如果一个测量点的权重 w_i 越小，那么这个测量点的数值 z_i 对待插值点 P 的数值 z_p 影响就越小，换言之 z_p 的数值与 z_i 的差异就越大。所以，对每一个参与插值计算的测量点的权重值采用不同的估算方法，会对最终插值结果带来不同的影响。

GIS 中有两种不同的权重计算方法，即**反距离加权**（inverse distance weighting，简称 IDW）法和**克里金**（Kriging）插值法。

反距离加权法计算权重的思想是用与距离成反比的方法来完成的。即在计算每一个测量点对于待插值点 P 的权重时，考虑这个权重和这个测量点到待插值点 P 的距离是否相关。测量点如果相对待插值点 P 的距离越远，对待插值点 P 的影响就越小，那么该测量点的权重就应该越小；反之，测量点如果相对待插值点 P 的距离越近，对待插值点 P 的影响就越大，那么该测量点的权重就应该越大。所以，一个测量点相对于待插值点 P 的权重，和该测量点相对待插值点 P 的距离成反比例的关系。因此，可以设计一个如下的公式来计算测量点 i 相对待插值点 P 的权重：

$$w_i = \frac{1}{d_i^k} \tag{7-2}$$

其中，w_i 是待插值点 P 周围搜索圆内参与插值计算的第 i 个测量点的权重，d_i 是第 i 个测量点到待插值点 P 的平面直线距离，如图 7-6 所示。k 是幂指数，通常取值为 2。在实际计算时，由用户来决定 k 具体采用什么数值。这个公式说明了权重与距离的 k 次方成反比。若 k 采用不同的取值，则权重随着距离 d 的增加而减小的幅度是不同的，其具体情况如图 7-7 所示。

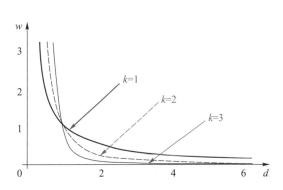

图 7-7　反距离加权法幂指数 k 随距离 d 对权重 w 的影响

图 7-8 所示是反距离加权法的插值结果，从该图可以看出该方法有这样的特点：①反距离加权法插值出来的曲面一定是介于所有已知测量点数值的最大值和最小值之间的，而不会像样条函数那样在边界附近数值突然升高或降低；②反距离加权法的另一个显著特点是常常会在每个已知的测量点周围形成孤立的小山峰或者谷地，即局部极大极小值。如果画出等高线，就会看到一圈圈小的闭合的圆形。

当使用 IDW 方法进行空间插值时，在大部分情况下插值精度可以满足要求。但是如果想进一步提高空间插值精度，就会发现 IDW 方法存在一些问题。这些问题影响了最终插值的精度。例如，关于权重计算方法，IDW 方法的权重是距离的 k 次方分之一，对 k 的不同取值会造成插值结果的不同。但是 IDW 方法没有具体的原则来指导 k 的取值，且 IDW 方法计算出来的权重都是正值，而实际情况却未必如此。此外，对于估算出来的结果，其准确性如何，也就是插值结果的误差有多大，IDW 方法并没有解决。

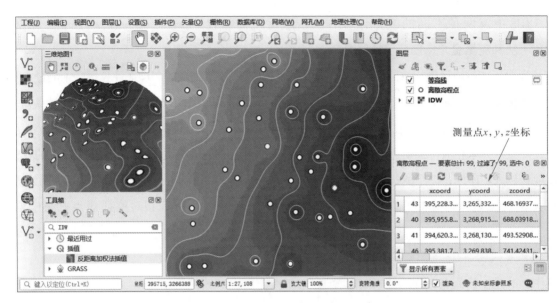

图 7-8　反距离加权法（IDW）插值实例

　　为了解决上述 IDW 方法存在的问题，克里金插值法被提了出来。不过克里金插值法使用起来比 IDW 方法复杂得多，所以当精度要求不是特别高的时候，推荐使用 IDW 方法。只有在需要较高精度插值的时候，人们才会使用克里金插值法。

　　克里金插值法是为了纪念一位叫丹尼·克里格（Danie G. Krige，1919—2013）的南非采矿工程师。他在工作中经常需要估算地下金矿的含量。如果含金量比较多的话，这处矿藏就值得开采，否则开采收益就不大，因此需要对地下金矿含金量进行精确的空间插值计算。采矿工程师通常也是采用测量点的数值来做空间插值，比如在矿区打钻采集地下岩石样本，然后对样本含金量进行检测。一旦把每一个打钻点的含金量检测出来以后，就可以对整个矿区进行空间插值，以此判断哪些地方含金量比较高。工程师克里格提出的这种插值方法，之后被法国数学家乔治·马瑟隆进一步总结成了一套系统性理论，开创为**地统计学**（geostatistics）的研究方向。

　　简单来讲，克里金插值法主要用来解决怎样更好地计算加权平均中的权重问题。权重体现着空间自相关性。根据 Tobler 地理学第一定律，若两个靠近的事物之间距离越近，则相关性越强，它们相互影响程度也越强。反之，若距离越远则相关性和相互影响程度越弱。

　　可以用数学模型来描述空间自相关性，这就是空间协方差的函数（马劲松，2020）。如图7-9（a）所示，横坐标是两点间的距离 h，纵坐标是两点间的空间协方差 Cov，它反映了两点间的空间自相关性。在原点位置，两点间距离最近（为零），空间协方差达最大值，空间自相关性最大。沿横坐标轴距离增大，空间协方差减小，空间自相关性逐渐减弱。若到一定距离，空间协方差接近零，则表示两点间已经几乎没有空间自相关性，两个数值就不相关了。

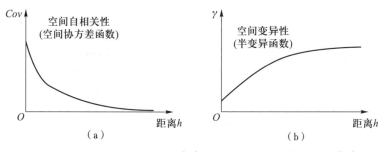

图 7-9　空间自相关性（a）与半变异（半方差）函数（b）

由于计算空间协方差相对困难，乔治·马瑟隆就把它变换成图 7-9（b）所示的另外一种数学函数形式，叫作空间**半变异（或半方差）函数**（semivariogram）。半变异函数正好与协方差函数相反，反映的是空间变异性或差异性，即随着距离增大，两点间的差异越来越大。所以，空间半变异函数是一个递增函数。在一些假设的前提条件下，例如假设在一个区域中，各处高程变化的均值和方差都相同，不随位置而改变，则从统计学上能够证明协方差函数可以转换为半变异函数。

半变异函数也是在某些假设的前提条件下，以统计的方法得到的。通常的前提条件就是区域中半变异的情况与具体位置无关，而仅仅和距离有关。因此可以做出如图 7-10（a）所示的半变异云图，它是对所有测量点数据中每一对测量点两两之间计算其平面距离，将它们作为横坐标，再计算它们的**半变异**（semivariance，或半方差），将其作为纵坐标所形成的散

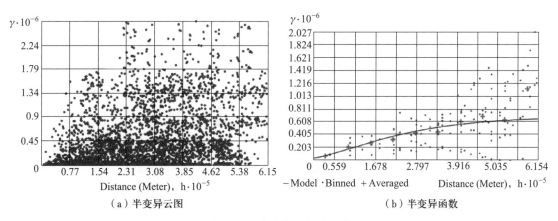

（a）半变异云图　　　　　　　　　　（b）半变异函数

图 7-10　半变异函数的拟合

点图。半方差的计算是用它们数值的差的平方除以 2，即取差的平方的一半。取一半，是为了使后面牵涉到的公式计算变得比较简单，并没有特殊的意义。

因为半变异函数相当于在任何一个距离上半变异的数学期望，所以把半变异云图横坐标按照一定的距离间隔（称为 lag）分割成很多数值区间（称为 bin），再计算落在各个区间里的点的均值，这些均值以十字点表示在图 7–10（b）中。最后用这些点拟合一个数学函数，如图 7–10（b）的函数曲线，就是半变异函数。通常在 GIS 软件中用户可以选择多种不同的函数去拟合，比如圆函数、指数函数、高斯函数、线性函数等，如表 7–2 所示。

表 7–2 常见的半变异函数

函数	图形	函数特性	函数	图形	函数特性
圆函数		空间自相关逐渐减小（半变异增加），超出某个距离后自相关为零	高斯函数		空间自相关按高斯函数方式逐渐减小到无穷远处
指数函数		空间自相关按指数方式逐渐减小到无穷远处	线性函数		空间自相关按线性逐渐减小，超出某个距离后自相关为零

在得到半变异函数以后，就可以用它来计算各个测量点插值的权重。克里金插值法是一种求**最佳线性无偏估计**（best linear unbiased estimate）的方法（马劲松，2020），首先这个估计值要符合无偏估计的条件，也就是通过克里金插值公式计算出的估计值和理论值之间的偏差的期望值为 0。其次是这个估计值是最优的，即估计值和理论值的偏差要最小化。由于估计值可能大于理论值，也可能小于理论值，所以这个偏差可正可负。因此把它替换成偏差的方差，就是正值了。所以，最优估计的条件就是要求偏差的方差最小。根据这些要求，以及预设的一些前提条件如均值方差不变等，可以推导出权重和半变异函数之间的方程，从而解算出每个参与计算的已知测量点的权重值，最后就可以进行加权平均插值了。

克里金插值法有很多种。在一般情况下，假设区域内估算的数值有数学期望存在，且是一个常数，就可以使用一种叫作**普通克里金**（ordinary kriging）插值法的方法。图 7–11 显示了普通克里金插值法生成的 DEM 和插值误差估计栅格数据。

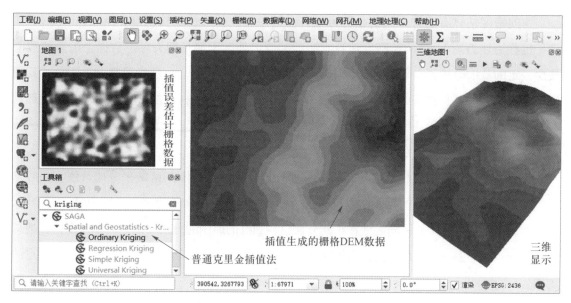

图 7-11　普通克里金插值法生成的 DEM 和误差估计实例

另一种常用的克里金插值法是**简单克里金**（simple kriging）插值法。相比于普通克里金插值法，简单克里金插值法认为在整个研究区域内数学期望是已知测量点的均值，且处处相等，所以它对估计值的计算就是对所有数值减去数学期望值而得到的残差进行插值，其计算权重的方程组比普通克里金插值法简单。

还有一种比普通克里金插值法计算原理复杂的方法，叫作**泛克里金**（universal kriging）插值法，也有人称其为通用克里金插值法。这是一种更加一般的情况，即假设在区域内没有固定的数学期望，或者理解为数值的数学期望是在区域内到处变化的，这种变化称为**漂移**（drift），也可以理解为具有某种趋势，类似于趋势面。泛克里金插值法把数学期望定义为一次或二次多项式的趋势面来计算，所以它的权重计算方法更复杂。

7.2　空间密度估算

空间密度估算就是计算某种空间实体在各处的分布密度，例如，人口密度、车辆密度等。空间密度估算可以创建一幅栅格热力图，即空间密度估算能够把矢量数据转换成栅格形式的密度数据，每个栅格单元中存储的是某种事物单位面积内的分布数值。

空间密度估算有两种不同的估算方法：①简单密度估算；②**核密度**（kernel density）估算（也称为热力图）。这两种密度估算方法的共同之处在于都是把矢量点数据上汇总的数值按照一定的范围分摊到点周围的区域中。即通常有一些观测点，在这些观测点上汇总了其周围一定范围内的某种数值的总和。例如，这些点可能代表一些村庄的分布，而每个村庄都具有其人口总量的统计值。密度估算方法可以把这些人口按照设定的大小分摊到点的周围，从而估算栅格数据中每个栅格单元处的密度大小。

无论采用哪一种密度估算方法，首先都要设定使用多大范围的区域来分摊数值。一般是设定一个半径值，让汇总的数值在以观测点为中心、以设定的数值为半径的圆内进行分摊。

两种密度估算方法的不同之处在于其分摊总数到点的周围的方法不同。简单密度估算把总数平摊到点的周围一定的范围内，而核密度估算则是把总数按照某种核函数的数值分摊到点的周围。

7.2.1 简单密度估算

简单密度估算是把所有观测点上的统计汇总数据平均分摊到其半径所确定的圆的范围内所有的栅格单元上。如果某个栅格单元落在几个点的半径范围内，那么该栅格单元的数值是这几个点分摊给它的数值的总和。然后，将各个栅格单元分摊到的总和除以栅格单元的面积，即得到栅格单元处的密度（马劲松，2020），如图 7-12 所示。

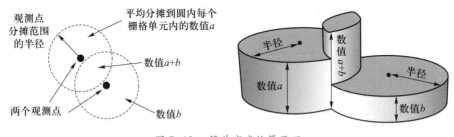

图 7-12　简单密度估算原理

7.2.2 核密度估算

核密度估算法中的"核"指的是核函数。核函数是定义在二维平面上的一系列函数，如

图 7-13（b）所示，函数形式为 $z = f(x, y)$，它的函数值 z 是以一个点为圆心、沿着半径的方向向外逐渐变化的。通常圆心处函数值最大，向外函数值逐渐递减，函数值的形状像一个鼓起的火山锥。能够作为核函数使用的函数有很多种，例如，高斯函数就是一种常用的核函数（张康聪，2019）。

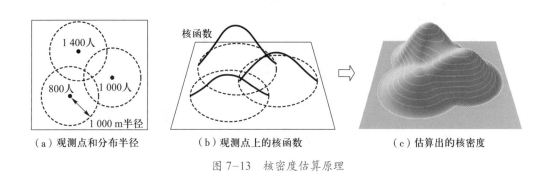

（a）观测点和分布半径   （b）观测点上的核函数   （c）估算出的核密度

图 7-13　核密度估算原理

如图 7-13（a）所示，假设有三个居民点的中心位置，围绕每个居民点中心分别统计出的人数为 1 400 人、1 000 人和 800 人。但这些人并不是分布在中心点上，而是分布在以该点为中心周边一定的范围内，不妨假设分布在以点为圆心、半径为 1 000 m 的范围内。

在使用核函数计算栅格密度的时候，在每个观测点的位置放置一个核函数，观测点位置就是核函数中心数值最高的地方，如图 7-13（b）所示。用户指定一个半径的数值，常常被称为核函数的带宽，用来表示核函数的计算主要集中在这个半径所决定的圆形范围内。然后对每个栅格单元所在的位置计算各个采样点核函数在该处的函数值，将所有核函数在该栅格单元位置的函数值求和，再除以栅格单元的面积就得到每一个栅格单元的密度值。也就是说每个栅格单元的数值都是各个核函数在该栅格单元处的函数累加效果，如图 7-13（c）所示。

图 7-14 所示是一个采用核密度估算人口密度的实例，（a）中所示是各个农村居民地的分布位置，每个居民地都是一个点要素。每个点要素的属性数据中都带有一个属性数据项（名为 popu 的字段），记录了该点要素所代表的居民地的人口总数。图形显示根据 popu 字段中人口数值，按比例用不同大小的圆形符号来表示各个居民地的人口数量，人口多则符号大。

由于人口数是分布在每个点要素周围一定范围内的，根据实际情况假设 1 000 m 的半径，使用核密度估算法得到如图 7-14（b）所示的人口密度分布栅格数据，其中颜色深的栅格单元表明其人口密度较大，颜色浅的栅格单元表明其人口密度较小。同时这个实例还生成并显示了人口密度的等值线图。

由于栅格密度数据和栅格数字高程模型数据在形式上是完全一样的，所以，GIS 软件可以把栅格密度数据以三维图的形式显示出来，如图 7–14（b）中右侧的窗口所示。在栅格密度三维图中，密度高的地方如同山峰，密度低的地方如同平原或山谷。

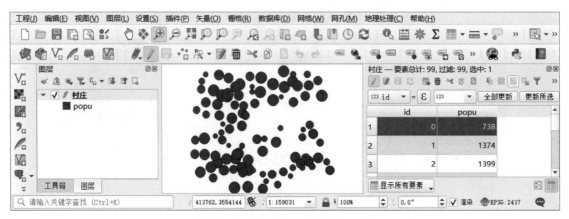

（a）带有人口总数属性值的点矢量数据

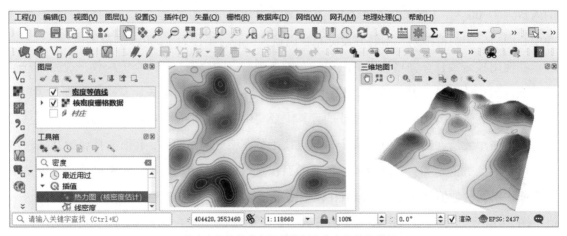

（b）核密度估算的密度栅格数据及密度等值线数据

图 7–14　核密度估算实例

复习思考题

1. 为什么说 Tobler 地理学第一定律是空间插值的理论基础？

2. 请说明全局插值法和局部插值法的区别。

3．请说明趋势面插值法的基本原理和插值出的趋势面的特点。

4．请说明局部函数拟合法和逐点加权平均法的区别。

5．请说明采用反距离加权法得到的统计曲面有什么形态上的特点。

6．请说明克里金插值法相比于反距离加权法的优势有哪些。

第8章 空间数据——存储与管理

我国古代四大发明中的造纸术和活字印刷术对人类文明的发展起到了不可估量的作用。通过纸张这种信息载体和印刷这种存储信息的技术，人类将各种知识包括地理知识进行了跨越数千年的传承。今天，数字形式的地理空间信息以计算机存储介质为载体、以数据文件和数据库的形式进行存储。本章主要就是讲述空间数据的存储与管理等方面的内容。

电子教案 第8章

8.1 空间数据的存储与管理方式

因为 GIS 本身就是一个计算机系统，所以，空间数据在计算机里面的存储与管理方式和非空间数据在计算机里的存储与管理方式是相似的。GIS 主要的空间数据存储与管理方式可分为两类：①文件存储与管理；②数据库存储与管理。

8.1.1 文件存储与管理方式

所谓空间数据的文件存储与管理，就是把所有的空间数据以文件的形式保存在计算机中，这是最常见的一种在计算机中保存数据的方法。例如，用 Word 文件格式保存文档数据、用 Excel 文件格式保存统计表格数据、用 PowerPoint 文件格式保存演示文稿数据、用扩展名为 Txt 的文件格式保存简单文本数据等，这些数据都是以一种特定的数据文件格式保存在计算机中的。

GIS 也不例外。在 GIS 中具有代表性的用来保存空间数据的文件有两种文件格式：① Shapefile 格式文件用来存储矢量数据，即存储由坐标点组成的点、线、面这样的空间数据；② GeoTIFF 格式文件主要用来存储栅格形式的空间数据，如栅格 DEM 数据和数字影像数据。

8.1.2 数据库存储与管理方式

与文件存储与管理不同的另一种数据存储与管理方式就是空间数据的数据库存储与管理。它是把空间数据以空间数据库的形式存储在计算机中。代表性的空间数据库有 ArcGIS 的 Geodatabase、OGC 的 GeoPackage，以及一些商用数据库软件如 Oracle 支持的 Oracle Spatial & Graph、开源数据库 PostgreSQL 支持的 PostGIS 等。

8.2 空间数据的文件存储与管理

空间数据的文件存储是指将空间数据以**文件夹**（folder）、**目录**（directory）和**文件**（file）的方式来组织和存储，这种存储方式是由计算机操作系统提供给用户的。操作系统一般都提供了创建文件夹、在文件夹下面再创建嵌套的文件夹和在文件夹下面创建各种数据文件的功能。在操作系统中可以用类似于文件管理器这样的程序来管理这些文件，包括创建文件夹和文件、复制文件、移动文件、修改文件名和删除文件，等等。

图 8-1 所示是 Windows 操作系统的文件管理器程序，从中可以看到在硬盘 C: 下面有一个名为 "GIS data" 的文件夹，文件夹中存储了一些 GIS 空间数据文件，这些文件都用各种形式的图标来显示。计算机用户可以在这个窗口中对这些文件进行管理操作。图 8-1 的窗口工具栏上就显示了 "复制" "删除" "重命名" "新建文件夹" 等操作按钮。

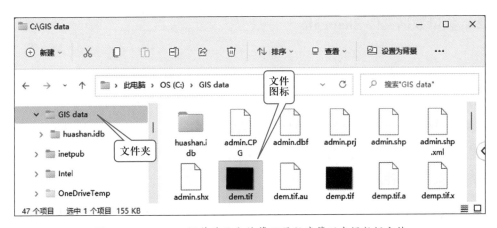

图 8-1　Windows 操作系统文件管理器程序管理空间数据文件

对空间数据文件既可以用文件管理器来管理，也可以用 GIS 软件来管理。GIS 基础软件平台如 ArcGIS、QGIS 等可以直接创建空间数据文件，也可以在硬盘上查找、复制、移动或删除空间数据文件。可以在 GIS 软件里加载、显示文件中的空间数据，还可以修改文件中的数据内容，并把修改过的内容保存在原文件中。可以对空间数据文件进行格式的转换，生成其他格式的数据文件，也可以对文件中的空间数据进行分析计算，将得到的分析结果保存在新的空间数据文件中。这些都是用文件形式来存储和管理 GIS 空间数据的方式。

如图 8-2 所示，在 QGIS 软件界面左侧的"浏览器"窗口中可以浏览硬盘里保存在文件夹下的空间数据文件，也能够对文件进行创建、复制、移动和删除操作，还可以把这些空间数据文件用鼠标拖放到中间的地图窗口中进行数据的显示。

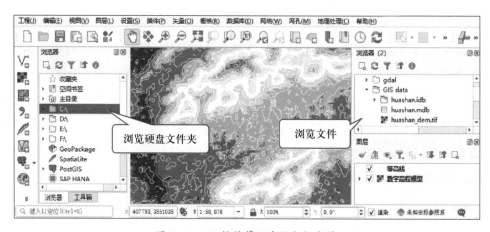

图 8-2　GIS 软件管理空间数据文件

8.2.1 矢量数据文件 Shapefile

用文件形式保存使用最多的矢量数据就是 Shapefile 文件。Shapefile 文件格式是 ESRI 公司制定的技术标准。Shapefile 文件可以存储点、线、面等各种矢量数据的几何坐标，同时也能够存储与这些几何数据相对应的属性数据表格。这些点、线、面坐标数据和属性表格数据都是保存在特定的 Shapefile 文件里的（马劲松，2020）。图 8-3 所示是在 GIS 软件中打开一个 Shapefile 文件的界面。

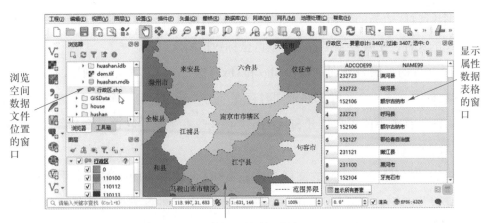

浏览空间数据文件位置的窗口

显示属性数据表格的窗口

显示文件中存储的空间数据的地图窗口

图 8-3　GIS 软件中打开 Shapefile 文件

　　在操作系统中用文件管理器把 Shapefile 文件所在的文件夹打开，可以观察 Shapefile 文件的组成情况。通常会发现用来存储一层空间数据的 Shapefile 文件并不是单独一个文件，而是由多个文件组成的，也就是说，它分成了几种不同类型的文件，文件名都是相同的，但是文件的扩展名是不同的。

　　图 8-4 所示是用操作系统中的文件管理器程序打开的 Shapefile 文件存放的文件夹，可以看到图 8-3 中显示的表示行政区范围的 Shapefile 文件是由多个文件组成的，这些文件的文件名都是"行政区"，但文件扩展名是不一样的。其中，扩展名为 dbf 的文件保存的是属性数据表格，这些属性数据显示在图 8-3 所示的 GIS 软件的右边停靠窗口内。扩展名为 shp 的文件是一个特定格式的二进制文件，矢量数据的点、线、面坐标都保存在这个文件里，在这里就

图 8-4　Shapefile 空间数据文件的组成

是存储了各个行政区边界的坐标数据，它们以地图的形式显示在图 8-3 所示的中间窗口里。扩展名是 shx 的文件，主要存储了各个行政区坐标数据的索引。

上述三个文件的扩展名分别是 dbf、shp 和 shx，这三个文件都是强制性的，即在任何一个 Shapefile 数据中，这三个文件都必须同时存在。少了其中任何一个文件，Shapefile 数据就不完整了，GIS 软件就不能正常打开 Shapefile 并使用这些数据。除这三个文件以外，其他扩展名的文件都是可选的。

Shapefile 文件存储空间数据的文件格式在 ESRI 公司发布的一本技术手册里有详细的介绍（马劲松，2020），所以 Shapefile 文件的格式是公开的，它成为矢量空间数据存储的实际技术标准。几乎所有 GIS 软件都支持 Shapefile 文件。Shapefile 各个扩展名文件的实际内容如表 8-1 所示，具体如下。

（1）主文件（扩展名为 shp）：主文件是一个记录长度可变的二进制文件，每条记录都存储了一个空间要素的坐标数据。一个 Shapefile 文件只能存储一种几何维度的空间要素数据。例如，每条记录都存储一个点的坐标，或每条记录都存储一条线上的坐标，或每条记录都存储一个面的边界上的坐标等。

表 8-1　Shapefile 文件类型及其内容

文件扩展名	是否强制性	文件内容描述
shp （主文件）	强制	记录长度可变的二进制文件，每条记录存储一个空间要素的坐标数据，数据是由坐标组成的几何形状（如点、线、面等）
dbf （dBASE 文件）	强制	二进制和文本混合型文件，每条记录存储空间要素所对应的属性数据。与主文件中的几何数据按记录号一一对应，且记录顺序相同
shx （索引文件）	强制	记录长度固定的二进制文件，每条记录包含相应主文件记录从主文件开头起算的存储位置偏移量
prj	可选	文本文件，存储坐标系信息，如测量基准、投影参数
cpg	可选	文本文件，指明用于属性数据使用的字符集的代码页
……	……	……

（2）属性数据文件（扩展名为 dbf）：属性数据文件是 dBASE 格式文件，dBASE 文件是 20 世纪 90 年代初期一个著名的桌面型数据库系统 dBASE 的文件格式，是使用比较广泛的保

存表格形式数据的文件格式。它是一个二进制和文本混合型的文件，shp 主文件中每条记录的空间要素所对应的属性数据，按属性表格的形式存储在这个文件里。它与 shp 主文件中的几何数据的记录编号是一一对应的，并且记录排列的顺序也是相同的。

（3）索引文件（扩展名为 shx）：索引文件是记录长度固定的二进制文件，每条记录用来指明 shp 主文件里点、线、面的每一个空间要素坐标记录位置离文件开头的位置偏移量。之所以需要索引文件，是因为 shp 主文件通常是一条记录长度可变的二进制文件，它的每条记录长度可能不一样，如果没有索引的话，就不能随机地查找到某个空间要素坐标的存储位置，而只能顺序地查找。

在 Shapefile 其他可选的文件中，扩展名为 prj 的是投影文件。它是一个文本文件，所存储的内容是空间数据的坐标系信息，例如测量基准、投影参数，等等。

扩展名为 cpg 的也是一个文本文件，通常用来指明 dbf 属性数据文件里的字符串数据使用字符集的代码页，也就是说属性数据表格里面可能会有一些文字，需要指明这些文字是用哪一种代码表达的，比如是用 ASCII 字符表达的，还是用 UTF-8 编码表达的。如果不加以说明，那么字符用不同的字符编码显示，就会出现乱码。

8.2.2 栅格数据文件 GeoTIFF

在 GIS 里常用的一种栅格数据文件存储格式是 GeoTIFF，文件扩展名通常是 tif。它可以用来存储各种类型的栅格数据，比如卫星影像、航空相片、**土地覆盖 / 土地利用**（land cover/land use）类型的栅格数据或者栅格 DEM 数据等。这些数据都是由一行行、一列列整齐排列的栅格单元组成的栅格数据，因此都可以使用这种 GeoTIFF 文件格式来存储。

常规的 TIFF 文件是一种数字图像文件格式，主要用来存储数字图像。TIFF 是 tagged image file format 的首字母缩写。该文件以标签（即 tag）形式存储数字图像的像素颜色编码。它的格式独立于操作系统，应用非常广泛。正是因为可以用标签形式来存储数据，所以在使用 TIFF 文件存储栅格数据属性数值时，就可以利用标签来表达地理空间相关的信息。例如，用标签来表达地理坐标系和地图投影参数等信息。使用标签存储了地理信息的 TIFF 文件就称为 GeoTIFF 文件。图 8-5 所示为使用 GeoTIFF 文件格式存储的栅格 DEM 数据。

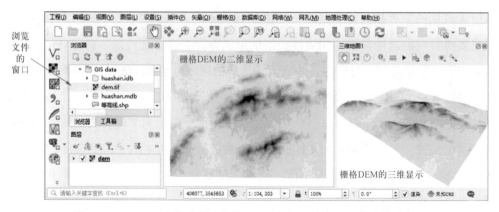

图 8-5　GeoTIFF 文件存储的栅格 DEM 数据及其在 GIS 软件中的显示

8.2.3　文件存储与管理方式的弱点

可以用文件形式来存储与管理 GIS 的空间数据。例如，用 Shapefile 文件存储矢量数据，用 GeoTIFF 文件存储栅格数据，在常规情况下，当空间数据量不是很大，在个人计算机上使用这些空间数据的时候，用文件存储与管理完全可以胜任，可以满足 GIS 应用的需求。但是如果空间数据量比较大、且空间数据文件也比较多的时候，如果仍用文件来存储与管理，这种存储与管理方式的一些弱点就会显露出来，主要体现在以下几个方面：

1.　文件格式复杂，共享困难

无论是 Shapefile 文件还是 GeoTIFF 文件，它们文件内部的数据存储格式是很复杂的。除了 Shapefile 和 GeoTIFF 之外，不同 GIS 软件支持的空间数据文件种类有很多，造成了空间数据共享的困难。不同 GIS 采用不同的空间数据文件格式来存储数据，容易形成信息孤岛，导致一个 GIS 的空间数据难以被其他 GIS 利用，造成投资浪费。

2.　文件数据完整性难以保证

由于文件在物理存储上是分离的，所以不能有效地反映文件之间内在的逻辑联系。例如 Shapefile 文件是由一系列文件组成的，扩展名为 shp、dbf 和 shx 的三个文件是必不可少的，且这三个文件内部数据之间在逻辑上是相互关联的。但是这些文件在操作系统中的物理存储上并没有联系，是独立的三个文件。用户可能会误删除其中任何一个文件，从而破坏数据的完整性。

针对上述文件存储与管理上的弱点，人们通常希望能采用一种新的数据存储与管理方式来克服，即：①用一种通用格式来存储所有数据，避免不同格式文件内部结构出现混乱；②文件之间能够建立联系，也就是当几个数据文件之间存在像 shp、dbf 和 shx 那样的逻辑关联时，能够把这种关联建立起来，一旦建立关联之后就不能将它们随意删除了。

能够克服文件存储与管理弱点的方法是采用数据库存储与管理方式。目前主流的数据库系统几乎都是使用一种相同的通用格式来表达和存储数据。这个格式就是关系表格。这一类型的数据库就称为关系数据库系统。关系数据库还可以建立文件（即关系表格）之间的联系。对 GIS 中的空间数据，同样可以采用空间数据库的方式来存储与管理。

8.3　空间数据的数据库存储与管理

空间数据库是采用数据库的方式存储与管理的空间数据的集合，是常规的数据库系统在 GIS 领域中的特殊应用。空间数据库除了自身存储空间数据的特殊性之外，也具备常规数据库系统的所有基本特征。尤其是存储属性数据时，它完全就是采用常规数据库的存储方法。所以，首先要介绍常规的数据库系统。

8.3.1　数据库组成

从组成上看，通常一个数据库系统都要包含三个部分的内容，即：①数据库存储系统；②数据库管理系统；③数据库应用系统。

1.　**数据库存储系统**

数据库存储系统指的是计算机内那些实际存储了数据的文件，这是数据库的底层结构，最终所有的数据在数据库的底层都是以特定格式的文件存储在硬盘中的。这一部分由数据库系统内部管理，不需要数据库的用户具体了解数据在物理上是如何保存在硬盘中的。

2.　**数据库管理系统**（database management system，简称 DBMS）

数据库管理系统是数据库的管理程序，用户都是通过这个数据库管理系统程序来存储与管理数据库中的所有数据的。在使用文件来存储数据的时候，用户都是直接去操作文件。而使用数据库存储数据的时候，用户不用直接去操作具体的文件，不用去管在这些文件里面数据是怎么存储的，也不需要知道文件存储在计算机硬盘的哪个地方。用户要打交道的就是这个数据库管理系统程序。这是一个全面管理数据库的程序，用户可以用相同的方法来存储与管理不同数据库中所有不同的数据。

3. 数据库应用系统

数据库应用系统就是针对具体应用领域的一些应用程序和软件，这些程序和软件是建立在数据库管理系统之上的，用数据库管理系统提供的管理功能，来操作数据库里面的数据，服务于具体的某一项应用。例如交通部门、规划部门和测绘部门等，各自都拥有适应自身业务需求的应用软件系统，这些应用软件系统使用各自数据库里的行业数据进行相关行业的具体工作，这些应用软件系统就是数据库应用系统。

数据库系统中的数据库管理系统软件非常重要，它决定着数据在计算机的数据库中到底以什么样的形式存储，以及人们可以用什么样的方式来和数据库中的数据进行交互。在过去几十年的计算机发展历史中，人们设计出了一些不同的数据库数据存储方式，但到现在被使用得最普遍的一种就是关系数据库系统。所以，目前大众能接触的数据库管理系统软件通常都是关系数据库管理系统软件。

桌面型的关系数据库管理系统软件常见的有微软的 Access，如图 2-12 所示。它除了存储属性数据之外，也可以用来存储空间数据。另一类关系数据库管理系统软件运行在服务器计算机上，它们管理的数据库通常是存储在由很多台服务器计算机联网组成的计算机系统中，存储的数据量非常巨大，同时也能够通过网络给众多的计算机用户提供数据服务。这类大型数据库管理系统软件主要有服务器版本的 Oracle、微软 SQL Server、IBM DB2、PostgreSQL 和 MySQL 等。

GIS 软件通常也可以作为关系数据库管理系统来使用。图 8-6 所示是使用 QGIS 软件连接 SpatiaLite 关系数据库，并将数据库中的空间数据和属性数据加载到 GIS 软件窗口中进行浏览

图 8-6　QGIS 连接和创建 SpatiaLite 关系数据库

和处理的例子。SpatiaLite 是使用 SQLite 关系数据库系统存储空间数据的一个扩展功能。除此之外，QGIS 还可以连接并处理存储在 PostGIS、SQL Server 和 Oracle 等数据库中的空间数据。

8.3.2 关系数据库的基本概念

关系数据库（relational database）是指用关系（relation）来表达数据的数据库。这里所谓的关系，指的是用表格形式来组织数据结构，以及定义一组基于表格结构的数据操作和运算方法。关系数据库的内容很多，不可能在此详尽介绍，因此本书只能把与 GIS 空间数据存储与管理相关的关系数据库内容做简要阐述，其中有五个最基本的概念，即表、记录、字段、关系和关键字。

1. 表（table）

关系数据库中的表，指的是二维数据列表。图 8-7 所示是在 GIS 软件中显示的属性数据表格，属性数据表格就是以关系数据库表的形式存储的。这张表中存储的是各个行政区相关的属性数据。当然，除了属性数据，关系表还可以用来存储空间数据，既可以存储矢量形式的空间要素坐标值，也可以存储栅格形式的 DEM 或遥感影像数据等。

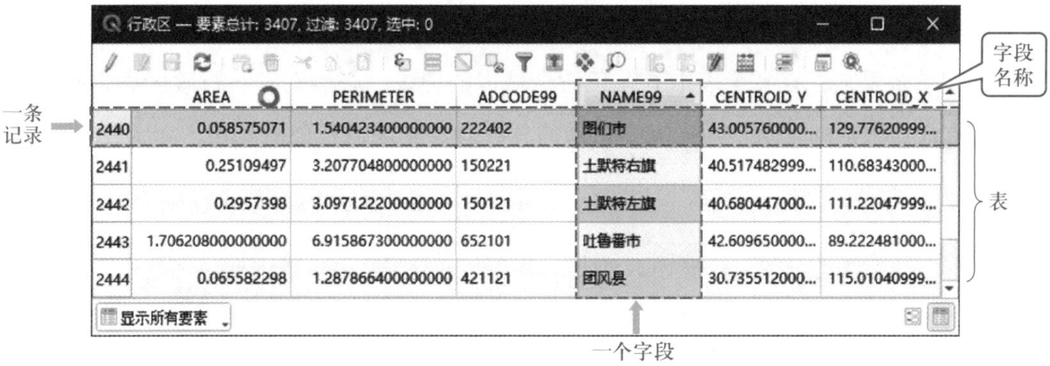

图 8-7 关系数据库表存储的 GIS 属性数据表格

2. 记录（record）

在关系表中，横向的一行数据称作一条记录。例如，在图 8-7 中，每一个行政区的数据存储在表中的一行。该图显示第一行存储的是"图们市"的属性数据，这就是一条记录。该图显示第二行存储的是"土默特右旗"的属性数据，这是另一条记录。全国一共有 3 407 个县市行政区，所以从窗口的标题栏中可以看出这张表中一共有 3 407 条记录，在该图中窗口内只显示了其中 5 条记录的数据。

3. 字段（field）

关系表中竖向的一列数据称作一个字段。如图 8-7 所示，属性表中共有 6 个字段，各字段表达的含义是：行政区的面积（字段名称为 AREA）、行政区边界周长（PERIMETER）、代码（ADCODE99）、名称（NAME99）、中心点纵坐标（CENTROID_Y）和中心点横坐标（CENTROID_X）。

每个字段除了名称以外，还有数据的类型。例如，前两个字段的数据类型是实数类型，用来记载面积和周长。第三和第四字段是字符型，即文字类型，用来记载代码和名称。后面两个字段也是实数型。此外，常用的字段类型还有整型（存储整数）、日期型（存储日期和时间）、逻辑型（存储真值/假值）和二进制大对象型（存储几何坐标等）。

4. 关系（relationship）

关系数据库中的关系概念，是最重要的概念，指的是数据库中多张表中的记录之间的数量对应关系。关系数据库中的这些数量关系归结起来有三种形式，即：①一对一关系，通常写成 1∶1 关系；②一对多关系，通常写成 1∶n 关系；③多对多关系，通常写成 m∶n 关系。

（1）**一对一关系**（one-to-one relationship）：指的是不同的表中记录之间存在一一对应的逻辑联系。如图 8-8 所示，两张表分别是省级行政区表和省会表，前者每一条记录表示一个省级行政区的数据，后者每一条记录表示一个省会城市的数据，这两张表之间就是一对一的数量关系。省级行政区表中有一条省级行政区的记录，必然在省会表中有一条和它对应的省会城市的记录；反之，在省会表中有一条省会城市的记录，必然在省级行政区表中有一条和它对应的省级行政区的记录。两张表中记录的总数通常应该是完全相等的。

省级行政区表

省名*	简称*	面积	人口
江苏	苏	……	……
安徽	皖	……	……
江西	赣	……	……
……	……	……	……

1∶1

省会表

省会*	简称*	人口	古称*	所在省*
南京	宁	……	金陵	江苏
南昌	洪	……	豫章	江西
合肥	庐	……	庐州	安徽
……	……	……	……	……

*关键字

图 8-8 关系数据库中的一对一关系实例

（2）**一对多关系**（one-to-many relationship）：指的是一张表中的记录可能对应着另一张表中的多条记录的数量对应关系。如图 8-9 所示，两张表分别是省级行政区表和城市表，前者每一条记录表示一个省级行政区的数据，后者每一条记录表示一个城市的数据，这两张表之间就是一对多的数量关系。省级行政区表中有一个省级行政区的记录，可能在城市表中就有一条或多条和它对应的城市的记录；反之，在城市表中有一条城市的记录，必然在省级行政区表中有且只有一条和它对应的省级行政区的记录。

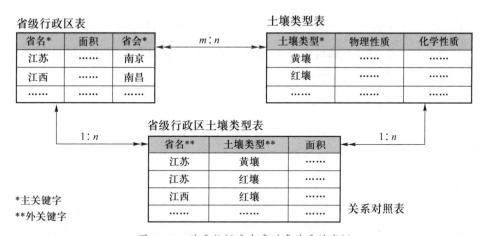

省级行政区表

省名*	简称*	面积	人口
江苏	苏	……	……
安徽	皖	……	……
江西	赣	……	……
……	……	……	……

*主关键字　　**外关键字

1:*n*

城市表

城市名*	所在省**	人口	GDP
南京	江苏	……	……
苏州	江苏	……	……
……	……	……	……
南昌	江西	……	……
九江	江西	……	……
……	……	……	……

图 8-9　关系数据库中一对多关系实例

（3）**多对多关系**（many-to-many relationship）：指的是表与表的记录之间存在两个方向的一对多关系，如图 8-10 所示，省级行政区表和土壤类型表之间就是多对多的关系，土壤类型表存储着各种土壤类型的数据，例如，黄壤、红壤、棕壤等及其各自的物理和化学性质。在省级行政区表中，每个省级行政区都可能存在多种土壤类型；反之，在土壤类型表中，每个土壤类型也可能分布在多个不同的省级行政区。所以，省级行政区表和土壤类型表之间是多对多的关系。

省级行政区表

省名*	面积	省会*
江苏	……	南京
江西	……	南昌
……	……	……

m:*n*

土壤类型表

土壤类型*	物理性质	化学性质
黄壤	……	……
红壤	……	……
……	……	……

1:*n*

省级行政区土壤类型表

省名**	土壤类型**	面积
江苏	黄壤	……
江苏	红壤	……
江西	红壤	……
……	……	……

1:*n*

关系对照表

*主关键字
**外关键字

图 8-10　关系数据库中多对多关系的实例

多对多关系需要通过一个关系对照表来表达，如图 8-10 中的省级行政区土壤类型表，就是关系对照表，它存储了不同的省级行政区具有的不同土壤类型的数据。省级行政区表和省级行政区土壤类型表之间是一对多关系，而土壤类型表与省级行政区土壤类型表之间也是一对多的关系。多对多关系就是依靠这样的两个一对多关系来表达的。

5. **关键字（key）**

关键字又称为键，是用来说明关系表中不同字段的作用的。关键字又分为两类，即**主关键字**（primary key）和**外关键字**（foreign key）。

被称为主关键字的字段，它的数值能够被用来唯一地确定具体是哪条记录。例如图 8–8 所示，在省级行政区表中，“省名”字段和“简称”字段，都可以分别被作为主关键字，因为在这张表中，没有两个省级行政区的名称是相同的，只要知道省级行政区的名称，它的数据在哪一条记录里就确定了，即它的面积和人口等要素就确定了。同样，省级行政区的简称作为主关键字也是一样，没有哪两个省级行政区是有相同的简称的。

外关键字指的是一张表里的字段，其对应着另一张表里的主关键字，两张表通过这张表中的外关键字和另一张表中的主关键字连接起来。例如图 8–9 所示，省级行政区表中的“省名”字段是主关键字，而城市表中的“所在省”字段就是城市表的外关键字，这两张表通过主关键字和外关键字连接起来，形成一对多的关系。

8.3.3 关系表的连接

正是因为通过主关键字和外关键字，不同的表之间对应的数据可以**连接**（join）起来供用户使用，从而表达上述的三种数量关系。两张关系表通过这种外关键字连接起来，可以产生一张包含两张关系表的数据的完整的表。

如图 8–11 所示，有两张关系表。一张表是 Landuse 属性表，存储了某个地区各种不同用地类型的空间数据所对应的土地类型编号；另一张表是 landusetype 关系表，表中的数据记载的是对应各种土地类型编号的土地类型名称。

Landuse属性表

ID	TypeCode
1	11
2	12
3	31
4	12
5	11

landusetype关系表

ID	土地类型编号	土地类型名称
1	11	水田
2	12	旱地
3	31	高覆盖度草地

连接(Join)

连接的关系表

ID	TypeCode	土地类型编号	土地类型名称
1	11	11	水田
2	12	12	旱地
3	31	31	高覆盖度草地
4	12	12	旱地
5	11	11	水田

图 8–11　关系表的连接示意图

Landuse 属性表中的 TypeCode 字段作为外关键字可以和 landusetype 表中的主关键字"土地类型编号"连接,表达一对多关系,从而生成一张连接的关系表。在连接的关系表中,就可以让每一张 Landuse 属性表中的记录结合 landusetype 表中对应的记录内容。

这种连接在 GIS 中非常有用。如图 8-12 所示,中间的地图窗口显示的是某地区土地覆盖 / 土地利用空间数据,其中每一个面都代表了一种土地覆盖 / 土地利用类型的地块位置。它的属性数据表 Landuse 就是一张关系数据库的表,显示在软件左边的停靠窗口里,这张属性数据表有一个字段 TypeCode。在中间地图显示窗口里,每个地块中显示的数字就是属性字段 TypeCode 的数值。但是,仅仅看这个属性字段数值,并不能了解每一个地块具体是哪一种用地类型。

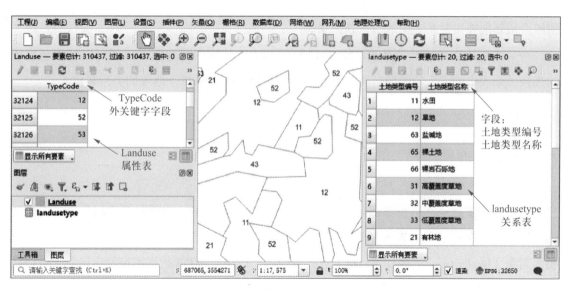

图 8-12 GIS 软件中关系表通过外部关键字进行连接的实例

好在有图 8-12 右边的停靠窗口显示的另一张关系表 landusetype,它的两个字段分别是"土地类型编号"和"土地类型名称"。Landuse 属性表中的 TypeCode 字段可以作为外关键字与 landusetype 表中的主关键字"土地类型编号"进行连接,生成一张新的连接关系表,如图 8-13 所示的"被连接图层"。在这张新的连接关系表中,既包含了 Landuse 属性表中的字段 TypeCode,也包含了 landusetype 关系表中的字段"土地类型编号"和"土地类型名称"。

连接的原则是:对 Landuse 属性表中的每条记录,根据 TypeCode 字段的值,找到 landusetype 关系表中"土地类型编号"字段数值相同的记录,把 Landuse 属性表中字段 TypeCode 的值与在 landusetype 关系表中找到的记录的"土地类型编号"字段的值和"土地类型名称"字段的

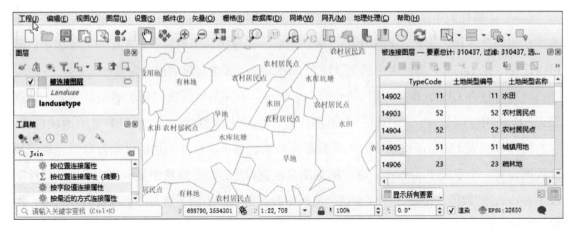

图 8-13　连接（join）生成的连接关系表及其空间数据层

值组合成新的连接关系表中的一条新记录。

　　一旦生成了新的连接关系表，图 8-13 所示的 GIS 软件中间地图窗口就可以利用新生成的连接关系表中的"土地类型名称"字段数值，在地图中显示每个地块的类型名称了。

8.3.4 空间数据库

　　目前，大多数空间数据库都是以关系数据库的形式存储的，也就是把空间数据的属性数据表用关系数据库的关系表来存储，同时把空间数据的坐标数据也存储在关系表中一个**二进制大对象**（binary large object，BLOB）数据类型的字段中。BLOB 数据类型的字段除了可以在关系表中存储 GIS 的坐标数据、栅格数据以外，还常常被用来存储图像数据、音频数据和视频数据。如图 2-12（a）所示，微软 Access 关系数据库表中的第二个字段 shape 的数据类型就是 BLOB，它存储的是"长二进制数据"。其中每一条记录的该字段存储了一个行政区的边界坐标数据。

　　空间数据以数据库形式存储的另一个优势在于可以把多个不同数据层的空间数据组织在一个数据库中，例如，图 8-4 中显示了用 Shapefile 文件存储的等高线数据和行政区数据，其中等高线数据是矢量线数据，行政区数据是矢量面数据。使用 Shapefile 文件存储这两类空间数据就要分成很多个不同的文件。而如果使用空间数据库来存储这两类空间数据，就通常可以使用一个数据库文件来存储它们。例如，可以用一个微软 Access 数据库文件（扩展名为 mdb）来存储这两个空间数据，也可以用一个 GeoPackage 数据库文件（扩展名为 gpkg）把这两个空间数据都存入其中。

代表性的常用空间数据库有 ArcGIS 支持的 Geodatabase、OGC 制定的 GeoPackage、商用的微软 SQL Server Spatial 和开源的 PostGIS 等。

8.3.4.1 ESRI 的地理数据库

地理数据库是 ESRI 公司设计实现的空间数据库，它有三种实现形式：①采用微软公司的 Access 数据库文件来存储，称为个人地理数据库；②采用文件夹形式存储，称为文件地理数据库；③采用数据库服务器的方式存储。不管采用哪种形式存储，其内部数据的组织和结构（即数据库的模式）都是一致的。

1. 个人地理数据库

个人地理数据库使用微软公司的 Access 数据库文件来存储空间数据。Access 文件扩展名为 mdb，如图 2–12（a）所示就是一个存储了各个行政区边界空间数据的个人地理数据库。对该数据库只要用微软公司的 Access 软件打开 mdb 文件，就可以看到数据库中的表及表中的数据。用户也可以通过 ArcGIS 中的空间数据库管理系统软件 ArcCatalog 或 QGIS 来管理其中的空间数据（包括坐标几何数据和属性数据）。

2. 文件地理数据库

文件地理数据库使用一个文件夹，然后在这个文件夹下面存储一组文件来实现对数据库中数据的存储。这个文件夹通常用 gdb 作为扩展名。如果进入这个文件夹，就可以看到有很多文件被用来表示数据库的内部结构。用户并不需要弄清楚这些文件具体的含义，就可以使用 ArcCatalog 软件来对数据库进行各种管理工作。

3. 服务器地理数据库

ESRI 公司的空间数据库也可以采用运行于服务器计算机上的关系数据库系统来存储，例如使用微软公司的 SQL Server、Oracle Database、PostgreSQL、IBM DB2 和 MySQL 等。在使用这些数据库管理系统存储空间数据的时候，ArcGIS 通过一款被称作空间数据库引擎（spatial database engine，简称 SDE）的软件在上述的数据库系统中来完成，包括创建、导入、删除和修改各种形式的空间数据。

ESRI 公司的地理数据库内部是分成三个层次来存储和组织空间数据的，如表 8–2 所示，从左到右分别是地理数据库、要素数据集和要素类。最左边是地理数据库，在地理数据库下面可以包含要素数据集。要素数据集就是存储具有相同坐标系和区域范围的要素类的集合。

表 8-2　ESRI 地理数据库的组织层次与数据内容

第一层次	第二层次	第三层次
地理数据库 Geodatabase	要素数据集 Feature Dataset	点要素类 Point Feature Class
		线要素类 Line Feature Class
		面要素类 Polygon Feature Class
		地形数据集 Terrain Dataset
		网络数据集 Network Dataset
	要素类（点、线、面）Feature Class	
	栅格数据集 Raster Dataset	
	表与关系类 Table & Relationship Class	

　　要素数据集是可选的，也就是说要素数据集可有可无，可以在地理数据库下面包含要素数据集，也可以不包含要素数据集，而直接包含要素类。要素类指的就是具有相同的几何类型的空间数据层，比如点、线、面数据层等。当然，要素类中也包含属性数据。一个要素类相当于一个 Shapefile 文件。

　　要素数据集的作用表现在两个方面：①当所有的要素类都是同样一个地区的数据时，比如都是江苏省的空间数据（即江苏省的地形、江苏省的河流等），而且它们的地理坐标系和投影坐标系都相同，那么就可以把它们放在同一个要素数据集里。地理坐标系、投影坐标系和区域范围等这些空间元数据都设置在要素数据集里面，就不需要为每一个要素类分别定义它们各自的空间元数据了，这样管理起来比较方便；②当需要表达具有复杂拓扑信息的空间数据如道路网络和不规则三角网的地形数据时，也往往把多种不同几何类型的矢量数据组织在一个数据集的下面，例如网络数据集和地形数据集。

　　地理数据库还可以存储栅格数据，也可以存储单独的关系表，单独的关系表不是空间数据的属性表，但是可以和空间数据的属性表通过外关键字连接。

8.3.4.2 OGC 的 GeoPackage

　　OGC 指的是开放地理空间联盟（Open Geospatial Consortium）。它是一个制定与空间数据和服务相关的标准的非营利性国际标准化组织。GIS 软件商按照这些标准开发 GIS 相关软件产品就可以保证空间数据的互操作性。GeoPackage 就是 OGC 制定的一个开放性的、基于标准的空间数据库存储格式。它使用 SQLite 数据库来存储矢量数据、栅格数据和非空间的属性数据表。SQLite 是一个轻量级的、高效、开源的关系数据库引擎，这使得 GeoPackage 的应用领域非常广阔。

一个 GeoPackage 数据库通常是一个以 gpkg 为扩展名的文件。用户可以在其中存储多层矢量和栅格数据。ArcGIS 和 QGIS 等通用 GIS 软件都具备处理 GeoPackage 数据库的功能。

8.3.4.3 其他空间数据库

现在，大部分数据库系统都提供了在表中直接存储空间数据的功能，例如，微软 SQL Server 数据库具有 SQL Server Spatial 空间数据库、Oracle 数据库有 Oracle Spatial and Graph、PostgreSQL 数据库有 PostGIS、IBM DB2 数据库有 Spatial Extender、MySQL 数据库有 Spatial Extension 等。

ArcGIS 和 QGIS 等通用 GIS 软件都具备连接到上述这些数据库，并使用存储在这些数据库中的空间数据的功能。

复习思考题

1．Shapefile 文件主要由哪些不同的文件组成？这几类文件分别存储了什么数据？

2．请论述使用文件的形式来管理空间数据存在哪些优点和不足。

3．请说明常规的数据库由哪些部分组成，什么是关系数据库，什么是关系数据库的表、记录、字段和关系。

4．关系数据库中的关系有哪三种形式？请分别举例说明。

5．请举例说明关系表如何通过关键字进行连接。

6．空间数据库中通常使用哪种数据类型来存储空间实体的坐标数据？

第 9 章 空间数据——查询与量算

我国明朝永乐年间编撰的《永乐大典》包含了目录 60 卷、正文 22 877 卷、约 3.7 亿字的内容，汇集了古代图书七八千种。它被《不列颠百科全书》在"百科全书"条目中称为"世界有史以来最大的百科全书"，成为中国文化的一个重要标志。

不过，在这样浩如烟海的文献中查找资料，是一件相当费时费力的工作。一个 GIS 同样会存储大量不同类型的空间数据，如何高效准确地从中查找到用户需要的数据，这就取决于特定的空间数据查询方法。本章主要介绍空间数据查询与量算的技术方法。

电子教案 第 9 章

9.1 空间数据查询

所谓空间数据**查询**（query），简单来讲就是用户通过设置某些查询条件，从空间数据文件或者空间数据库中选取全部或者部分符合条件的几何坐标数据和属性数据，并以图形、图表的形式显示这些被查出的数据，供用户浏览或进一步分析计算的过程。

空间数据查询根据查询条件可以分成两大类：①属性约束条件的查询，或称为属性查询；②空间约束条件的查询，或称为空间关系查询。

属性约束条件指的是在这个查询条件中只牵涉到空间数据的属性数值，而和空间位置数据无关。如图 9-1 所示，在江苏各地级市的空间数据中，属性表有一个字段"2017 年人口（万人）"存储了江苏省每座城市 2017 年以万人为单位统计的人口数，那么就可以根据这个字段的数值，查询出 2017 年江苏省的所有人口超过 500 万的地级市有哪些。

这个查询操作只牵涉到属性数值，与空间位置无关。查询出的结果，被显示在右边的属性表窗口中（深色显示），同时使用加亮颜色的地图符号把这些城市的位置显示在中间的地图窗口中，也就是其中深色的圆形符号表示符合查询结果的 500 万人口以上的城市，其他白色的圆形符号表示的城市人口低于 500 万，不满足查询条件。

而查询空间约束条件，就是根据空间的位置关系来进行查询，例如，图 9-2 所示是要查

图 9-1　属性约束条件查询结果

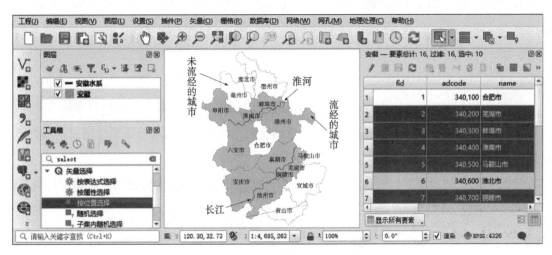

图 9-2　空间约束条件查询结果

询长江和淮河流经安徽省的哪些地级市。这里有两个空间数据：一个是表示河流的矢量线数据，另一个是表示安徽省各个地级市的矢量面数据。在地图窗口或属性表窗口中选定长江和淮河，然后根据它的空间位置进行查询，就可以找到长江和淮河流经的 10 座地级市。这些查询到的地级市，其空间数据在图形窗口中用不同于其他地级市的颜色（深色）显示，它们的属性数据在右边的属性数据表窗口里也被使用加深的颜色区别显示。

　　不同的空间数据查询一般都遵循一个相似的查询过程，这个过程一共分成五个步骤：①用户对查询需求的分析。这一步是要思考清楚到底需要查询什么内容。②在 GIS 软件中进行人工查询操作或输入查询条件，以及查询内容，由 GIS 自动查询，即根据需要写出一系列关于查询的计算机语句，这些查询语句是用特定的计算机语言如 SQL 来编写的。把属性约束条件或空间约束条件用查询语言表达出来。③ GIS 将查询语言传递给空间数据库。④空间数据库接收这个查询的要求以后，使用空间数据库管理系统功能，对空间数据库中存储的数据进行查询处理。⑤空间数据库把查询到的结果返回 GIS 软件，GIS 软件通常会把查询到的结果用高亮的颜色突出显示给用户。

9.1.1 属性查询

属性查询是指查询空间数据中满足某一个属性约束条件的数据。GIS 中的属性查询又可以分成两种：①简单的属性查询，或者称为查找；② SQL 属性查询，或者理解成比较复杂的属性查询，即通过 SQL 语言描述的条件查询。

9.1.1.1 简单的属性查询

最简单的属性查询叫作查找。查找并不需要构造复杂的查询命令，用户只要选取一个空间要素，GIS 软件就可以找到相应的属性记录；反之，如果用户选取一条属性记录，那么 GIS 软件也可以找到对应的空间要素。

如图 9-3 所示，左边的地图窗口显示的是上海市行政分区的空间数据，右边窗口里显示

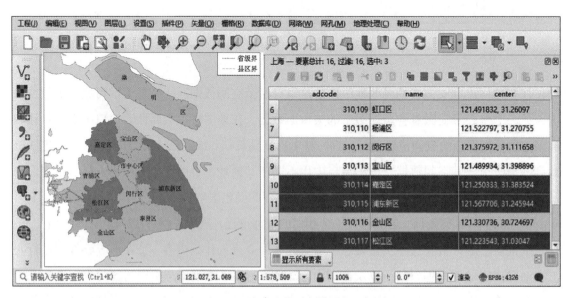

图 9-3　简单的属性查询（查找）

的是属性数据表。在查找某个区的属性数据的时候，只要用鼠标在地图窗口里点击要查的那个区的图形，它就会被选中并高亮显示（图中深色）。同时，在右边的属性数据表窗口中也会高亮显示被选择的区的属性记录。

简单的属性查询在 GIS 软件里一般有三种常规的操作方法：单击与拉框选取、画圆选取和画多边形选取。

1. 单击与拉框选取

单击与拉框选取就是移动鼠标，在 GIS 的空间数据图形显示窗口中找到相应空间要素的位置，然后只要点击一下鼠标左键，就可以选中这个空间要素。或者按下鼠标并拖动，计算机屏幕会显示一个动态的矩形框，然后释放鼠标，被框中的空间要素就被选中。当需要同时选中多个空间要素的时候，可以按住键盘上的上档键（Shift 键）不放，再用鼠标逐个单击。按住 Shift 键不放，重复单击同一个空间要素，可以在选中和取消选中状态之间切换，即原来选中的变为取消选中，原来没有被选中的则被选中。

2. 画圆选取

画圆选取是先用鼠标在显示窗口中单击一下设定圆心的位置，然后移动鼠标改变圆的半径到适当的大小，最后再点击鼠标左键画出圆形。也可以通过键盘输入圆的半径。这个圆所覆盖到的空间要素被选中，同样其对应属性记录也会被查找出来，如图 9-4（a）所示。

3. 画多边形选取

画多边形选取是在 GIS 软件的地图显示窗口里用鼠标逐个单击，输入多边形边界上的坐标点的位置，从而画出一个多边形的形状。这个多边形的形状所覆盖到的空间要素就会被选中，如图 9-4（b）所示。

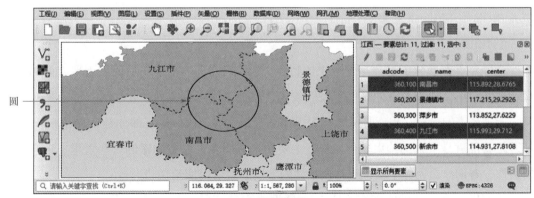

（a）画圆选取

（b）画多边形选取

图9-4　画圆选取和画多边形选取

图中圆发生了变形，但在GIS软件中，它是正圆

9.1.1.2 SQL属性查询

较为复杂且功能强大的属性查询方法是用SQL语言来查询。SQL指的是**结构化查询语言**（structured query language，简称SQL）。它是一种具有特殊目的的编程语言，即数据库查询语言，一般用来在关系数据库中存取、查询、更新和管理数据。所有的关系数据库系统都支持SQL，包括甲骨文公司的Oracle、微软公司的SQL Server，开源的PostgreSQL，等等。SQL成了数据库系统的标准化配置软件。

几乎所有的GIS软件都支持SQL查询。用户可以用SQL在各种空间数据库中查询所需要的属性数据，只要用SQL语句写出查询的条件和查询的内容即可。

SQL属性查询语句的基本语法相对比较简单，通常是如下三个部分的形式：

SELECT　　　 <字段名称>

FROM　　　　 <关系表>

WHERE　　　 <查询条件>

这里介绍一下SQL这三个部分中的特点。第一部分是SELECT后面跟着要查询的属性字段名称的清单，如果要查询哪些字段的数值，就把字段名称罗列在此。第二部分是FROM后面跟上关系表的名称，也就是从哪些表里面去查询这些字段。第三部分是WHERE条件子句，其后跟着的就是查询的约束条件。SQL主要用来说明在关系数据库的哪些表里、根据什么样的条件、查询什么属性字段，把符合条件的字段的数值返回给用户。

下面以一个具体的实例来说明SQL属性查询的情况。如图9-5所示，有一条江苏省地级市的空间数据显示在地图窗口里，该空间数据的属性表显示在左边的窗口，属性表中包

地级市空间数据的属性表 地级市空间数据 江苏统计数据表

图 9-5　江苏省地级市的空间数据和属性表、统计数据表

含了各地级市的名称字段（NAME）等信息。另外有一张关系表"江苏统计数据"显示在右边窗口中，表中主要是各地级市的城市名称、GDP（亿元）、2017 年人口（万人）和人均 GDP（元）等信息。

现在需要查询江苏 13 个地级市中 GDP 大于 2 000 亿元的地级市有哪些，且分布在哪里。查询需要得到这些地级市的名称，以及具体的 GDP 数值。因此，可以写成如下的 SQL 属性查询语句：

> SELECT　　" 江苏地级市 "."NAME"," 江苏统计数据 "."GDP(亿元)"
>
> FROM　　　" 江苏地级市 "," 江苏统计数据 "
>
> WHERE　　" 江苏地级市 "."NAME" = " 江苏统计数据 "." 城市名称 " AND
>
> 　　　　　" 江苏统计数据 "."GDP(亿元)" > 2 000

SELECT 那一行语句后面跟着的部分说明了要把属性表"江苏地级市"中地级市的名称字段"NAME"作为查询结果的一部分，查询结果的另一部分是"江苏统计数据"中地级市的 GDP 字段"GDP（亿元）"。

FROM 这一行的后面跟着的是要查询的两张表的名称，一张是"江苏地级市"，另一张是"江苏统计数据"。

WHERE 条件子句后面跟着两个属性约束条件，这两个条件用逻辑运算符 AND 连接起来共同起作用。第一个条件是通过"江苏地级市"表中的"NAME"字段和"江苏统计数据"表中的"城市名称"字段的相等，把两张关系表连接（join）起来，形成一张完整的表。第二个条件是"江苏统计数据"表的"GDP（亿元）"字段所表达的数值要大于 2 000 亿元。

GIS 软件通常都具有数据库管理相关的功能，SQL 属性查询往往就在相应的数据库管理功能之中。如图 9-6 所示，在这款 GIS 软件数据库管理功能的对话框窗口中，用户可以输入 SQL 属性查询语句，然后单击"执行"按钮，就会得到查询结果，并显示在下面的窗口里。可以看到江苏省 GDP 超过 2 000 亿的地级市有 3 个，图 9-6 中窗口显示了这三个地级市的名称字段"NAME"和具体的 GDP 数值，即苏州、南京和无锡的 GDP 数值。

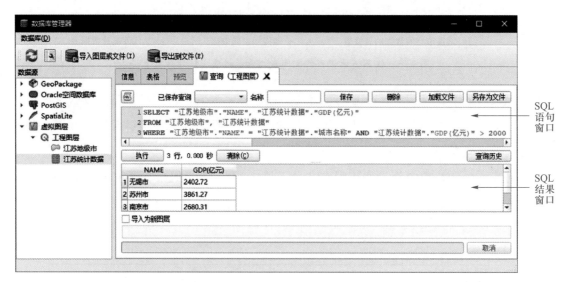

图 9-6　SQL 属性查询语句和查询结果

用户如果觉得 SQL 语句语法比较复杂，担心写出的语句出现错误而不能被正常地执行，那么可以使用 GIS 软件提供的交互式 SQL 属性查询语句生成功能。用户不需要完整地用键盘键入 SQL 属性查询语句的每一个部分，只需要通过软件界面上提供的选项来生成一段语法正确的 SQL 属性查询语句。例如，只要选择需要查询的表格，选择要查找的属性字段，选择操作符来搭建查询条件等，就可以按照约束条件生成 SQL 属性查询语句。

此外，GIS 通常都提供了基于 SQL 属性查询并将查询结果另外保存为新的空间数据的功能，这个功能常常称为"按属性**提取**（extract）"。按属性提取功能可以将满足用户所设置的 SQL 属性查询条件的所有空间要素（包括空间位置坐标和属性表记录）另外存储为一个新的空间数据。

9.1.2 空间关系查询

GIS 空间数据库和常规数据库的最大不同点就在于：常规数据库只存储常规的字符和数值形式的属性数据，而空间数据库里还包含空间数据的几何坐标位置数据。在常规数据库中使用的 SQL 语言只能进行数据表中的一些属性数值的查询操作，并不支持空间数据之间的空间关系的查询。

因此，为了支持空间数据库的查询功能，需要在现有的 SQL 语句基础之上进行功能扩充，扩充它的**谓词**（predicate）。谓词指的就是它的查询功能，也就是说将属性约束条件和空间关系约束条件一起结合到 SQL 语句里，形成一个在空间查询方面扩展了的具有几何谓词功能的 SQL，使这种 SQL 既可以查询常规的属性，又可以查询空间位置关系。

GIS 中的空间关系查询又叫作**拓扑关系**（topological relation）查询。拓扑关系指的就是在空间中的相对位置关系，也就是空间实体之间彼此在空间位置上的相互关系。拓扑关系一般不随空间变换而改变，所谓空间变换指的就是类似于几何变换、地图投影变换，等等。通过空间变换，空间实体的形状可能会发生变化，但彼此之间的空间位置关系是不会改变的。例如，江苏省和上海市之间在空间位置上是相邻的拓扑关系。所以，即使采用不同的地图投影变换，江苏省和上海市在地图上的形状都会发生不同的变化，但江苏省和上海市相邻的空间关系永远不会改变。

在 GIS 中能够查询的常用空间拓扑关系有如表 9-1 所示的八种，GIS 软件中通常都可以运用这些几何谓词进行空间要素之间的空间位置查询。值得注意的是，表 9-1 中的图示虽然使用了面状的图形来表示它们之间的空间拓扑关系，但在实际情况下，这些空间拓扑关系也可以体现在点要素、线要素和面要素之间。其中，点要素的内部和边界是其自身位置，线要素的边界是其两边的两个端点，面要素的边界是围绕其一圈的线。

表 9-1　GIS 空间数据拓扑关系查询种类

几何谓词	功能说明	图示
disjoint 不相交	A 和 B 的边界和内部都不相交	
contain 包含	若 B 的边界和内部都完全处于 A 的内部，则 A 包含 B	

续表

几何谓词	功能说明	图示
inside 内含于	和包含的意义相反，A 在 B 的内部等价于 B 包含 A	
equal 相等	A 和 B 具有相同的边界和内部	
touch 接触	A 和 B 边界相交，但内部不相交	
cover 覆盖	若 B 的内部完全处于 A 的内部或边界，B 和 A 的边界相交，则 A 覆盖 B	
cover by 被覆盖	和覆盖相反，A 覆盖 B 等价于 B 被 A 覆盖	
overlap 交叠	A 和 B 的内部和边界都相交	

9.1.2.1 disjoint（不相交）关系查询

例如，在中国各个省级行政区的空间数据中，如何查询与湖北省不接壤的省级行政区有哪些?

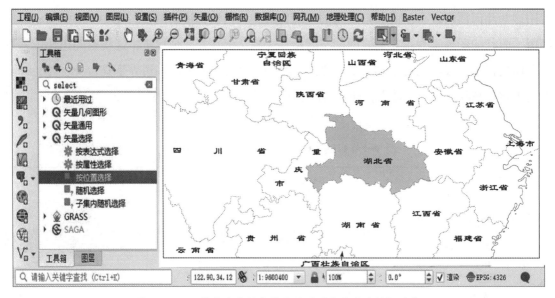

图 9-7　GIS 软件中空间查询使用的"按位置选择"功能

在 GIS 软件中先选中湖北省，然后使用"按位置选择"功能，如图 9-7 所示。

在如图 9-8 左侧所示的"按位置选择"对话框窗口中，在 Where 条件子句中可以选择若干种几何谓词来指定要查询的空间关系，例如，如果勾选了"不相交"几何谓词复选框，就可以查询与湖北省不直接接壤的省级行政区。

从图 9-8 右侧的结果显示窗口中可以看出，这些查询到的省级行政区（深色）与湖北省既没有边界的相交，也没有内部的相交，符合 disjoint 的条件。而那些在湖北省周边与湖北省接壤的省级行政区，则没有被查询到，它们在结果窗口中还是以原来的颜色（浅色）显示。这个例子查询的空间关系是在同一个数据层中空间要素之间的位置关系。

图 9-8　使用 disjoint 几何谓词查询与湖北省不接壤的省级行政区的结果

9.1.2.2　contain（包含）关系查询

包含关系指的是一个空间要素完全包含了另一个空间要素的内部和边界。例如，需要查询哪些省级行政区包含了南阳和襄阳这两座城市。这需要两个空间数据层，一层数据是中国省级行政区的矢量面要素空间数据，另一层数据是各个地级市的矢量点要素空间数据。

在地级市的矢量点要素空间数据里，通过属性查询找到南阳和襄阳这两座城市。当然，这个时候凭借肉眼也能够看出它们分别被包含在河南和湖北省内。但用户需要的是让 GIS 软件来判断，特别是被查询的要素数量多的时候就只能依靠 GIS 软件而不能靠人的肉眼了。

如图 9-9 所示，在"按位置选择"对话框中设置使用"包含"几何谓词，查找到空间包含这两座城市的两个省级行政区（深色显示）。

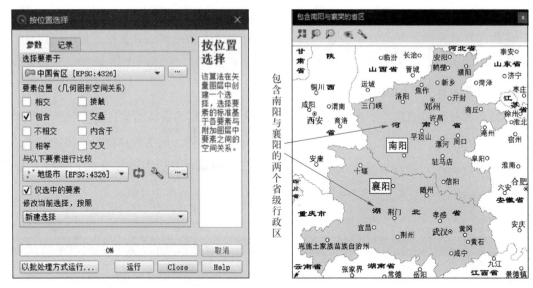

图 9-9 使用 contain 几何谓词查询河南湖北两省分别包含南阳襄阳两座城市的结果

9.1.2.3 inside（内含于）关系查询

内含于的空间关系与包含关系相对，例如，要查询哪些地级市处在山东省的内部。可以在 GIS 软件里先选中山东省的空间数据，然后在"按位置选择"对话框窗口里设置"内含于"几何谓词，即可得到所有处在山东省内部的地级市的查询结果，如图 9-10 所示的深色区域里的地级市。与 contain 相似，inside 通常也是查询两个不同数据层之间的包含关系。

图 9-10 使用 inside 几何谓词查询处在山东省内部的地级市的结果

9.1.2.4 touch（接触）关系查询

接触空间关系指的是边界相接。例如，要查询和湖南省接壤的省级行政区，就是把所有和湖南省有边界相接触的省级行政区查找出来。在 GIS 软件里先选中湖南省的空间数据，然后在"按位置选择"对话框中勾选"接触"几何谓词，即可实现 touch 关系查询。如图 9-11 所示，与湖南省接壤的几个省级行政区被选中，以深色显示。

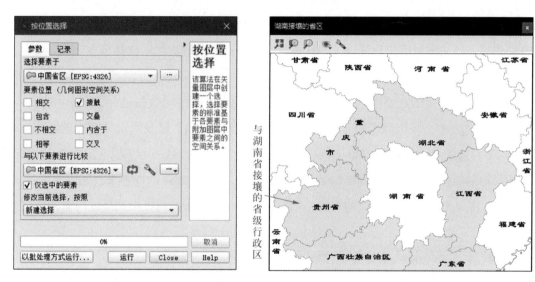

图 9-11　使用 touch 几何谓词查询与湖南省接壤省级行政区的结果

9.2　空间几何量算

除了属性数据的查询和空间关系数据的查询功能以外，在 GIS 中还需要一些特殊的空间几何数据查询功能。这里所称的空间几何数据查询主要是指几何量算，包括空间数据距离量算、长度量算、面积量算和质心量算等。

9.2.1　距离量算

距离量算通常是指计算空间数据里两个空间要素之间的最短距离，也称为欧氏距离。两

个点要素 (x_1, y_1) 和 (x_2, y_2) 之间欧氏距离 d 的计算公式非常简单，如下所示：

$$d = \sqrt{(x_1 - x_2)^2 + (y_1 - y_2)^2}$$

（9-1）

在 GIS 中，通常应用距离量算的时候，不是计算简单的两个点之间的距离，而是计算一个点要素到其他点要素、线要素或者面要素之间的直线距离。例如，可以计算每个城市各自到离它们最近的河流的直线距离。如图 9-12 所示，有两个空间数据，一个是用点要素表示的四川省的地级市，另一个是用线要素表示的四川省的主要河流。GIS 可以对每一个地级市找出它到哪一条主要河流距离最近，并计算出它到这条河流的直线距离是多少。

在 GIS 软件中使用"距最近枢纽（点）"的功能，可以实现最近距离的量算。计算的结果会被保存到一个新的点要素空间数据中，这个新的点要素空间数据包含了原来所有的点要素，但在属性表中，仅记载了每个点要素最近的河流的名称，以及到这条河流的距离数值。在图 9-12 右边的属性数据表窗口中，可以看到有 3 个字段：第一个字段 NAME 的内容来自四川地级市的属性数据，是地级市的名称；第二个字段 HubName 的内容来自四川主要河流的属性数据，是地级市最近的河流的名称；第三个字段 HubDist 是地级市到最近河流的距离。

图 9-12　计算点要素（城市）到最近线要素（河流）距离的实例

9.2.2 长度量算

长度量算就是计算线要素的长度。GIS 中的线要素比如河流、道路等，通常在矢量数据中表示为许多坐标点的序列。这些坐标点如果在二维平面里，那么每个点都有 x 和 y 坐标；

如果是在三维空间中，那么每个点除了有 x 和 y 坐标以外，还有高程 z 坐标。所以，假设一条线要素上有 n 个坐标点，则 GIS 可用下面的公式来计算这条线在二维平面内或在三维空间里的长度 l。

$$l = \sum_{i=1}^{n-1} \sqrt{\left(x_{i+1}-x_i\right)^2 + \left(y_{i+1}-y_i\right)^2 + \left(z_{i+1}-z_i\right)^2} \tag{9-2}$$

GIS 软件通常把计算出的线要素长度数据保存到其属性表中的一个字段中。如图 9-13 所示，四川省每条河流都有一个"河流名称"字段，对每条河流计算它的长度，把这个长度最后保存在河流属性表格中新增的一个字段"河流长度"中。

图 9-13　河流长度的计算实例

9.2.3　面积量算

面积量算主要是用来计算那些矢量面要素的面积，也就是矢量面要素的边界所围成的多边形面积。在 GIS 中计算一个多边形的面积通常使用梯形法，梯形法的思想是在一个平面直角坐标系中，按照多边形顶点顺序依次求出多边形所有的边和 x 轴或 y 轴之间的梯形面积，然后求它们的代数和。如此围绕着多边形旋转一圈以后，因为梯形面积有正有负，累加之后就得到最终多边形的面积。

设一个面要素边界上具有 $n+1$ 个坐标点，第一个坐标点 (x_1, y_1) 与最后一个坐标点 (x_{n+1}, y_{n+1}) 重合，则计算其面积 S 可以采用下面的公式，其中 x_i 和 y_i 表示面要素边界点 i 的坐标：

$$S = \frac{1}{2} \sum_{i=1}^{n-1} \left(x_i y_{i+1} - x_{i+1} y_i \right) \tag{9-3}$$

如果面边界上的坐标点是按顺时针方向排列的，那么计算出的面积是负值，需要取其绝对值；如果是按逆时针方向排列的，那么计算出的面积是正值。

如图 9-14 所示，需要计算宁夏回族自治区各市的多边形面积。由于原来其属性表中只有"国标代码"和"城市名"两个字段，因此可以通过运用 GIS 计算面积的功能，新增一个"面积"字段，把计算出的面积数值都保存在属性数据表中这个字段内。

对于量算较大范围的面积而言，需要将空间数据转换为等面积地图投影进行面积的量算，否则，使用上述的面积计算公式计算面积会产生较大的误差。

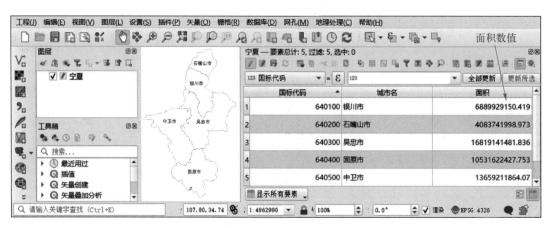

图 9-14　计算宁夏回族自治区各市的面积实例

9.2.4 质心量算

质心通常指的是一个面要素多边形的几何中心。质心的作用还可以作为在制作地图的时候在多边形中标注属性数值的参考位置。GIS 用下面的公式来计算一个多边形的质心坐标，其中，c_x 是质心的 x 坐标，c_y 是质心的 y 坐标，S 是多边形的面积。

$$c_x = \frac{1}{6S} \sum_{i=1}^{n-1} \left(x_i + x_{i+1} \right) \left(x_i y_{i+1} - x_{i+1} y_i \right) \tag{9-4}$$

$$c_y = \frac{1}{6S} \sum_{i=1}^{n-1} \left(y_i + y_{i+1} \right) \left(x_i y_{i+1} - x_{i+1} y_i \right) \tag{9-5}$$

图 9-15 所示是计算出的山西省各地区的质心，质心的坐标保存在一个点要素的空间数据中，质心以菱形符号显示在图形窗口中。

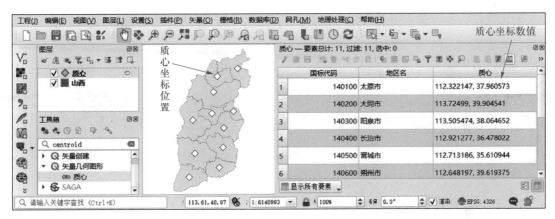

图 9-15　山西省各地区质心的计算实例

复习思考题

1．什么是属性约束查询？什么是空间约束查询？

2．简单的 SQL 属性查询语句通常包含哪三部分？各个部分分别有何作用？

3．什么是拓扑关系？请举出实例说明 GIS 中常见的拓扑关系。

4．GIS 中空间数据的距离量算和长度量算有什么不同？

5．请说明在 GIS 中计算较大范围的面积时，需要什么种类的地图投影才能获得更高精度的面积量算结果。

6．请思考面要素多边形的质心可以有哪些作用。

第 10 章　空间分析——地形分析

我国宋代大文豪苏轼曾经有诗感叹庐山的地形，曰："横看成岭侧成峰，远近高低各不同。不识庐山真面目，只缘身在此山中。"如果苏轼生活在今天，他就可以借助 GIS 的地形分析功能，科学地认清庐山的真面目。地形分析功能是 GIS 空间分析的一种，本章首先从 GIS 的空间分析原理开始介绍，然后介绍数字地形分析的方法。

10.1 空间分析概述

前面几章介绍过 GIS 有五个基本构成，分别是系统硬件、系统软件、空间数据、应用模型和应用人员。系统硬件和系统软件在第 2 章进行了介绍，空间数据方面的内容在第 3 章到第 9 章进行了介绍。从第 10 章开始到第 15 章，则重点介绍 GIS 的第四个基本构成，就是和空间分析有关的应用模型。

由于应用模型是由各种空间分析组成的，因此第 10 章介绍空间分析中的地形分析，第 11 章介绍空间分析中的叠置分析，第 12 章介绍空间分析中的邻近分析，第 13 章介绍空间分析中的路径分析，第 14 章介绍空间分析中的统计分析。在介绍完这些空间分析方法后，本书在第 15 章介绍如何把这些空间分析方法和分析过程集成为应用模型的内容。

10.1.1 空间分析的概念

从 GIS 的工作流程来看，通常先进行空间数据的输入，然后进行空间数据的处理，最后进行空间数据的存储和查询。在完成这些步骤以后，就可以进行空间分析了。空间分析是对空间实体的定量和定性研究，也就是对空间数据的位置和它的属性这两方面进行计算，通过计算能够产生新的空间定位数据和属性数据，并且从中获得新的地理信息，这样的分析方法和分析过程就称为 GIS 的空间分析。

可以看出，空间分析是 GIS 的核心功能。空间分析能力是 GIS 区别于一般的信息系统的重要功能，也是一个用来评价 GIS 有效性的重要指标。空间分析的目的，就是经过多步骤、多种类的空间分析方法，为 GIS 用户的分析、预测、决策等实际工作提供有用信息。

10.1.2 空间分析种类

GIS 中空间分析功能的种类极其繁多，因此需要对整个 GIS 中众多的空间分析方法进行种类的划分，以帮助读者对此形成系统性的认识。在对空间分析进行分类的时候，通常有不同的分类方法，用这些不同的分类方法可以得到不同的分类结果。任何一种分类方法，都是从某一个方面对 GIS 中的空间分析进行系统性的描述。人们通常从空间数据模型和空间分析性质两方面来对空间分析进行分类。

10.1.2.1 按照空间数据模型分类

空间分析的第一种分类方法是按照空间数据模型来进行。按照空间数据模型可以大致把所有的空间分析分成两大类，第一类叫作矢量数据空间分析，第二类叫作栅格数据空间分析。这正好和空间数据模型分两大类是对应的。

1. 矢量数据空间分析

GIS 中的空间数据模型分为矢量数据模型和栅格数据模型，那么空间分析也可以按照空间数据模型来进行划分。矢量数据空间分析，指的是在做空间分析时，输入数据是矢量数据，输出数据同样也是矢量数据，如图 10-1（a）所示。

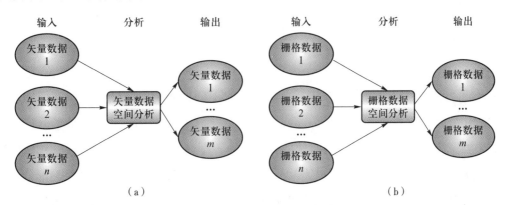

图 10-1　矢量数据空间分析和栅格数据空间分析

图 10-1（a）就是一个典型的矢量数据空间分析的流程图，其中用椭圆表示输入和输出空间数据，用圆角方框表示空间分析。所有的输入数据都用一个箭头指向要做的空间分析，这个空间分析也用箭头指向了其产生的输出数据。如果输入数据是矢量数据，产生的输出数据依然也是矢量数据，那么这样一种空间分析就可以称为矢量数据空间分析。

2. 栅格数据空间分析

栅格数据空间分析指的是输入数据和输出数据都是栅格数据的空间分析，如图 10-1（b）所示。

10.1.2.2 按照空间分析性质分类

空间分析的第二种分类方法是按照空间分析性质来进行。据此又可以将其分成以下几大类型：①数字地形分析；②空间叠置分析；③空间邻近分析；④空间路径分析；⑤空间统计分析；等等。

当然，用这样一种分类方法划分并没有穷尽所有的空间分析类型，还有一些其他的空间分析不在其中。因为，虽然 GIS 中的空间分析种类很多，例如，常用的 GIS 软件中通常都有空间分析的工具集，其中汇集了众多的空间分析功能，但是上述的五种空间分析类型是最为基础和重要的，合理地运用它们，几乎可以覆盖绝大多数的 GIS 应用需求。所以，本书后续的章节主要就按照空间分析性质来介绍每一种类的空间分析中具体有哪一些空间分析方法。在这些不同性质的空间分析方法中，有些属于矢量数据空间分析，另一些则属于栅格数据空间分析。

10.2 数字地形分析

在介绍了空间分析的概述性知识后，接下来对不同性质的空间分析类型进行具体的介绍，首先介绍的是**数字地形分析**（digital terrain analysis）这部分内容。数字地形分析主要指的是基于数字高程模型数据对地形特征的分析计算，即数字地形分析是通过在 DEM 数据上的计算，获得对地形的各种特征的描述及其认识（汤国安，2019）。所以，数字地形分析的输入数据就是 DEM，而经过数字地形分析得到的输出结果，也是一种用来描述与地形某种特征相关的空间数据，如地形坡度、坡向、地表曲率（马劲松，2020）等。

10.2.1 数字高程模型的类型

GIS 中的数字高程模型是一个相对宽泛的概念，可分别从广义和狭义上去理解，得到不同类型的数字高程数据。但不管是从哪个方面去理解，数字高程模型都是用来表达地球表面地形的起伏状况的，即用来表达某一个区域地形的海拔高度（高程）的数值分布的数据。

10.2.1.1 狭义的数字高程模型

狭义的数字高程模型是由美国地质调查局（USGS）提出的 DEM 概念，用来数字化显示地形的起伏状况。这是一种矩阵形式的高程数据，它由按行、按列顺序规则排列的高程点来表示其所在位置的高程数值。在表示高程数值的时候，它又可以分为两种具体的形式：①基于点位置的数字高程模型；②基于栅格单元的数字高程模型。

1. 基于点位置的 DEM（point based DEM）

基于点位置的 DEM 如图 10-2（a）所示，它所表达的高程位置是由矩阵形式的空间高程点来指定的。每个高程点都有一个 x 坐标和 y 坐标表示平面位置，以及一个相应的 z 坐标表达高程数值。这里的 x 坐标和 y 坐标可以是经过地图投影以后的平面坐标，也可以是经纬度坐标。如果将这些点依次连接起来，就形成一个曲面，可以用它来表示地形的起伏状况。USGS 的 DEM 就是基于点位置的 DEM。

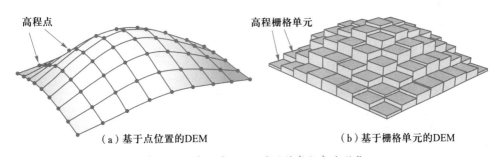

高程点　　　　　　　　　　　高程栅格单元

（a）基于点位置的DEM　　　　　　　（b）基于栅格单元的DEM

图 10-2　狭义的 DEM 的两种高程表达形式

2. 基于栅格单元的 DEM（cell based DEM）

基于栅格单元的 DEM 又称为栅格 DEM，是指把整个空间分割成按行列规则排列的方形栅格单元，在每一个小的栅格单元面积里，都存储一个高程数值，这个数值代表的是整个方形栅格单元面积所具有的统一高度，如图 10-2（b）所示。在 GIS 软件中使用得比较多的正是这种栅格 DEM。本书后面讨论的数字地形分析方法，主要以栅格 DEM 作为输入数据。

10.2.1.2 广义的数字高程模型

GIS 中广义的数字高程模型指的是一切用数字的形式来表达的地形高程分布数据。所以，它们除狭义的栅格 DEM 以外，还包括不规则三角网、**等高线**（contour line）和**等深线**（depth contour）等。

此外，还可以加上一些地形特征点和地形特征线作为数字地形的补充表达。地形特征点可以是局部地形的极大值或极小值位置，如山峰的位置，或是特定的高程测量点位置等。地形特征线是指地形上突然发生改变的地方，例如，坡度或坡向突然改变的地方，这些地方往往是山脊线或者谷底线（通常是山区河流所在的位置）。地形特征线对描绘精细的地形非常有用，可作为广义的数字高程模型的一部分。

1. 栅格 DEM

栅格 DEM 是狭义的 DEM，是以栅格矩阵形式存储的高程数据。如图 10-3 所示，在 GIS 软件中栅格 DEM 通常可以用二维和三维两种方式显示。二维显示栅格 DEM 要使用不同的颜色或不同深浅的灰度来显示不同的高程。三维显示栅格 DEM 就可以用透视场景图的方式直观形象地展示地形的起伏状况。用户可以在 GIS 软件中通过鼠标操作，从不同的方向和角度来观察三维显示栅格 DEM 的特征。

栅格 DEM 的优点在于数据结构简单，就是用一个数值矩阵就能将栅格矩阵存储起来，而且它便于计算处理，对它的算法在 GIS 中比较容易实现。而它的不足之处在于当用较高的空间分辨率来表达地形的时候，数据量会非常大。所谓较高的空间分辨率就是指栅格 DEM 中的栅格单元面积尽量小，让一个确定空间范围的栅格 DEM 保存更多的行列栅格单元。这样就能表达更多的地形细节特征，但是栅格 DEM 的数据量往往会增加很多。

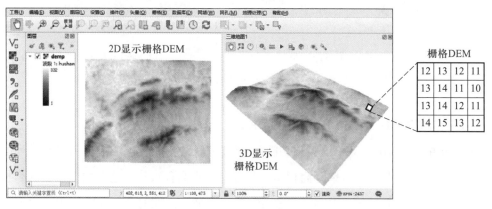

图 10-3　栅格 DEM 的二维显示和三维显示
这里 D 是 dimension（维度）的简称

2. 不规则三角网（TIN）

不规则三角网也属于广义的数字高程模型。如图 10-4 所示，在地形表面上铺满了大大小小不规则的三角形，这些三角形彼此相连，形成一片网状结构，覆盖了整个地形表面。于是可以用这些三角形表面近似地表示地面，那就是不规则三角网。

不规则三角网的组成有三个元素，即：顶点、边和三角面。其中，每一个三角形的顶点都是具有高程数值的点，具有（x, y, z）三维坐标；连接两个邻近顶点的线段是三角形的边；而三个邻近顶点由三条边相连接，就形成一个空间三角面，即三角形平面。这个空间三角面被用来近似地代表三角形三个顶点之间局部区域的地形表面，如图 10-4 所示。

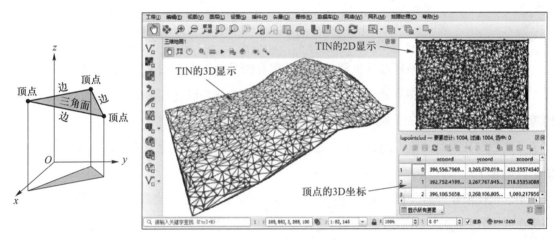

图 10-4　不规则三角网的组成与显示

GIS 中不规则三角网是通过连接大量的离散测量点生成的，连接的方法是一种叫作**德劳内三角化**（Delaunay triangulation）的算法。德劳内三角化算法以俄罗斯数学家德劳内（Boris Nikolaevich Delone，1890—1980）的名字来命名，该算法主要用于通过点数据集来创建由不重叠的相连三角形构成的网络，即在平面中由一些离散分布的数据点组成的集合。德劳内三角化算法提供了连接这些点从而形成三角形网络的规则。

德劳内三角化的离散数据点连接规则就是保持所谓的"空圆"条件。具体来说就是连接离散点形成的每个三角形，其外接圆的内部不能包含点数据集中的任何点，也就是所形成的三角形其外接圆的内部必须是空的。

图 10-5（a）所示是若干个离散点。在邻近的三个离散点连接成三角形以后，作该三角形的外接圆，判断外接圆内部是否有其他的离散点。如果圆内有其他的离散点，如图 10-5

（b）所示，就表示这样的连接方法是错误的；然后重新连接附近的离散点，如果外接圆内部没有其他的离散点，如图 10-5（c）所示，就表示这样的连接是正确的。一旦离散点的空间分布确定了以后，以这种规则连接离散点生成的三角形就唯一地确定了，如图 10-5（d）所示。

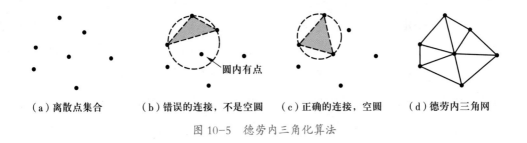

（a）离散点集合 （b）错误的连接，不是空圆 （c）正确的连接，空圆 （d）德劳内三角网

图 10-5 德劳内三角化算法

3. 等高线

广义的数字高程模型还可以包括等高线。等高线是地形图上用来表示地形高程的地图符号。因为一条等高线上高程处处相等，所以等高线是连接相同高程值的点形成的曲线，并按照**等高距**（contour interval）顺序排列。等高距就是相邻两条等高线之间的高程差距。一旦选定了等高距和高程起始值（例如 0 m 起始高程），一个地区地形图上所有可能存在的等高线数值也就确定了。

不过仅仅依靠等高线本身并不能准确地表达一些特定的地形，比如山峰、山脊线、谷底线等所在的位置。所以，人们通常在用等高线表达地形时，还会加上地形特征点、地形特征线来辅助精确地表达地形。如图 10-6 所示，GIS 软件中显示了等高线（以实线显示）、地形特征点

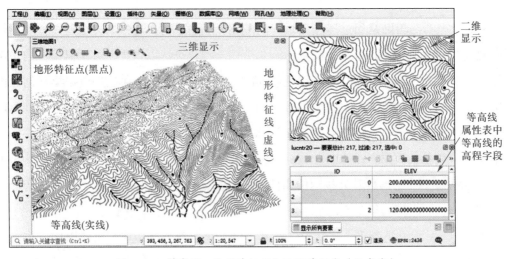

图 10-6 等高线、地形特征点和地形特征线（谷底线）

（以黑点显示）和地形特征线（谷底线，以虚线显示）。等高线为矢量线要素数据，因此在它的属性数据表中每条等高线除了具备一个标识码字段（ID）以外，通常还具备一个高程字段（图中的 ELEV 字段）。

10.2.2 数字高程模型类型的转换

虽然广义上的数字高程模型可以由栅格 DEM、不规则三角网和等高线三种不同的形式来表达，但是它们之间是可以互相转换的。也就是只要具备了其中一种数字高程模型的数据，就可以通过转换得到另外两种数字高程模型的数据。即栅格 DEM 可以转换成不规则三角网和等高线，不规则三角网可以转换成栅格 DEM 和等高线，等高线也可以转换成栅格 DEM 和不规则三角网，如图 10-7 所示。所以，在 GIS 中通常只要存储三者之一的数据即可，在应用的时候如果需要另外两种类型，通过转换就可以得到。

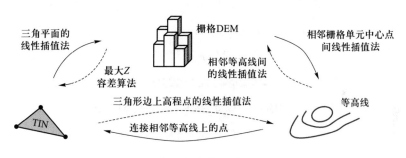

图 10-7　不同形式的数字高程模型之间转换的方法

10.2.2.1 栅格 DEM 转换生成等高线

当已有栅格 DEM 数据，需要转换生成等高线的时候，转换方法是使用相邻栅格单元之间的线性插值法来计算出等高线上的点所在的位置，再把这些插值出来的高程点连接起来形成等高线。

如图 10-8 所示，假设要转换生成一条 10 m 的等高线，可以对栅格 DEM 中每一个栅格单元都进行一次判断，判断该栅格单元与它周围的 8 个相邻栅格单元之间是否有 10 m 等高线通过。例如，判断 10 m 的高程是否处于 11 m 的栅格单元和其相邻 8 m 的栅格单元之间。如果是，就用线性插值的方法计算出在这两个栅格单元中心点之间 10 m 高程所在的位置点。当把所有 10 m 高程点位置都线性插值出来以后，将这些高程点按顺序连接成线，就得到了 10 m 的等高线。

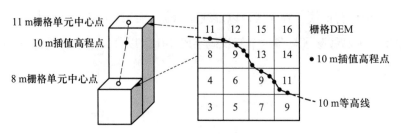

图 10-8 栅格 DEM 转换生成等高线的插值方法

10.2.2.2 TIN 转换生成等高线

从已有的 TIN 转换生成等高线的方法是对三角形边上的高程点的线性插值法。例如，图 10-9 所示是一个 TIN 数据中的一部分，有两个三角形和四个顶点，顶点旁边的数值是顶点的高程。

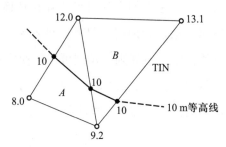

图 10-9 TIN 转换生成等高线的插值方法

如果要生成一条 10 m 高程的等高线，那么方法就是在每个三角形的边上尝试插值出 10 m 的等高线上的点，例如，在三角形 A 中，8.0 m 高程和 12.0 m 高程的两个顶点连接的边上可以线性插值出 10 m 的高程点；在连接 9.2 m 高程和 12.0 m 高程顶点的边上，可以线性插值出另一个 10 m 的高程点；同样，在三角形 B 中，连接 9.2 m 高程和 13.1 m 高程顶点的边上可以线性插值出第三个 10 m 高程点。最后把插值出的 10 m 高程点连接起来，就生成了 10 m 的等高线。

10.2.2.3 等高线转换生成栅格 DEM

如果需要从等高线转换生成栅格 DEM，那么可以使用相邻等高线间的线性插值法。在用等高线生成一个栅格 DEM 时，需要插值计算每一个栅格单元中心点所在位置的高程值，并作为属性值存入相应的栅格单元中。

如图 10-10 所示，如果要插值栅格数据右上角的栅格单元的高程值，就寻找离右上角这个栅格单元中心点直线距离最近的两条相邻等高线，结果一条是 20 m 等高线，另一条是 10 m 等高线。然后就以这个栅格单元的中心点位置进行线性插值，就是看中心点处于 20 m

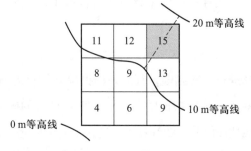

图 10-10 等高线转换生成栅格 DEM 的插值方法

和 10 m 等高线之间的哪个位置上，通过线性插值就能得到该处的高程为 15 m。对其他的每一个栅格单元也都这样插值之后，就可以把等高线数据转换成栅格 DEM 数据。

10.2.2.4 TIN 转换生成栅格 DEM

不规则三角网如果要转换生成栅格 DEM，同样也是要对每一个栅格单元插值它的高程，那么这要用到三角平面的线性插值法。

如图 10-11 所示，在不规则三角网里的任何一个三角形，都可以看作由三个顶点组成的一个空间斜平面，这个三角平面就被当作局部的地表面来看待。对于栅格数据中那些中心点位置落入三角形区域内部的栅格单元，都可以根据每一个栅格单元中心点的坐标，插值出在三角平面上的高程。一个三角平面由三个点组成，可以生成它的平面方程。只要把栅格单元的中心点的坐标代入三角平面方程，就可以计算出 z 坐标值，也就得到了栅格单元的高程值。

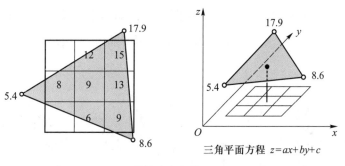

图 10-11　TIN 转换生成栅格 DEM 的插值方法

10.2.2.5 等高线转换生成 TIN

如果有了等高线数据，那么也可以生成不规则三角网。不过使用等高线转换生成的不规则三角网，不是前面介绍的采用德劳内三角化算法得到的三角网。这种不规则三角网是用相邻等高线的坐标点连接来生成的。

如图 10-12 所示，设地形局部位置有两条相邻的高程分别是 10 m 和 20 m 的等高线。每一条等高线都是由一连串具有相同 z 坐标的坐标点连接形成的，这些坐标点都有 x 和 y 坐标。因此，就可以把一条等高线上的坐标点与相邻另一条等高线上的离它最近的坐标点用线段连接起来，

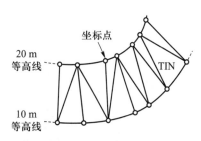

图 10-12　相邻等高线上的点转换
生成 TIN 的连接方法

如此就形成了一连串的三角形。这些三角形平面就可以被当作这两条相邻等高线之间的地表面。最终形成不规则三角网。

10.2.2.6 栅格 DEM 转换生成 TIN

最后一种转换就是从栅格 DEM 生成不规则三角网。通常栅格 DEM 中栅格单元的行和列的数目是很大的，有些栅格 DEM 数据可以超过一万行和一万列，那么用它来生成不规则三角网的时候，其实并不需要把所有的栅格单元都作为三角形的顶点，而是把一些重要的栅格单元保留下来作为顶点，再运用德劳内三角化算法生成不规则三角网。而那些不重要的栅格单元就被舍弃了。

如何选取重要的栅格单元？或者说如何评价栅格单元的重要性呢？ GIS 中有一种**最大 z 容差**（maximum z tolerance）算法，其思想为：开始时在栅格 DEM 里选四个角落的栅格单元中心点，把它们当作 TIN 的三角形的顶点，运用德劳内三角化算法生成由两个三角形组成的TIN，如图 10-13（a）和（b）所示。然后判断一下，即如果只选了这四个点生成 TIN，是否就不再需要选取更多的点了。这个判断的依据就是所谓的最大 z 容差。

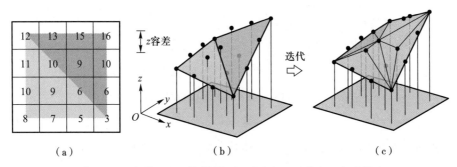

图 10-13　栅格 DEM 转换成不规则三角网的最大 z 容差算法

最大 z 容差指的是能够容许的 z 坐标上最大的高程误差。这个误差需要用户在算法开始之前人为地设定，例如设定误差在 1 m 以内。这就意味着在栅格 DEM 中选出了一些栅格单元点，然后把它们运用德劳内三角化算法生成了 TIN。这个初步生成的 TIN 并没有选择栅格DEM 中所有的栅格单元，而是只选了一部分，那么这个初步生成的 TIN 和原来栅格 DEM 在高程上就不是完全吻合的，也就是说它们之间是有高程误差的，如图 10-13（b）所示，有的栅格单元高程在三角形平面之上，有的栅格单元高程在三角形平面之下。

因此，最大 z 容差算法就可以判断一下，初步生成的 TIN 是否符合用户设定的最大 z 容差（例如 1 m 误差）范围，也就是计算那些没有被选中的栅格单元的高程与 TIN 的三角形平面之间的高程差。如果这些高程差全部小于用户设定的最大 z 容差，那么当前得到的 TIN 就是最终生成的结果，就用该 TIN 来代表原来的栅格 DEM。

如果发现原来栅格 DEM 存在与当前生成的 TIN 表面之间高程差大于最大 z 容差的栅格单元，那么把高程差最大的那些栅格单元选中保留下来作为新的 TIN 的三角形顶点，再运用德劳内三角化算法连接成由更多的顶点组成的新的 TIN。

最大 z 容差算法是一种迭代的算法，反复执行上述的三角化和判断高程差的过程，直到所有的高程差都小于最大 z 容差为止。最后得到的就是最终由栅格 DEM 转换生成的满足误差限制条件的 TIN，如图 10–13（c）所示。

10.2.3 坡度与坡向

在介绍了数字高程模型各种形式的转换方法之后，再介绍常见的数字地形分析方法。其中最常用的数字地形分析是坡度分析和坡向分析。

坡度（slope）描述的是地面上某一位置的高程的最大变化率，也就是从这一个位置水平移动一个单位距离，在地形高程上产生的最大变化，而**坡向**（aspect）则是该坡度变化的方向。GIS 中的坡度和坡向分析，通常采用栅格 DEM 作为输入的数据，虽然用 TIN 也可以进行坡度和坡向分析（马劲松，2020），但是通常是把 TIN 转换成栅格 DEM 来做。这是因为栅格 DEM 数据结构最简单，用它来计算坡度和坡向的时候算法也是最简单的。

坡度分析的输出数据是这个分析过程生成的栅格坡度数据，其中每一个栅格单元的数值就是它的坡度数值。整个坡度分析，就是计算栅格 DEM 的每一个栅格单元与它周围的那些栅格单元之间最大的高程变化率，即 z 值的最大变化率。

在一般情况下，在一个栅格 DEM 数据里，每一个栅格单元周围通常都有围绕着它的八个栅格单元，只要这个栅格单元不是落在栅格 DEM 数据的边界上，在它周围就总是有 8 个相邻的栅格单元。通常就是拿这一个栅格单元和它周围 8 个栅格单元的高程数值去计算该栅格单元的坡度。

如图 10–14（a）所示，栅格单元 A 周围有 8 个相邻的栅格单元，计算栅格单元 A 的坡度就用这 3×3 共 9 个栅格单元的高程数值来计算。但特殊情况是边界上的栅格单元 B 只有 5 个相邻栅格单元，而角落上的栅格单元 C 只有 3 个相邻栅格单元。这个时候，就把栅格单元 B 和 C 自身的高程数值当作缺少的那些相邻栅格的高程数值来计算坡度。

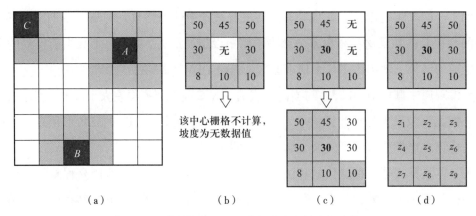

图 10-14 基于栅格 DEM 进行坡度分析的相关情况

还有一种特殊的情况就是"无数据值"栅格单元的存在。所谓"无数据值"栅格单元，就是这些栅格单元本身不含有高程数值。造成"无数据值"的原因可能是这些栅格单元位于研究区之外，也可能是因为某些原因没有采集到高程数值。对"无数据值"的处理，针对如下两种情况分别采用不同的方法解决：

第一种情况是如图 10-14（b）所示，如果要计算的栅格单元自身无数据，那么该栅格单元就不计算坡度，输出的坡度仍然是"无数据值"。第二种情况是如果要计算的栅格单元周围 8 个相邻栅格单元中有无数据的栅格单元，如图 10-14（c）所示，那么就把无数据的相邻栅格单元的高程数值用中心的栅格单元高程数值替代来计算坡度。

计算坡度的算法有很多种，它们的基本思想都相似，即认为坡度取决于栅格单元的高程在水平 x 方向和 y 方向上的变化率。最终该栅格单元的坡度为：

$$\text{slope\_radians} = \arctan\left(\sqrt{\left(\frac{\partial z}{\partial x}\right)^2 + \left(\frac{\partial z}{\partial y}\right)^2}\right) \tag{10-1}$$

用这个公式计算出来的坡度是**弧度**（radian）单位，转换成角度单位**度**（degree）需要乘以 180 再除以 π。坡度也可以换算成**坡度百分比**（percent of slope 或 percent rise），即坡度的正切值乘以 100，表示若以这样的坡度在水平方向上平移 100 m，则相应在垂直方向上高程变化的数值。

对于公式（10-1）中导数的计算，如图 10-14（d）所示，通常是在局部 3×3 共 9 个栅格单元范围内计算中间的栅格单元的坡度。其基本思想就是用 9 个数值来模拟一个局部的地表面，然后去计算在中间栅格单元 z_5 这个点上面的坡度数值。不同的算法使用不同的权重作用在 9 个栅格单元的高程数值上，最常用的一种计算公式为：

$$\frac{\partial z}{\partial x} = \frac{(z_1 + 2z_4 + z_7) - (z_3 + 2z_6 + z_9)}{8s_x} \tag{10-2}$$

$$\frac{\partial z}{\partial y} = \frac{(z_7 + 2z_8 + z_9) - (z_1 + 2z_2 + z_3)}{8s_y} \tag{10-3}$$

其中，z_1 到 z_9 是栅格单元的高程，s_x 和 s_y 是栅格单元在 x 和 y 方向上的大小。

GIS 软件计算坡度时，一般会有一个**高程因子**（z factor）的参数可以由用户来设置，该参数的默认值为 1。它的作用就是把高程坐标和水平坐标转换成相同的长度单位。这在一些情形下特别有用，例如，在栅格 DEM 高程坐标的长度单位是米（m），而水平坐标单位是经纬度时；或者在高程单位是英尺，而水平单位是米时。通过设置这个参数，让高程的数值乘以该参数值，从而把高程单位转换成和水平长度单位相同。

图 10-15 所示是 GIS 软件用栅格 DEM 生成坡度栅格数据的例子，中间的窗口显示的是二维形式的栅格坡度分布数据，颜色深的地方是坡度数值大、地形比较陡峭的地方；颜色浅的地方是坡度数值小、地形比较平缓的地方。右边的窗口用三维**披盖**（draping）方法，把坡度数据附在栅格 DEM 表面上，显示出用栅格 DEM 表达的地形表面上哪里坡度陡（颜色深）、哪里坡度缓（颜色浅）。

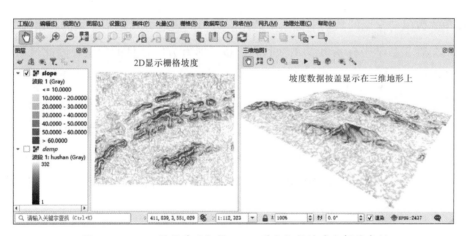

图 10-15　GIS 软件基于栅格 DEM 进行栅格坡度分析的实例

另一个数字地形分析就是坡向分析。坡向分析与坡度分析联系紧密。坡度是高程的最大变化率，而坡向是高程最大变化率的方向。坡向的计算公式为：

$$\text{aspect} = \arctan\left(\frac{\partial z}{\partial y} \middle/ \frac{\partial z}{\partial x}\right) \tag{10-4}$$

坡向分析是用输入的栅格 DEM 数据生成栅格形式的坡向数据的过程。坡向分析的输入与坡度分析的输入一样，是栅格 DEM 中每一个栅格单元里的高程。输出结果是坡向栅格数据，每个栅格单元里的属性数值表达的是该栅格单元坡度的方向。坡度的方向使用方位角的角度来表达，所谓方位角，是以正北方向为起算的角度，角度按顺时针方向递增。所以正北方向是 0 度，正东方向是 90 度，正南方向是 180 度，正西方向是 270 度，回到正北方向是 360 度，即又回到了 0 度，如图 10-16 所示。

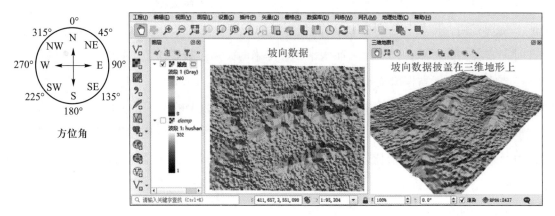

图 10-16　栅格 DEM 生成栅格坡向实例

方位角的数值与常用的数学坐标系中的角度数值的表达方式是不一致的。用公式（10-4）计算出来的角度是数学坐标系里以 X 轴起算，按逆时针方向计算的角度，因此最后还要将它换算成方位角。

在 GIS 中用方位角来表达坡向的时候，一个特殊的情况是坡度为零的地方是没有坡向数值的，即平地没有坡度，自然就不存在坡向。这种情况下就用一个特殊的数值 –1 来表示。因为方位角表达的坡向数值都是非负数，即在 [0, 360) 之间，不会出现负值，所以这个特定的数值 –1 可以用来表示平地。图 10-16 是 GIS 软件中由栅格 DEM 生成的栅格坡向的实例。

10.2.4 山体阴影

山体阴影（hill shade）又可称为晕渲，主要是按照光照的条件来计算栅格 DEM 中每一个栅格单元的明暗程度。即模拟一个平行光源（假设光源位置处于无穷远处），让光源的光照射到栅格 DEM 的表面上，从而在地形表面形成不同的明暗效果，朝向光源的地方比较明亮，背向光源的地方比较昏暗。

栅格 DEM 上的山体阴影即明暗程度的计算取决于内外两个条件：内部条件就是每一个栅格单元自身的坡度和坡向，外部条件就是光源（比如太阳）在空间中的位置。坡度和坡向的计算方法前面已经介绍过了，光源在空间中的位置使用**方位角**（azimuth）和**高度角**（altitude）这两个值来指定。山体阴影计算得到一个栅格数据，其中每一个栅格单元里的属性数值是一个介于 0～255 之间的整数，一共有 256 级灰度。数值 0 表示最暗的地方，即完全背向光源的栅格单元；数值 255 表示最亮的地方，也就是朝向正对着光源的栅格单元。

光源的方位角和高度角是由用户根据具体需要来指定的。地球上任一地点任何时间都可以通过计算得到太阳当时所处的方位角和高度角。方位角指明光源的方位，常识"太阳东升西落"中的东和西指的就是方位。方位角从正北方向 0° 开始按顺时针方向量算，其数值在 [0°, 360°) 区间。高度角指的是光线与地平面之间的夹角，从地平面 0° 开始计算，增加到**天顶**（zenith）正中是 90°，高度角在 [0, 90] 区间变化，如图 10-17 所示。山体阴影的作用一是可以增强地形显示的立体效果，二是可以得到地形上任何地点在某个时刻光照强弱的数据。

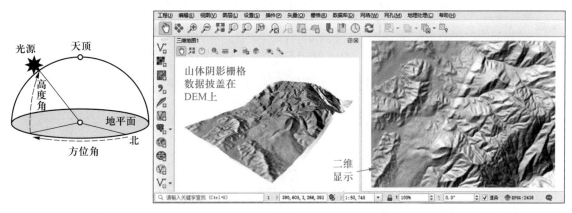

图 10-17　山体阴影分析中的光源高度角与方位角及其分析实例

10.3 视域分析

有一种与地形分析关系紧密的分析，叫作**视域分析**（viewshed analysis）或**可见性**（visibility）分析。视域分析就是计算人们站在地形上的某一个位置所能看到的视野的范围。从技术角度来讲，视域分析是利用 DEM 判断地形上面任意点之间是否可以相互可见的技术。

10.3.1 视域分析的原理

假设人们站在 DEM 上某个位置，这个位置就是**视点**（view point）所在的位置，即观察点的位置。从视点向周围看去，整个 DEM 上的每一个点（称为目标点）对于视点位置而言有两种情况：一种是可见，另一种是不可见。所谓可见，意味着视点的位置和目标点的位置之间没有更高的地形来阻隔，从视点能够直接看到目标点，反之亦然。而不可见，则意味着视点的位置和目标点位置之间有更高的地形阻挡视线，地形把目标点挡住了，从视点看不到目标点，反之亦然。

视域分析就是从地形上的视点进行观察，判断在整个地形上哪些地方可见，哪些地方不可见。所以视域分析的结果通常是一个二值数据，就是在这个数据里面只有两个属性数值，其中一个是 0，另一个是 1。一般而言，数值 0 表示从视点看不到地形上这个位置，该位置处于不可见区域；数值 1 表示从视点可以看到地形上这个位置，该位置处于可见区域。

视域分析可以基于不规则三角网表达的数字地形来实现，也可以基于栅格 DEM 来实现。如果使用不规则三角网，那么判断每一个三角形对于视点的可见性；如果视域分析使用的是栅格 DEM，那么其结果就是二值栅格，栅格中属性值为 0 的栅格单元表示不可见区域，属性值为 1 的栅格单元表示可见区域。如图 10-18 所示，站在视点的位置，栅格 DEM 表示的地形上浅色的区域是不可见区域，栅格单元属性数值为 0；深色区域是可见区域，栅格单元属性数值为 1。

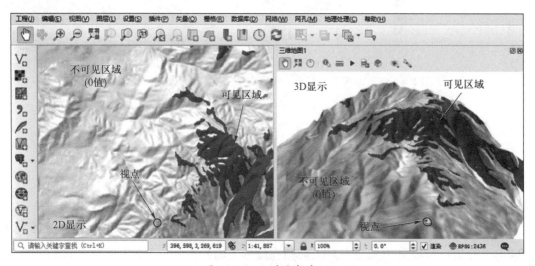

图 10-18　视域分析实例

视域分析的计算量通常很大，这是因为一旦设置了一个视点，GIS 软件就要从这个视点向不规则三角网中每个三角形连接一条**视线**（line of sight），或向栅格 DEM 中所有栅格单元连接一条视线，然后判断这条视线中间经过的三角形或栅格单元有没有高度比视线还要高的，即地形有没有阻挡视线。因为不规则三角网中的三角形数量和栅格 DEM 中栅格单元数量都可能很大，所以 GIS 软件要做大量的计算。

视域分析中如果视点不止一个，而是把多个观察位置当作视点，那么在各个不同视点看到的视域范围可能都不相同。这些视域范围可能相互有重叠的部分，GIS 软件可以将这些重叠部分区别出来，例如，哪些区域是只有一个视点可见的，哪些区域是有两个、三个或更多的视点可见的，或者各个可见区域分别为哪些视点形成的区域（马劲松，2020）。

此外，视域分析也可以把线要素当作视点，即视点沿着线要素移动而形成视域范围。通常可以把表达一条公路的线要素当作视点，模拟观察者沿着公路行走所能看到的范围。这个范围是线要素上所有的点作为视点分别形成的视域的并集。

视域分析通常还可以由用户设置一个视点的高度偏移数值作为输入的参数，表明视点并非是紧贴在数字高程模型所表达的地面上，而是处在高出地面一定高度的某个人眼睛的位置或某座建筑物的上面，这更加符合实际应用中的情况。同样，也可以设置观察的方向和观察的最远距离等参数（马劲松，2020）。

10.3.2 视域分析的应用

视域分析的作用非常大，应用面也非常广。例如，它的一个实际应用例子是要在整片地区建设 5G 通信的基站。基站要发射电磁波信号，所以这个基站的选址就可以用到视域分析。假设在一个栅格 DEM 所表达的地形上选择一个点作为建设基站的点，这个点的高程加上基站塔架的高度偏移数值就是视域分析中的视点位置。从这个位置向外发射和接收 5G 通信的信号，这些信号能够直接到达的地方就是中间没有地形阻挡的地方，也就是视域分析得到的可见区域。

人们通常希望所选择的基站位置是视域分析中可见区域最大的视点位置。因此，可以用很多预先设定的视点位置进行视域分析实验，比较所有视域分析的结果，最后确定视域分析可见区域最大的视点，将其作为建设基站的最终方案，从而实现 5G 信号覆盖范围最大的目标。

10.4 流域分析

另一种与地形有关的分析是**流域分析**（watershed analysis）或称**水文分析**（hydrologic analysis）。流域分析中的流域指的就是有共同出水口的积水区域。众所周知，地球上的降雨落在地面上以后，可以形成地表的水流，这些水流按照地形的高低和方向最终都会汇入低洼的地方。这些低洼的地方可以形成河流、湖泊或海洋。地面上的每一个地点都可能是一个出水口，也就是存在一片区域中的所有降水最终都流到这一点来的事实，而这一片区域就是这个出水口的积水区域，或者称为该出水口的流域。

流域范围的边界通常就是地形上的分水岭，分水岭把不同的流域分隔开。例如，南岭山脉就是长江流域和珠江流域的分水岭，南岭以北属于长江流域，湖南、江西在南岭以北，水就都流到长江里了。广东在南岭以南，那里的水就主要汇入珠江了。流域分析能够通过对地形的分析，找出地形上河流的位置，以及各个河流的流域范围。

GIS 中的流域分析需要输入一个栅格 DEM，最终输出的分析结果主要有两个：①生成河流栅格数据，即通过对地形的分析，把地形上可能存在河流的栅格单元计算出来，如图 10-19 中深色栅格单元连成的线条所示；②生成流域范围的栅格数据，即指定一段河流或指定某一点（称为泻流点）位置，那么该段河流上游地面的水流能流入该段河流的区域，或者该点位置上游地面上的水流能汇流到这一点的区域，就是输出的流域范围，如图 10-20 所

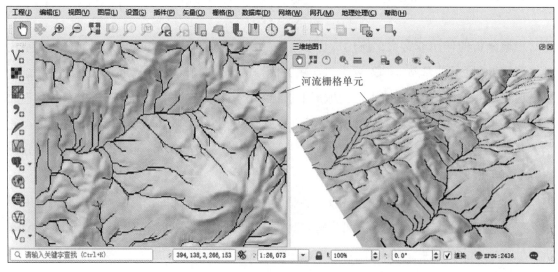

图 10-19　流域分析从栅格 DEM 生成河流栅格数据

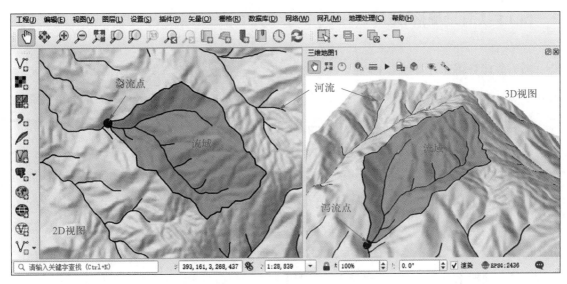

图 10-20　流域分析生成泻流点上游的流域范围

示。这就是流域分析的作用。

流域分析需要通过若干个步骤才能最终实现生成河流栅格数据和流域范围栅格数据，这几个步骤如图 10-21 所示。首先把栅格 DEM 生成无洼地栅格 DEM 数据，然后利用无洼地栅格 DEM 计算出流向栅格数据，再利用流向栅格数据生成流量累积栅格数据，最后利用流量累积栅格数据就可以生成河流栅格数据了。

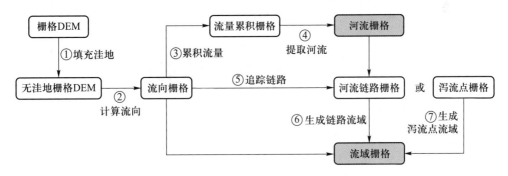

图 10-21　流域分析的步骤及生成的相关数据

要想生成各个河段的流域范围栅格数据，还要先用河流栅格数据和流向栅格数据生成河流链路栅格数据，最后才能用河流链路栅格数据和流向栅格数据生成各个河段的流域栅格数据。或者使用泻流点栅格数据和流向栅格数据生成针对泻流点的流域栅格数据。

10.4.1 无洼地栅格 DEM

因为流域分析要计算栅格 DEM 上每一个栅格单元的降水最终会向哪个地方流动，所以这就要求每一个栅格单元上的水都要有一个明确的流向，即每一个栅格单元上的水都要能流出去。但是栅格 DEM 中可能有一些所谓局部洼地的栅格单元，它们的高程数值比周围其他栅格单元都要低。

图 10-22（a）是一个简化的栅格 DEM 的例子，高程数值为 64 的栅格单元是一个局部洼地，其高程数值低于周围 8 个相邻栅格单元。因此，这个洼地里的水无法全部流到周边的栅格单元中去，由此造成周围一片区域流入该洼地的水都不能够流出去形成河流。所以，流域分析的第一步，就是要把栅格 DEM 里这些局部洼地栅格单元去掉，生成无洼地栅格 DEM。

去掉洼地栅格单元的方法就是填充洼地栅格单元，也就是把洼地栅格单元的高程数值适当地增加，一直增加到和它周围的 8 个相邻栅格单元中高程数值最低的那个栅格单元一样高。如图 10-22（b）所示，原来高程数值是 64 的洼地栅格单元，经过填充，高程数值增加到 65，这样就和它周围 8 个相邻栅格单元中高程数值最低的栅格单元高度相同了，从而生成了无洼地栅格 DEM。

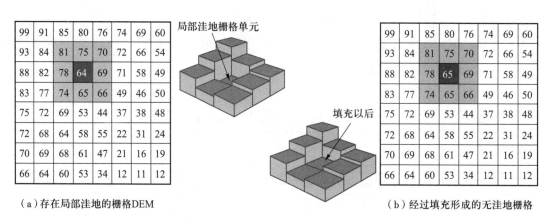

（a）存在局部洼地的栅格DEM　　　　　　　　　　　　　　　　（b）经过填充形成的无洼地栅格

图 10-22　流域分析中的填充洼地

10.4.2 流向栅格

流向栅格数据表示的是栅格 DEM 上每一个栅格单元中如果有水的话，水可能流出的方向。由于每个栅格单元通常周围有 8 个相邻的栅格单元，如图 10-23（a）所示，所以为了计算简单起见，一般就规定水流只能流向周围 8 个相邻栅格单元中的某一个，也就是 8 个方向中下坡坡度最陡的那个栅格单元。

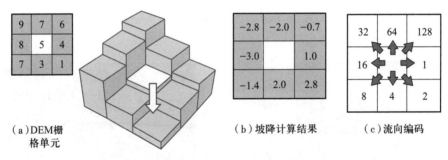

图 10-23 栅格单元的流向判断及其编码

这可以通过分别计算该栅格单元与周围 8 个相邻栅格单元的坡降来做出判断。坡降数值等于中心栅格单元高程数值减去某个周围相邻栅格单元的高程数值，再除以两个栅格单元中心点之间的水平距离。如图 10-23（b）所示，设栅格单元边长为 1，栅格单元对角线长度为 $\sqrt{2}$，则可以计算出中心栅格单元到周围 8 个栅格单元的坡降数值。例如，到右下角的坡降为 2.8，计算方法为中心栅格单元高程数值 5 减去右下角栅格单元高程数值 1，再除以对角线长即 $\sqrt{2}$。

根据坡降的计算结果，最大坡降为 2.8，所以中心栅格单元的水会流到右下角的栅格单元中去。为了记录这个流向，在流向栅格中每一个栅格单元都要赋予一个表示流向的属性数值。因为共有 8 个可能的流向，所以，流向的属性数值通常有 8 个。在 GIS 里一般采用了如图 10-23（c）所示的流向编码方案，8 个不同的数值代表 8 个不同方向的编码。例如，中心栅格单元的水流是向右下的，编码就是 2。

图 10-24 显示了一个简化的无洼地栅格 DEM 数据生成流向栅格数据的例子。其中（a）是经过填充得到的无洼地栅格 DEM 数据；（b）是各个栅格单元水流的方向编码形成的流向栅格数据；（c）是用箭头对流向栅格数据进行的形象化显示。

99	91	85	80	76	74	69	60
93	84	81	75	70	72	66	54
88	82	78	65	69	71	58	49
83	77	74	65	66	49	46	50
75	72	69	53	44	37	38	48
72	68	64	58	55	22	31	24
70	69	68	61	47	21	16	19
66	64	60	53	34	12	11	12

（a）无洼地栅格 DEM

2	2	2	2	4	2	2	4
1	2	2	4	8	2	2	4
2	2	1	4	2	4	4	8
4	2	2	4	2	4	4	8
2	2	1	1	2	4	8	4
1	1	128	128	1	2	4	8
2	2	2	1	4	4	4	4
1	1	1	1	4	1	4	16

（b）流向栅格数据

（c）流向图示

图 10-24 无洼地栅格 DEM 生成流向栅格数据示意图

图 10-25 是一个在 GIS 中对实际区域的栅格 DEM 生成流向栅格的例子。

无洼地栅格DEM　　　　流向栅格数据

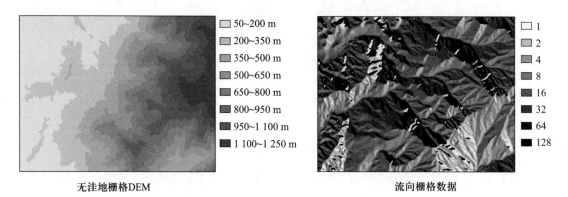

图 10-25　无洼地栅格 DEM 生成的流向栅格数据的实例

10.4.3 流量累积栅格和河流栅格

生成流向栅格数据之后，就可以进一步利用流向栅格数据生成流量累积栅格数据，如图 10-26 所示。流量累积栅格数据中的每一个栅格单元的属性值，代表的是所有在其上游的栅格单元的累积数量。所谓某个栅格单元的上游栅格单元，指的是如果按照计算出来的流向栅格数据，某一个栅格单元的水最终逐渐会流入该栅格单元，那么，那个栅格单元就是该栅格单元的上游。如果某一个栅格单元有一个上游栅格单元，那么该栅格单元的属性值就要加上它上游栅格单元的属性值。

2	2	2	2	4	2	2	4
1	2	2	4	8	2	2	4
2	2	1	4	2	4	4	8
4	2	2	2	4	4	4	8
2	2	1	1	2	4	8	4
1	1	128	128	1	2	4	8
2	2	2	2	1	4	4	4
1	1	1	1	1	1	4	16

（a）流向栅格数据

↘	↘	↘	↘	↓	↘	↘	↓
→	↘	↘	↓	↙	↘	↘	↓
↘	↘	→	↓	↘	↓	↓	↙
↓	↘	↘	↘	↓	↓	↓	↙
↘	↘	→	→	↘	↓	↙	↓
→	→	↗	↗	→	↘	↓	↙
↘	↘	↘	↘	→	↓	↓	↓
→	→	→	→	→	→	↓	←

（b）流向图示

⇨

0	0	0	0	0	0	0	0
0	2	1	1	2	0	1	2
0	0	3	11	0	0	1	5
0	1	1	12	0	2	8	0
1	0	2	11	27	3	10	0
0	3	5	0	0	44	0	1
0	0	0	0	0	1	48	0
0	2	4	6	8	11	63	1

（c）流量累积栅格数据

图 10-26　流向栅格数据生成流量累积栅格数据的示意图

图 10-26（c）所示的流量累积栅格数据是用图 10-26（a）所示的流向栅格数据计算得来的。例如，左上角那个栅格单元的流量累积数值为 0，表示该栅格没有上游栅格单元，也就是没有其他栅格单元的水会流入该栅格单元，这从图 10-26（a）和（b）所示的流向栅格数据中可以清楚地看出来。再看左上角栅格单元右下方的那个栅格单元，也就是从上往下数第二行第二列的栅格单元，其流量累积数值为 2，说明它的上游有两个栅格单元，即有两个栅格单元的水会流入该栅格单元。观察流向栅格数据，可以看到这两个上游栅格单元分别是它的左上角和左边的相邻栅格单元（图中灰色单元）。

对流向栅格数据中每一个栅格单元都进行这样的累积计算，就得到整个范围的流量累积栅格数据，如图 10-26（c）所示。可以看到，靠近右下角的一个栅格单元具有数值 63，是整个流量累积栅格数据中的最大值，说明整个栅格范围中有 63 个栅格单元的水最后都汇流到该栅格单元之中。也就是整个范围一共有 64 个栅格单元，除了该栅格单元自身，其余 63 个栅格单元的水最后都会汇流到该栅格单元之中，并从该栅格单元流出这个区域。图 10-27 是一个流向栅格数据生成流量累积栅格数据的实例，其中颜色越深的栅格单元其累积的栅格数量越大。

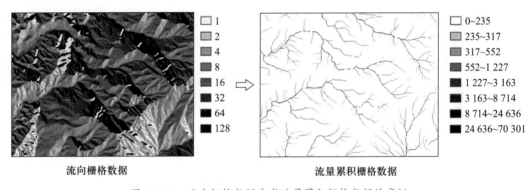

图 10-27　流向栅格数据生成流量累积栅格数据的实例

在生成了流量累积栅格数据之后，就可以进一步生成河流栅格数据。因为在图 10-28（a）所示的流量累积栅格数据中，有些栅格单元流量累积为 0，表示那些栅格单元的位置可能是栅格数据的边界，或者是地形分水岭的位置，所以没有其他栅格单元的水流入这些 0 值的栅格单元。其他的一些栅格单元的流量累积数值不为 0，且有小有大，那么有理由相信那些流量累积数值较大的栅格单元是河流所在的位置，也就是大量的水都汇集到这些栅格单元中去了。

所以，要找出河流所在的栅格单元，从而生成河流栅格数据，可以通过设置一个流量累积**阈值**（threshold）来判断。流量累积阈值指的是一个相对较大的流量累积数值。该流量累

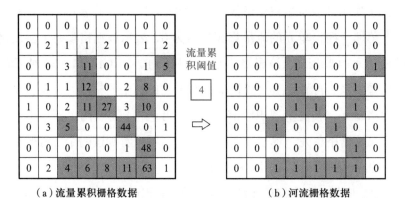

（a）流量累积栅格数据　　　　（b）河流栅格数据

图 10-28　流量累积栅格数据生成河流栅格数据

积阈值由用户根据实际情况来设定，然后对流量累积栅格数据中的每个栅格单元进行判断：如果栅格单元的流量累积数值大于等于该阈值，就认为该栅格单元位置是河流；相反，如果栅格单元的流量累积数值小于该阈值，就认为该栅格单元不是河流所在的位置。

如图 10-28（a）所示，若假设用户设定流量阈值为 4，则所有流量累积数值大于等于 4 的栅格单元都在生成的河流栅格数据中赋值为 1，表示它们是河流栅格单元，如图 10-28（b）所示。而那些流量累积数值小于 4 的栅格单元在生成的河流栅格数据中被赋值为 0，表示这些地方不是河流栅格单元。在实际应用中，流量累积阈值通常很大，用户要根据实际的情况选择适当的流量累积阈值来生成河流栅格数据。图 10-29（a）是 GIS 生成河流栅格数据的一个实例。

10.4.4　河流链路栅格

流域分析的下一个步骤是生成河流的分段数据，称为河流链路栅格。河流的分段就是把每一条支流都当作一个独立的河段，而在干流上，则把两条相继汇入的支流中间的干流作为一个河段，也就是把整条河流分成一段一段连接的水系，并给每一个河段分配一个唯一的代码，如图 10-29（b）所示（图中仅指示出 4 条河段）。河流链路栅格数据的生成需要使用流向栅格数据和河流栅格数据作为输入数据。

生成河流链路栅格数据的方法是：如图 10-30（a）所示，从河流支流的源头栅格单元开始，按照流向栅格数据中的水流方向，从上游向下游逐个搜寻河流栅格单元，把最开始找到的一串河流栅格单元赋值为代码 1。如图 10-30（b）所示，当搜寻到有其他河段的河流栅格

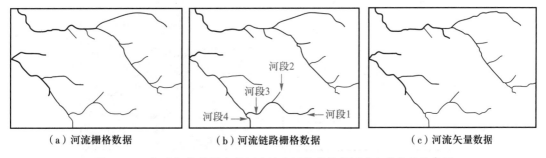

图 10-29　河流栅格数据生成河流链路栅格数据和河流矢量数据的实例

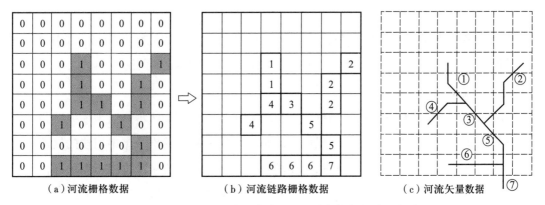

图 10-30　河流栅格数据生成河流链路栅格数据的示意图

单元的时候，则完成这一河段的搜寻。再从其他河流支流的源头栅格单元开始新的搜寻，并把新的河段的栅格单元赋值为代码 2。搜寻完支流，再搜寻干流的河段，例如 3 和 5 表示的干流河段。直到最后，把河流栅格分割成了 7 个河段，每个河段都用了一个序列数值作为栅格单元的属性值，没有河流的栅格单元属性值是"无数据值"，最终生成了河流链路栅格数据。

　　河流链路栅格数据可以通过栅格矢量化方法转换成矢量数据，形成矢量形式的河流数据，如图 10-29（c）和图 10-30（c）所示。但这一步并不属于流域分析的内容。

10.4.5　流域栅格

　　当生成了河流链路栅格数据以后，结合流向栅格数据，就可以对其中的每一个河段计算出流入这个河段的所有上游栅格单元，也就是该河段的流域范围。图 10-31 所示是利用

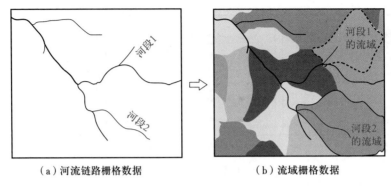

（a）河流链路栅格数据　　　　　（b）流域栅格数据

图 10-31　河流链路栅格数据生成流域栅格数据实例

河流链路栅格数据生成流域栅格数据的实例，只要存在一条河流链路栅格数据中的河段，就相应地生成一个对应这个河段的流域范围（图中只标注出了多条河段中的 2 条河段及其流域）。

　　利用河流链路栅格数据生成流域栅格数据的方法如图 10-32 所示。对于河流链路栅格数据中的每一个河段，计算出流入该河段的流域范围。河流链路栅格数据中河段的属性值被赋予其流域中所有的栅格单元。如属性值为 1 的河段，其生成的流域范围中所有的栅格单元也被赋予属性值 1。对于河流链路栅格数据中的任何一条支流或干流上的一个河段，都在生成的流域栅格数据中有一个对应的区域，即这个河段的流域。在各流域中所有栅格单元的降雨形成的地表径流，都会汇集到这个河段中。

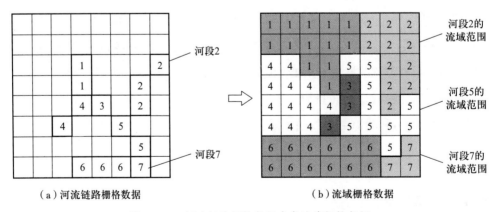

（a）河流链路栅格数据　　　　　（b）流域栅格数据

图 10-32　河流链路栅格数据生成流域栅格数据

　　GIS 中也可以生成基于某一个感兴趣点的流域范围，即泻流点的流域范围。例如，在一条河流上要建设一个水库的拦河坝，就可以在河道拦河坝位置上设置一个点，然后计算在这个拦河坝位置的上游，所有的河流栅格单元形成的总的流域范围。这个流域范围内所有栅格单元的降雨都会汇入这个拦河坝形成的水库。泻流点生成流域范围的实例如图 10-20 所示。

复习思考题

1. 什么是 GIS 的空间分析？两种常见的空间分析的分类方法是什么？

2. 数字高程模型分为哪几种具体的地形数据表达方法？

3. 请说明德劳内三角化算法的基本思想和主要作用。

4. 什么是坡度分析？什么是坡向分析？什么是山体阴影？

5. 请说明视域分析有哪些可能的应用情景。

6. 流域分析通常有哪些步骤？在这些步骤分别能得到哪些数据？

第11章 空间分析——叠置分析

通过不同时期的地图进行历史变迁的对比分析自古就是我国传统的历史研究方法。例如，众多的地方志中就包含大量的可以对比分析的地图。仅在南京一地，其历史上的《景定建康志》中就有20幅地图，《至正金陵新志》中有18幅地图，《江宁府志》中有73幅地图。把不同历史时期相同地域的地图叠放在一起，就可以知晓该地区历史上的发展变化，这就是传统的叠置分析方法。

叠置分析同样是GIS中的一种重要的分析方法。空间**叠置分析**（overlay analysis）在GIS里也常常翻译成叠合分析或者叠加分析。简单来讲，空间叠置分析就是在统一的坐标系下，对处于相同区域的多个不同性质的空间数据进行集合运算，从而产生新的空间数据的分析过程。

在GIS中，一个地区不同种类、不同性质的空间数据是按照不同的数据层来存储的。例如，有存储土壤类型的数据层，有存储植被类型的数据层，也有存储居民地的数据层，还有存储河流的数据层，等等。如果这些数据都是同一个地区的空间数据，并且基于相同的空间坐标系，就可以把它们一层层叠放在一起，并进行集合运算，最后就可以产生新的空间数据。这种新的空间数据是通过计算在空间位置上相关联的空间要素得到的，反映了它们空间特征和属性特征之间的相互对应关系。这种对应关系的分析就可以称作叠置分析。

叠置分析在GIS中可以用两种不同的方式来实现，即：①栅格叠置分析，就是所有参加叠置分析的空间数据都是栅格数据，分析出的结果数据也是栅格数据；②矢量叠置分析，就是用来进行空间叠置分析的所有空间数据都是矢量数据，分析出的结果数据也是矢量数据。

电子教案 第11章

11.1 栅格叠置分析

栅格叠置分析的输入和输出数据都是栅格数据。进行栅格叠置分析的前提条件是多个相同地区的栅格数据之间必须具有相同大小的空间范围，栅格单元的大小也必须相同。如果所有输入栅格数据彼此之间空间范围和栅格单元大小是不一样的，那么在叠置分析之前，GIS通常需要对所有栅格数据进行重采样，经过重采样把所有栅格数据转换成具有相同空间范围和相同大小的栅格单元。

栅格叠置分析是对不同的栅格数据层中属性数值的计算，计算结果生成的是一个新栅格数据层中对应空间位置的栅格单元的属性值，如图 11–1 所示。这个新的栅格数据及其属性值表达了新产生的空间信息。这些新的空间信息对人们的实践活动可以起到一定的指导作用。在 GIS 中，栅格数据的叠置分析有一个专有名词叫作**地图代数**（map algebra）。

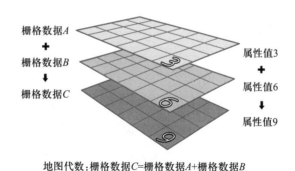

地图代数：栅格数据C=栅格数据A+栅格数据B

图 11–1　栅格叠置分析示意

11.1.1 地图代数

在 GIS 中对多个栅格数据进行栅格叠置分析运算，等同于进行地图代数运算，这和人们通常用一个代数运算公式进行计算是相似的，只不过在地图代数的代数式中，操作数是栅格数据，即可以表达成地图的空间数据。如图 11–1 所示，地图代数式可以写成：栅格数据 C=栅格数据 A+ 栅格数据 B。该代数式表示栅格数据 C 中的每个栅格单元的数值，都是经过栅格数据 A 与栅格数据 B 对应的栅格单元数值相加得到的。

一个地图代数式中包含两部分内容：①操作数，栅格叠置分析（或地图代数）的操作数就是输入的栅格数据；②在这些栅格数据之间要进行的计算，是用运算符表示的。

地图代数中的运算符一般可以归结为 4 类，如表 11-1 所示：①算术运算符，如加法、减法、乘法和除法等四则运算，当然还可以用一些括号来表示哪些部分先计算、哪些部分后计算，即计算的优先顺序；②逻辑运算符，逻辑运算常见的有"逻辑与"（AND）运算、"逻辑或"（OR）运算、"逻辑非"（NOT）运算和"逻辑异或"（XOR）运算等等；③关系运算符，例如等于、不等于、大于、小于、大于等于和小于等于；④函数运算符，为常见的数学函数，例如幂函数、指数函数、对数函数（log10，ln）、三角函数（sin，cos，tan）、反三角函数（asin，acos，atan），还有取绝对值的运算（abs），以及求最大值（max）和最小值（min）的运算等等。

表 11-1　地图代数的运算符

运算符类型	运算符实例
算术运算符	+, −, *, /
逻辑运算符	NOT, AND, OR, XOR
关系运算符	=, ! =, >, <, >=, <=
函数运算符	^, sqrt, sin, cos, tan, asin, acos, atan, log10, ln, abs, max, min

图 11-2 所示是一个使用栅格叠置分析（地图代数）计算栅格均值的实例。现有某区域 4 月和 5 月两个月的温度分布栅格数据，为了简单起见，这里只显示其中的三行三列的栅格数值。其中有一个栅格单元是"无数据值"，"无数据值"的栅格单元是不参与计算的，计算结果中该栅格单元位置仍然是"无数据值"。如果要计算该地区这两个月的平均温度，可以用 4 月温度栅格数据加上 5 月温度栅格数据，然后再除以 2，就可以得到输出的结果栅格数据。

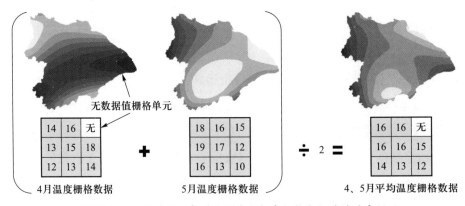

图 11-2　栅格叠置分析（地图代数）求栅格数据均值的实例

这个地图代数计算，就是利用两个栅格数据对应的栅格单元数值进行的算术运算。

栅格叠置分析的作用非常大，它在 GIS 中是最为经典的空间分析方法之一。可以再举一个稍微复杂一点的例子来展示如何运用地图代数，假设要在某处规划建设一座夏季的避暑山庄，那么如何选址的问题就可以通过地图代数的方法来解决。通常可以设置几个地理条件，在当地找出能够满足这些条件的地方，这些地方就是可以规划建设的位置。

不妨假设，选址要遵循的第一个地理条件是高程。地理常识告诉我们，随着高度的升高，气温会不断下降。所以在夏天要是能登到一座高山上，就能得到天然的避暑效果。因此，第一个选址条件就是要求高程处于 800 至 1 000 m 之间。这个高度能保证在夏天气温比较凉爽，又不至于因高程过高而气温太低，甚至于产生高原反应，所以通常高程在 800 至 1 000 m 之间是比较合适的。

选址的第二个条件假设是要求选址的地方坡度必须小于 15 度，也就是保证有较为平坦的地面。坡度大于 15 度的地方可能会带来工程造价方面的增加，所以要排除掉那些区域。

假设选址的第三个条件就是山上的地点其坡向是在东南、南、西南向之间的区域。对于北半球而言，只有坡向在东南、南、西南向之间的区域，才最有可能保证有较长时间的光照。所以，按照方位角来算，这个区域的坡向应该是在大于 135 度（东南向）而小于 225 度（西南向）之间。坡向不在这个方位角数值区间的地方都不满足第三个条件的要求。

要想找到同时满足这三个条件的地方，首先需要获得相关的空间数据，即该地区的栅格 DEM 数据、栅格坡度数据和栅格坡向数据。其中，栅格 DEM 数据是必需的，通过栅格 DEM 数据可以生成栅格坡度数据和栅格坡向数据，如图 11-3 所示。

 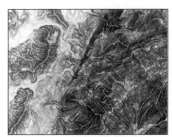 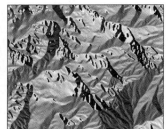

栅格DEM数据(ludem@1)　　　栅格坡度数据(luslope@1)　　　栅格坡向数据(luaspect@1)

图 11-3　地图代数用于选址应用的三个输入数据（括号中为具体的数据层名称）

GIS 软件一般都提供了生成地图代数运算公式的相应功能，这一功能通常被称为"栅格计算器"（raster calculator），如图 11-4 所示。用户可以在对话框窗口中选择参与计算的各个栅格数据层，也可以通过按钮来选择各种运算符，最终组织成一个有效的地图代数表达式。在这里，可以使用如下的地图代数表达式来找到同时满足这三个选址条件的地点。

$$("ludem@1" > 800) \text{ AND } ("ludem@1" < 1\,000) \text{ AND}$$

$$("luslope@1" < 15) \text{ AND}$$

$$("luaspect@1" > 135) \text{ AND } ("luaspect@1" < 225)$$

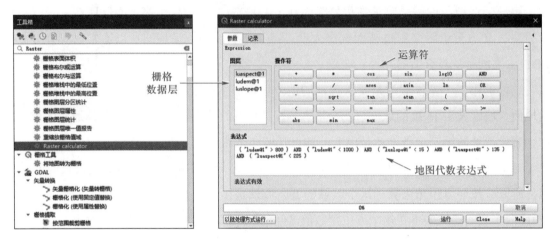

图 11-4　GIS 软件中进行地图代数运算的"栅格计算器"

在上述的地图代数表达式中，第一行是查找栅格 DEM 中高程大于 800 m 且小于 1 000 m 的栅格单元，第二行是查找栅格坡度数据中坡度值小于 15 度的栅格单元，第三行是查找栅格坡向数据中坡向值大于 135 度且小于 225 度的栅格单元。查找的条件语句之间使用逻辑与运算符（AND）连接起来，表示需要同时满足这些条件。

栅格叠置分析即地图代数中如果运用关系运算符（例如大于">"和小于"<"等）及逻辑运算符（例如逻辑与"AND"等），那么其产生的运算结果都是逻辑值，也就是结果数值只有"真"或"假"两种数值。在 GIS 中，通常可以用数值"1"表示逻辑真值，用数值"0"表示逻辑假值。

对应上述地图代数运算的结果栅格数据中，栅格单元属性值为"1"的是满足这三个选址条件的地方，栅格单元属性值为"0"的是不同时满足这三个选址条件的地方，如图 11-5 所示，从中可以看出，在山上有一些星星点点的深色栅格单元属性值为"1"，是满足这三个选址条件的地方，而其他浅色栅格单元属性值为"0"是无法同时满足这三个选址条件的地方。一旦有了这样的结果以后，就可以有针对性地查勘，最终选定一个合适的地点。

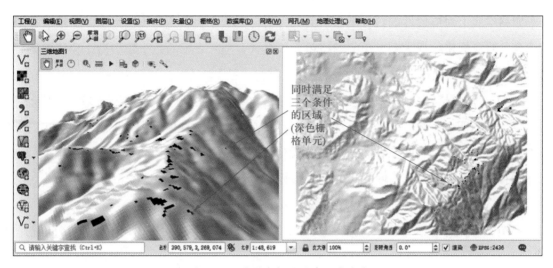

图 11-5 地图代数用于选址的结果

11.1.2 栅格联合

在 GIS 中，有一种非常有用的栅格叠置分析叫作栅格**联合**（combine）。它是对两个栅格数据之间所有栅格属性值进行空间组合，对每一种组合都赋予一个新类型的属性值，从而形成一个新的栅格数据。如图 11-6 所示，有两个在同一地区具备不同性质的栅格数据层，假设一个是土壤类型栅格数据，另一个是植被类型栅格数据，每个栅格数据都有各自的属性数值，分别表示不同的土壤类型和植被类型。

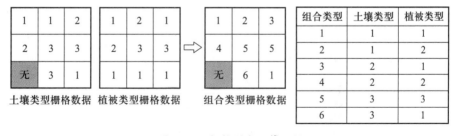

图 11-6 栅格联合运算示例

对土壤类型栅格数据和植被类型栅格数据进行栅格联合运算，叠置出来的结果如图 11-6 所示，是一个组合类型的栅格数据。其中，只要两个输入栅格数据中有"无数据值"的地方，那么 GIS 输出的依然是"无数据值"。而不是"无数据值"的地方，输出栅格的结果就是两个栅格空间上对应属性的组合类型。例如，组合类型 1 表示的是土壤类型 1 和植被类型 1 的组合，对应栅格数据中左上角的栅格单元；组合类型 3 表示的是土壤类型 2 和植被类型 1 的组合，对应栅格数据中右上角的栅格单元。

图 11-7 是栅格联合的一个具体的例子，第一个栅格数据表达的是四个多边形区域，是某一个范围内四个行政区划范围的栅格数据，它们的栅格属性值分别是 1、2、3 和 4。另外一个栅格数据依然是相同地区数据，其中只有两种类型，1 表示该区域在洪水期间由于地形较高没有出现内涝的安全区域，而 2 表示地形比较低洼产生内涝的区域。这两个不同类型的多边形栅格数据进行栅格联合的叠置运算，可以产生如图 11-8 的结果。

在图 11-8 中可以看出，经过栅格联合叠置运算，这里产生了多个不同的栅格区域，每

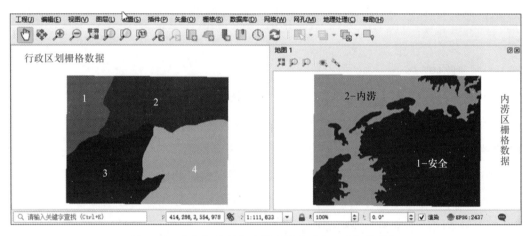

图 11-7　参加栅格联合叠置运算的两个不同栅格数据

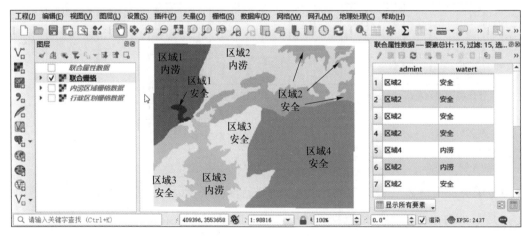

图 11-8　行政区划栅格数据和内涝范围栅格数据的栅格联合结果

一个栅格区域都是原来某个行政区划和内涝或非内涝区域的组合。这样就可以了解每个行政区划有哪些地方是内涝区域，哪些地方没有内涝，以及每个行政区划内涝的范围。

11.2 矢量叠置分析

除了使用栅格数据进行叠置分析以外，GIS 也可以使用矢量数据进行相似的叠置运算。矢量叠置分析的输入数据和输出数据都是矢量数据。

11.2.1 矢量叠置分类

就像栅格叠置分析可以采用不同的地图代数表达式进行不同的计算一样，矢量数据的叠置分析也有很多不同的叠置计算方法，形成不同的矢量叠置分析种类。为了更好地认识这些不同种类的矢量叠置分析，可以按照不同的方法对矢量叠置分析进行分类，这样，有助于更加深入地了解它们的特性。下文从四个方面来对矢量叠置分析进行分类，这四个方面分别是：叠置数据层的数量、输出属性数据的来源、空间要素类型和逻辑运算类型。

11.2.1.1 按叠置数据层的数量分类

首先，按照叠置数据层的数量来进行分类就是指有多少个矢量数据层参与叠置分析的操作。由此可以分成两类，即：①两个矢量数据层的叠置；②三个及以上矢量数据层的叠置。

1. 两个矢量数据层的叠置

这一类的叠置运算只有两个矢量数据层参与叠置运算，如图 11-9（a）所示。这种只有

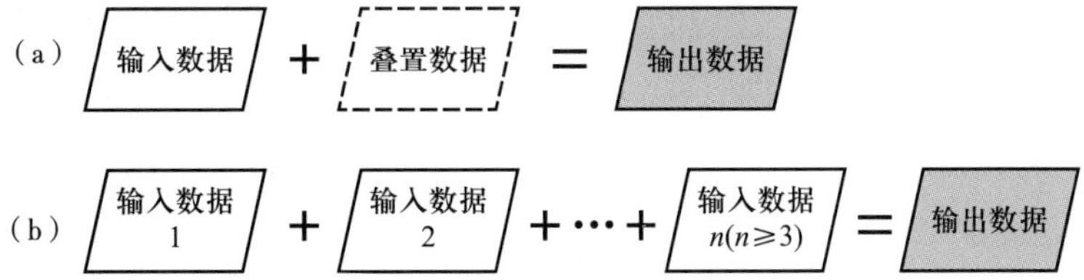

图 11-9　矢量叠置分析按叠置矢量数据层数量的分类

两个矢量数据层进行的叠置分析，往往这两个矢量数据层的作用是不一样的，所以，GIS 中常常把其中一个矢量数据叫作输入数据，另外一个矢量数据叫作叠置数据。输入数据和叠置数据是特有所指的，不能混淆，否则就得不到希望的结果。

2. 三个及以上矢量数据层的叠置

第二类就是三个及以上矢量数据层进行叠置，如图 11-9（b）所示，假设有 n（$n \geq 3$）个输入数据，也就是说，有很多个输入数据来做矢量叠置分析，而这些矢量数据层本身并不强调它们参与计算的顺序，不像第一类的两个数据层，需要区分哪一个是输入数据，哪一个是叠置数据。而在这个第二种类型中就不加区分，它们所有的都叫作输入数据。这些数据最后都叠置到一起，得到一个输出的结果。

11.2.1.2 按输出属性数据的来源分类

矢量叠置分析的第二种分类方法是按照输出结果中属性数据的来源进行分类，可分成两类，即：①结果包含所有层属性字段；②结果仅包含输入层属性字段。

1. 结果包含所有层属性字段的叠置

这一类叠置分析，其结果数据中包含了所有输入数据层的属性字段，即在输出数据的属性表格中，既包含了输入数据层的属性表中属性字段及其数值，也包含了叠置数据层（如果有的话）的属性表中属性字段及其数值。

如图 11-10 所示，一个输入矢量数据是土壤类型的分布，它有两个多边形，属性数据有两条记录：第一条记录代表的是黄壤分布的多边形，第二条记录是黄棕壤分布的多边形。第

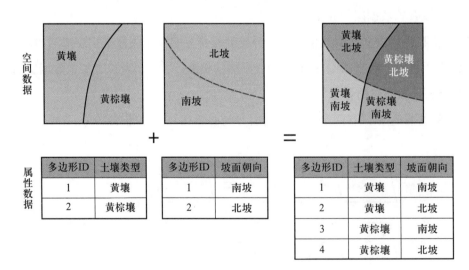

图 11-10　结果包含所有层属性字段的叠置（union、intersect 或 identity）

二个输入数据是地形坡面朝向的分类数据，也是两个多边形，第一个多边形是南坡，第二个多边形是北坡。然后进行矢量叠置分析，得到结果的矢量数据中有了四个多边形，其属性数据表中包含了输入的两个矢量数据的所有属性数据，即所有属性字段和属性数值的组合。

2. 结果仅包含输入层属性字段的叠置

这一类型通常发生在两个矢量数据层的叠置运算之间，其中一个数据层作为输入数据层，另一个数据层作为叠置数据层，而结果数据中仅包含了输入数据层的属性字段和数值，叠置数据层的属性字段和数值并没有包含在结果中。因此，就可以区别对待两个矢量数据层。

如图 11-11 所示，输入数据层是土壤类型矢量多边形数据，叠置数据层是校园范围的矢量多边形数据，叠置的结果是把校园范围内的土壤类型数据提取出来，对校园范围之外的土壤类型不予保留。在最终得到的结果数据中，属性数据仅包含了输入数据层的字段和数值，并没有保留校园多边形的属性字段和相应的数值。

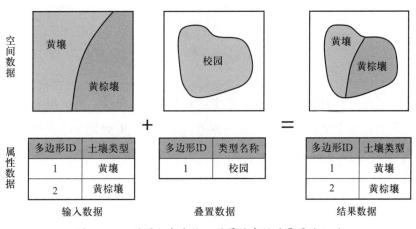

图 11-11　结果仅包含输入层属性字段的叠置（clip）

11.2.1.3　按空间要素类型分类

矢量叠置分析的第三种分类方法是按照空间要素的类型来进行分类。矢量数据通常表达的是点、线、面这三种空间要素类型。因此，这一类叠置分析可以分成：①点-点叠置；②点-线叠置；③点-面叠置；④线-面叠置；⑤面-面叠置；⑥点-线-面混合叠置。这里所谓的点-点叠置，指的就是参加矢量叠置分析的两个矢量数据都是点要素的数据，其他叠置的形式依此类推。

图 11-12 所示是一个线-面叠置的例子，一个输入矢量数据层是表示道路的线要素数据，另一个输入矢量数据层是表示土壤分布的面要素数据。把它们进行求交集的叠置，得到的叠置结果仍然是线要素数据。不过原来的线要素数据中是一条路，但在叠置结果数据中变

成两条路，这两条路相接的地方就是两个土壤类型分界的地方，也就是在两个土壤多边形的边界处把这条路一分为二，形成了两条路。在这两条路的属性表中，既包含了原来道路的属性数据，也包含了原来土壤多边形的属性数据。

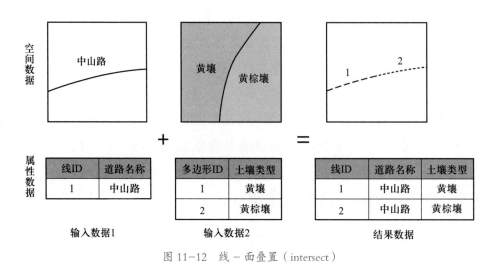

图 11-12　线 - 面叠置（intersect）

11.2.1.4 按逻辑运算类型分类

矢量叠置分析的分类方法还可以按照逻辑运算类型进行分类，将矢量叠置分析分成七种类型，即：①裁剪；②交集；③联合；④对称差；⑤擦除；⑥识别；⑦更新。接下来，将依次详细介绍这七种不同的矢量叠置分析。

11.2.2 裁剪

裁剪（clip）这种矢量叠置分析，在有些 GIS 软件中又被称为**提取**（extract）。裁剪只能在两个矢量数据层之间进行，就是用叠置数据去裁剪输入数据，凡是空间范围落入叠置数据的输入数据，都会被保留到结果数据中。

图 11-11 就是一个裁剪的例子，输入数据是土壤类型的多边形，叠置数据是校园范围的多边形，用叠置数据去裁剪输入数据，凡是落到叠置数据这个校园范围内的输入数据即土壤类型，最后都会被保存在结果数据中。裁剪结果的属性数据中只保留输入数据的属性，即只有土壤类型的属性字段和属性值，叠置数据的属性即校园的属性数据不保留在结果属性中。

裁剪支持所有空间要素类型，唯一的要求就是叠置数据的几何维度要大于、等于输入数据的几何维度。也就是说，在矢量数据中，点是零维的，线是一维的，面是二维的。二维的面可以去裁剪和它相同维度的面，也可以去裁剪一维的线，因为一维的线的维度比二维的面低；二维的面也可以去裁剪零维的点，因为零维的点的维度也比二维的面低。但是不能反过来，不能拿零维的点去裁剪一维的线，也不能拿一维的线去裁剪二维的面。裁剪在不同维度空间要素之间的情况如表 11-2 所示。

表 11-2　不同维度空间要素之间的裁剪

输入数据	叠置数据	结果数据	结果说明
点	点	点	保留输入数据中的点，其与叠置数据中的点空间位置相同
	线	点	保留输入数据中的点，其恰好落在叠置数据中的线上
	面	点	保留输入数据中的点，其落在叠置数据中的面范围内
线	线	线	保留输入数据中的线，其与叠置数据中的线共线的部分
	面	线	保留输入数据中的线，其落在叠置数据中的面的范围内
面	面	面	保留输入数据中的面，其落在叠置数据中的面的范围内

　　图 11-13 和图 11-14 是一个裁剪的实例，图 11-13 中显示了两层矢量数据，一个是零维点要素的全国地级市，另一个是二维面要素的省级行政区（这里只有浙江省的行政区范围）。把全国地级市作为输入数据，把浙江省作为叠置数据，进行裁剪，也就是把落入浙江省范围内的地级市保留下来，浙江省以外的地级市去除掉。

　　图 11-14 就是经过裁剪以后的结果，可以看到除了原来的地级市数据、浙江省数据以外，又生成了一个新的裁剪数据（名为"裁剪后"），裁剪数据里只包含了浙江省内部的地级市。

图 11-13　参与裁剪的输入数据（地级市）和叠置数据（浙江省的范围）

图 11-14　输入数据（地级市）和叠置数据（浙江省的范围）裁剪的结果数据

11.2.3 交集

矢量叠置分析中的**交集**（intersect）主要用来计算并输出多个矢量数据层之间在空间上相交的部分。交集可以在多个矢量数据层之间进行，即所有参与计算的矢量数据层都作为输入数据来看待，不再区分输入数据和叠置数据。

交集的计算也可以在所有矢量空间要素类型之间进行，即点、线、面要素之间都可以求交集，而结果只保留所有参与交集计算的矢量数据层中空间维度最小的数据，例如，点要素和线要素求交集，其结果是点要素；面要素和线要素求交集，结果是线要素；点要素和面要素求交集，结果是点要素，诸如此类。

交集的最终输出结果的属性数据包含了所有输入数据的属性字段和数值。例如，图 11-12 所示就是一个线要素和面要素求交集的实例。图 11-15 则是两个面要素求交集的例子，这个例

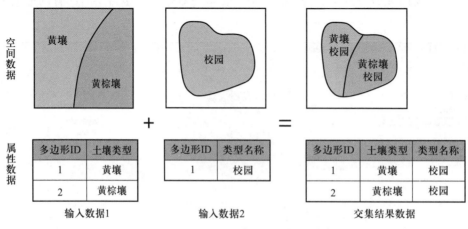

图 11-15　两个矢量面要素进行交集的计算实例

子可以和图 11-11 所示的裁剪对比，面要素求交集只是求出共同的面积部分，不像裁剪要区分输入数据和叠置数据，且求交集的属性数据中包含了所有数据层的属性。

11.2.4 联合

联合（union）运算只能针对矢量面要素数据进行，而不能使用点要素或线要素的矢量数据。联合主要是用来得到多个面要素叠置所产生的所有空间组合形式，这和栅格叠置分析中的栅格联合作用很相似，只是栅格联合是在两个栅格数据层之间的运算，而矢量面要素之间的联合可以在多于两个矢量面要素数据的情况下进行，所有的面要素数据都是输入数据，不区分输入数据和叠置数据。

矢量联合运算输出的结果中属性数据包含了所有输入数据的属性字段和数值，图 11-10 所示的例子就可以看作土壤和植被两种面要素矢量数据的联合运算，其结果反映了该地区土壤类型和植被类型的各种空间组合类型。

图 11-16 所示为矢量联合与矢量交集的对比，这两种叠置运算都允许在多个矢量数据层之间进行，联合保留了所有的组合关系，即只有大气污染的区域、同时具有大气污染和水污染的区域，以及只有水污染的区域。而交集只保留共同的部分，即两种污染同时具有的区域。

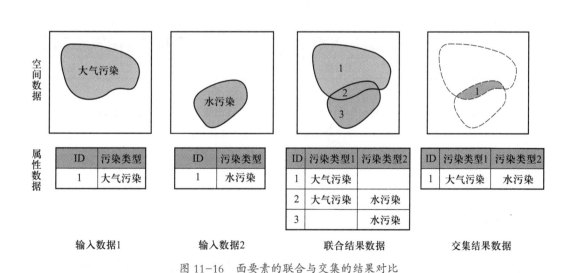

图 11-16　面要素的联合与交集的结果对比

11.2.5 对称差

对称差（symmetrical difference）与交集运算正好是截然相反的，也就是说，在它的结果数据中保留的是各个输入数据中在空间上不相交的部分，而空间上相交的部分则被去掉。求交集运算却是把空间相交的部分保留下来，不相交的部分去掉。因此，对称差运算往往要求所有的输入数据都是相同维度的矢量空间数据，即只能是点要素与点要素之间，线要素与线要素之间，或者面要素与面要素之间进行对称差运算，而不能在不同空间维度之间进行对称差运算。对称差运算的输出属性数据结果中包含了所有输入数据的属性字段和相应属性值。

可以用一个例子来比较交集和对称差运算之间的区别。如图 11–17 所示，两个输入数据都是面要素数据，分别表示大气污染和水污染区域。这两个区域之间有一部分重叠的区域。如果是求交集，最后得出来的结果就是水和大气双重污染的区域，即水污染和大气污染空间重叠的区域。而如果是求对称差，结果就会得到两个多边形，一个是仅有水污染的区域，另一个是仅有大气污染的区域，而双重污染的区域就被排除掉，不包含在结果中。总之，这两个运算的区别就在于：交集是求同，对称差是存异。

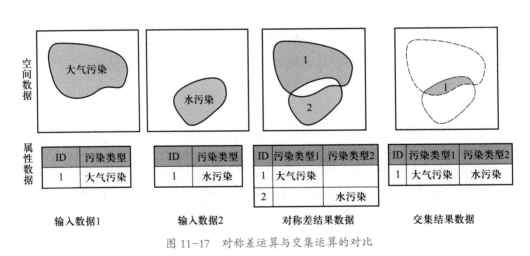

图 11–17　对称差运算与交集运算的对比

11.2.6 擦除

擦除（erase）又称作**差异**（difference），其作用就是用叠置数据把输入数据中与叠置数据重叠的部分去掉。擦除运算的要求是叠置数据的几何维度要大于等于输入数据的几何维度，而其结果数据中只包含输入数据的空间数据和属性数据。

擦除运算和裁剪运算相对，如图 11-18 所示，输入数据是土壤类型面要素，叠置数据是校园的面要素。擦除的结果就是输入数据中叠置数据所在的空间范围被去掉而剩下来的部分，叠置数据只是作为一个空间范围来起作用的。相对的裁剪运算则是保留叠置数据范围内的输入数据，去掉叠置数据范围外的输入数据。

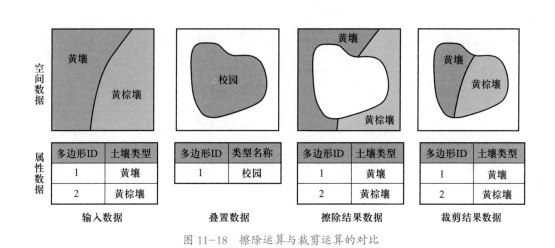

图 11-18　擦除运算与裁剪运算的对比

11.2.7　识别

矢量叠置分析中的**识别**（identity）是用叠置数据对输入数据进行空间和属性的加注，即把叠置数据的空间要素和输入数据进行叠放，并使空间重叠的部分既包含输入数据的属性，也包含叠置数据的属性。输入数据可以是任何几何维度的空间要素，而叠置数据要么是面要素，要么几何维度必须和输入数据相同，即点、线、面要素都可以与面要素来进行识别运算，但是除此以外只能是点与点的识别，线与线的识别，以及面与面的识别。

如图 11-19 所示，输入数据是土壤类型，叠置数据是土地覆盖类型，其中只有一个面要素表示林地的分布范围。用叠置数据对输入数据进行识别，即对其空间重叠部分进行了属性的加注。识别的结果得到的还是原来的输入数据相同范围的面要素，超出输入数据范围的那部分叠置数据不包含在结果中，而输入数据和叠置数据空间重叠部分被加入了叠置数据的属性。

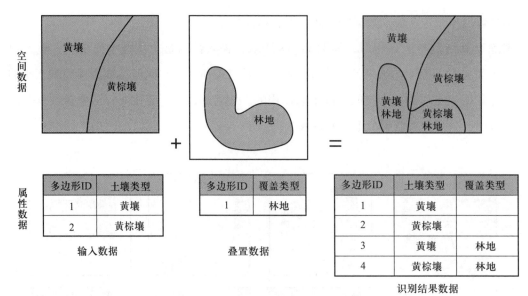

图 11-19 矢量叠置分析中的识别运算

11.2.8 更新

矢量叠置分析中的**更新**（update）就是将输入数据中与叠置数据重叠部分的面要素替换成叠置数据的面要素及其属性。所以，在使用更新运算的时候，输入数据和叠置数据都必须是面要素数据。此外，用来更新的叠置数据其属性字段必须与被更新的输入数据相一致，也就是说，用来更新的叠置数据其性质和被更新的输入数据是完全一样的数据，如图 11-20 所示。

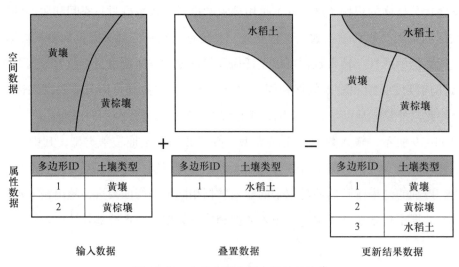

图 11-20 矢量叠置分析中的更新运算

上述这七种矢量叠置分析是根据逻辑运算来区分的，因此，可以用表 11-3 从逻辑运算的角度进行总结。由此，可以看出它们和布尔逻辑运算之间是一种什么样的对应关系。

表 11-3　矢量叠置分析分类与逻辑运算的关系

叠置运算类型		逻辑运算	输出图形	层的数量	属性来源	实体类型和维度
clip	裁剪	A AND B		2	A	A：点、线、面 B：点、线、面 $A_{维度} \leq B_{维度}$
intersect	交集	A AND B		> 2	$A, B, \cdots$	A：点、线、面 B：点、线、面
union	联合	A OR B		> 2	$A, B, \cdots$	A：面 B：面
symmetrical difference	对称差	A XOR B		> 2	$A, B, \cdots$	A：点、线、面 B：点、线、面 $A_{维度} = B_{维度}$
erase	擦除	A NOT B		2	A	A：点、线、面 B：点、线、面 $A_{维度} \leq B_{维度}$
identity	识别	(A AND B) OR A		2	A, B	A：点、线、面 B：面、或 $A_{维度} = B_{维度}$
update	更新	(A NOT B) OR B		2	A, B	A：面 B：面

① 裁剪运算对应的逻辑运算就是"逻辑与"（AND）。逻辑运算可以用**文氏图**或称**维恩图**（Venn diagram）的形式来表达，例如，若用两个圆形 A 和 B 表示两个不同性质的矢量数据层，则裁剪从逻辑上看得到的结果就是求 A AND B，也就是它们的重叠的共同部分，而输出的属性数据只是输出 A 中的属性，不输出 B 中的属性。

② 求交集同样是一个"逻辑与"运算，输出图形和裁剪也是一样，只不过它和裁剪的区别在于它输出的属性既包含了 A 的属性，又包含了 B 的属性。

③ 联合对应的逻辑运算是"逻辑或"（OR），即 A OR B。它输出的图形既包含了 A 单独的部分，也包含了 B 单独的部分，同时还包含了它们空间重叠的共同部分。输出的属性既包

含了 *A* 的属性，也包含了 *B* 的属性。

④ 对称差对应的逻辑运算是"逻辑异或"（XOR），即 *A* XOR *B*。保留的是 *A* 和 *B* 各自不重叠的部分，重叠的部分被排除掉，输出的属性包含了 *A* 和 *B* 的属性。

⑤ 擦除对应的逻辑运算是"逻辑非"（NOT），即 *A* NOT *B*，如果把 NOT 当作单目运算符，那么擦除也可以表达为 *A* AND（NOT *B*）。擦除的结果保留了 *A* 不属于 *B* 的部分，与 *B* 重叠的 *A* 的部分被去除掉了。输出的属性只有 *A* 的属性保留下来。

⑥ 识别对应的逻辑运算稍微复杂一些，它先是 *A* 和 *B* 进行"逻辑与"运算，再将运算结果和 *A* 进行"逻辑或"运算，即（*A* AND *B*）OR *A*。输出的属性包含了 *A* 和 *B* 的属性。

⑦ 更新是先从 *A* 中把和 *B* 重叠的部分擦除，然后把擦除后的结果再和 *B* 进行"逻辑或"运算，即（*A* NOT *B*）OR *B*。输出的属性中既包含了 *A* 的属性，也包含了 *B* 的属性。

上述总结的七种矢量叠置分析方法并非截然不同，在有些情况下，用不同的方法能够得到相同的叠置结果。如图 11–10 所示，当两个面要素的矢量数据空间范围完全相同的时候，使用联合、交集或识别这三种叠置方法，得到的结果都是完全一样的。同样，在这种情况下使用对称差和擦除这两种叠置方法，也是会得到相同的结果，即得到一个空集，其中没有任何空间数据保留下来。

11.2.9 空间连接

GIS 中与矢量数据叠置分析非常相似的一种空间分析叫作**空间连接**（spatial join）。空间连接在不同的 GIS 软件中可能用不同的名称表达，有的 GIS 软件称之为**按位置连接属性**（join attribute by location）或者**按最近距离连接属性**（join attribute by nearest），如图 11–22 所示。空间连接指的是根据位置进行属性数据的连接，或者根据距离最近的原则进行属性数据的连接。虽然名称各异，但是分析方法和结果相似。

进行空间连接分析，需要设置四个条件，如图 11–21 所示，即：

（1）基础数据层：指的是属性数据被连接到的矢量数据层。例如，基础数据层是村庄分布的点要素矢量数据，每个村庄有一个属性字段存储了点要素的 ID 编码，还有另一个字段用来存储村庄的地名。

（2）连接数据层：其作用就是提供连接属性数据的矢量数据层。例如，连接数据层是同一地区的土壤分布类型矢量面要素数据。每种土壤类型有一个属性字段表示土壤多边形的 ID

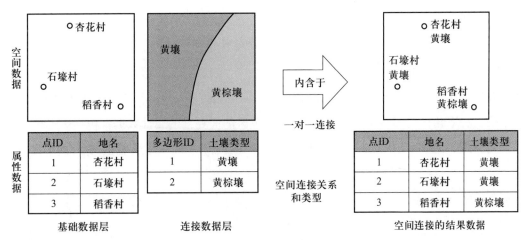

图 11-21　空间连接（内含于）的实例

编码，另一个字段用来存储具体土壤类型的名称。

（3）空间连接关系：即基础数据层中的每个空间要素依据什么空间关系与连接数据层中的空间要素进行连接。例如，一个空间关系叫作"内含于"，即如果基础数据层中的某个点在空间上被包含于连接数据层中的某个多边形范围内，那么它们符合"内含于"的空间连接关系，这个点和该多边形的属性就要进行连接，将多边形属性值连接到点的属性表中。

（4）连接类型：主要有两种，即可以选择一对一连接，或者选择一对多连接。如果选择一对一连接，那么点仅仅和数据中排在前面的第一个遇到的包含它的多边形连接，在空间数据中新生成一个点；如果选择一对多连接，那么所有包含该点的多边形都要与该点连接，同时在空间数据中新生成多个点。这些点在几何坐标上与原来的点完全一致，空间位置重叠，但是对应着生成的不同连接的属性数据记录。

一旦找到了一个符合用户设定的空间连接关系的基础数据和连接数据，就把那个连接数据的属性值添加到基础数据的属性值中，形成一个新的空间连接的结果数据。从空间上看，新的结果数据和原来输入的基础数据似乎没有什么区别。如图 11-21 所示，基础数据层有三个点要素，结果数据层依然是这三个点要素，但是它们变化的是属性部分，每个点要素根据它落在哪个面要素中，这个点要素的属性后面就把这个面要素的属性加进来。

连接类型的选择对最终生成的空间要素数量起到决定性作用。如果选择一对一连接，那么基础数据层中的每一个空间要素都只能和连接数据层中的一个空间要素相连接，并在结果数据中生成一个新的空间要素。而如果选择了一对多连接，那么基础数据层中的每一个空间要素都有可能和连接数据层中的多个空间要素按照连接关系产生连接，并在结果数据中生成多个新的空间要素。

下面用一个具体的例子来展示一对多连接会产生什么样的结果。如图 11-22 所示，有两个矢量数据，一个是黄河与长江的线要素数据，另一个是我国各省级行政区范围的面要素数据。中下部窗口显示了黄河与长江的属性数据，包括河流名称（NAME）和长度（LENGTH）两个属性字段。右下角窗口显示了我国 34 个省级行政区的面要素的属性数据，包括了省级行政区名称（NAME）、编码（ADCODE99）、周长（PERIMETER）和面积（AREA）等属性字段。

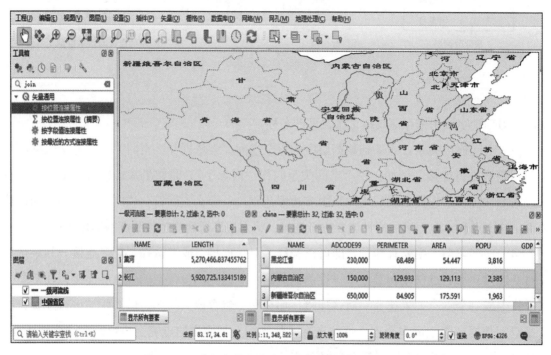

图 11-22　黄河与长江和省区的空间数据和属性数据

图 11-23 显示了 GIS 软件中进行空间连接运算的参数设置对话框窗口。其中，基础数据层设为河流的线要素数据，连接数据层设为省级行政区的面要素数据，空间连接关系选定为"相交于"，也就是只要河流流过某个省级行政区，它就符合空间连接关系。而连接类型则选择了一对多连接，这也符合实际情况，因为源远流长的黄河与长江自然会流过多个省级行政区，所以河流对省级行政区的关系可以是一对多的关系。

图 11-24 显示了经过一对多类型的空间连接后产生的结果，生成了一个新的"被连接图层"，从左边窗口里显示的"被连接图层"属性表可以看出，原来只有两条河流即黄河与长江的数据，经过空间连接以后，现在生成了 19 条属性数据记录，也就是对应了 19 条河流的

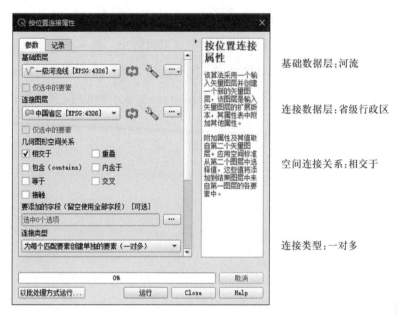

图 11-23 空间连接的参数设置对话框窗口

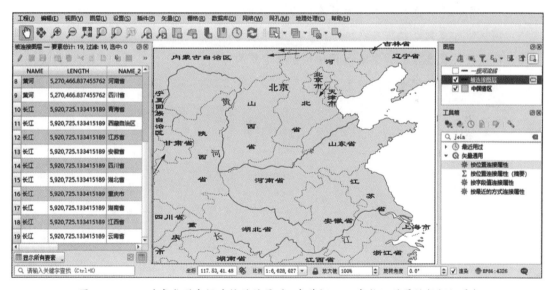

图 11-24 一对多类型空间连接的结果（9 条黄河、10 条长江的属性数据记录）

空间数据。

　　实际上，这 19 条河流的空间数据还是原来的黄河与长江，只不过这 2 条河流被反复生成很多次，每一次会与某一个特定的省级行政区相连接。其中，黄河从西到东流经了 9 个省级行政区，所以，同样一条黄河的空间数据和属性数据记录在结果数据中共产生了 9 次，它的空间数据就从原来一条黄河变成了9条黄河，只不过这9条黄河的空间坐标数据完全相同，所以重合在一起看不出来有9条。但在属性表中就可以看出，每一条新生成的黄河，其属性数据表中对应的记录包含了黄河的名称字段，同时也包含了一个它流经的省级行政区的属性数据字段，说明它们确实是连接在了一起。同样，长江生成了新的10条数据，说明长江一共流经了10个省级行政区。

复习思考题

1. 什么是空间叠置分析？什么是矢量叠置分析？什么是栅格叠置分析？

2. 为什么栅格叠置分析又可以叫作地图代数？

3. 地图代数通常支持哪些计算？

4. 栅格联合的原理是什么？有什么作用？

5. 请说明矢量叠置分析可以从哪几个方面进行分类。

6. 请比较矢量叠置中的交集运算和对称差运算的区别。

7. 请举例说明空间连接的作用。

第12章 空间分析——邻近分析

在我国古典名著《西游记》中有这样一个情节，孙悟空在去给唐僧化斋之前，用金箍棒在地上画了一个圈，把唐僧等师徒保护在其中。这个圆圈就是一个以唐僧所在位置为中心的、以一定距离生成的保护区。在 GIS 中，这被称为空间邻近分析生成的缓冲区。

空间邻近分析（spatial proximity analysis）是 GIS 中与空间距离有关的一类重要分析方法。所谓邻近，指的就是某个地理现象或某个空间实体附近的空间区域。所以，空间邻近分析所要解决的问题就是研究某些地理现象在它周围一定距离内产生的影响范围，即空间邻近分析也就是生成空间实体周围的影响范围。

一种地理现象大多不是孤立存在的，多半会影响自身周围一定范围的区域。可以从下面几个真实的例子来看待空间邻近问题：

（1）地震破坏程度扩散影响范围的问题：如果某处发生了地震，震中位置的破坏程度通常是最大的，随着离开震中向外围距离增加，地震破坏程度就会逐渐下降，直到一定距离就没有显著影响了。所以，地震破坏程度的影响范围就是一个空间邻近的问题。

（2）道路交通噪声污染影响范围的问题：假设存在一条交通繁忙的道路，其上车辆往来会产生交通噪声。交通噪声在空间上的分布特点是离道路越近，噪声污染程度越大；离道路越远，噪声污染程度越小。离开道路两侧一定距离以后，噪声污染影响就可以忽略了。所以，这也是一个随距离产生的空间邻近问题。

（3）湖泊生态保护区范围的问题：假设在一个湖泊周围要建立一个生态保护区，这同样是与距离有关的空间邻近问题。也就是要沿着湖泊的岸线向外扩展一定距离形成保护区范围，在这个范围内要实行生态保护相关的措施，例如保护植被、控制污染等等。

（4）小学学区范围划分的问题：这也是一种常见的空间邻近问题。假设有若干所小学，那么根据小学生应该就近入学的原则，各个不同居住地点的学生应该到哪一所学校去上学，就取决于学生的家庭住址和学校之间的距离。在这个距离的影响下，形成每个学校周边的影响范围，也就是学校的学区范围。

上述这四个问题，都可以用空间邻近分析来解决。GIS 中的空间邻近分析可以分别用两种数据模型来实现。即用矢量数据来做空间邻近分析，或用栅格数据来做空间邻近分析。其中，基于矢量数据的空间邻近分析主要有两种方法：①空间缓冲区分析；②泰森多边形分析。同样，基于栅格数据的空间邻近分析也有对应的两种方法：①栅格自然距离计算；②栅格自然距离分配。其实，矢量数据缓冲区分析论其形式和功能几乎完全对应着栅格自然距离计算；而矢量泰森多边形分析与栅格自然距离分配也是对应的关系。

电子教案　第 12 章

12.1 矢量空间邻近分析

矢量空间邻近分析采用矢量数据作为输入数据，分析的结果也是矢量数据。其中最主要的两种分析方法，一种是空间缓冲区分析，另外一种是泰森多边形分析。空间缓冲区分析可以用来解决上述的前三种空间邻近问题，也就是地震破坏程度扩散影响范围、交通噪声污染范围和湖泊生态保护区范围都可以被看作缓冲区。而泰森多边形分析可以用来解决上述学区划分范围的问题。

12.1.1 空间缓冲区分析

空间缓冲区分析中的空间**缓冲区**（buffer），指的是一个空间区域或范围，该区域是围绕着某个空间要素按照一定距离产生的。空间缓冲区分析就是要生成空间缓冲区。生成空间缓冲区的过程，首先需要基于一个空间要素。对于矢量数据模型而言，空间要素可以是点、线或面。其次，要设定一个距离，这个距离就是离开这个空间点、线或面要素向外扩展的距离，扩展到这个距离以后就形成一个环绕的面要素，或者在 GIS 中称为一个多边形。这个面要素或多边形的范围就是缓冲区。

空间缓冲区分析可以分为三类方法，即：①基于点要素的缓冲区；②基于线要素的缓冲区；③基于面要素的缓冲区。如图 12-1 所示，上述的地震破坏程度扩散影响范围可以用基于点要素的缓冲区分析方法实现，因为地震的震中就是一个点，地震破坏程度以这个点为中心向外扩散。上述的交通噪声污染范围可以用基于线要素的缓冲区来实现，因为道路在空间分布上可以被看作线要素，沿着线要素的两边以一定距离形成缓冲区。上述湖泊生态保护区范围可以用基于面要素的缓冲区实现，因为湖泊通常是一个面要素，围绕这个面要素周围形成缓冲区。

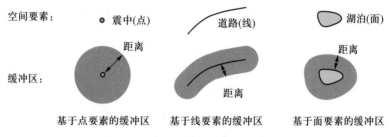

图 12-1 空间缓冲区分析的三类方法

12.1.1.1 基于点要素的缓冲区

基于点要素的缓冲区在空间上的形状就是一个以点要素为圆心，以缓冲距离为半径的圆。当然在 GIS 矢量空间数据模型中，一个圆实际上也是一个多边形，它是由围绕着这个圆周的一系列坐标点连接而成的。只要坐标点足够多，这个多边形看起来就非常接近一个圆。

图 12-2 所示为基于点要素的缓冲区实例，点要素数据是广东省主要城市，如果假设每

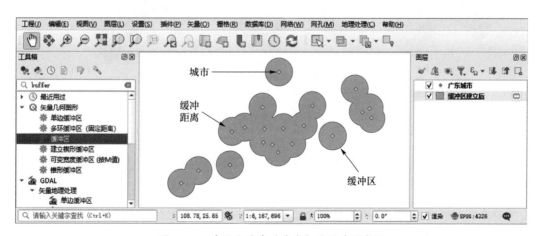

图 12-2 基于点要素（城市）的缓冲区实例

个城市有 50 km 的经济辐射范围，就可以利用基于点要素的缓冲区功能，在 GIS 软件中以城市为圆心，以 50 km 为半径，生成各个城市的经济辐射范围。

从图 12-2 可以看到各个城市的经济辐射范围缓冲区，这些缓冲区都是圆形。每个城市生成一个圆形的缓冲区。当两个城市距离较近，50 km 半径生成的缓冲区有可能重叠在一起，这个时候有两种选择：①融合（dissolve）重叠的缓冲区，也就是把空间上重叠的几个圆组合在一起，去掉内部的边线，保留外部的边线，形成一个复杂的多边形。例如，图 12-2 即是采用融合的形式，距离较近的城市产生的缓冲区融合在一起。②不融合，即每个点要素产生一个独立的圆缓冲区。这时，距离较近的点要素产生的圆形缓冲区可能会存在部分重叠的现象。对于线要素和面要素产生的缓冲区，也同样存在融合与否的选择。

12.1.1.2 基于线要素的缓冲区

基于线要素的缓冲区是围绕着线要素的条带状多边形，如图 12-1 所示。生成基于线要素缓冲区的方法是先在线要素的每一条线段两侧离开缓冲距离的位置生成平行线，然后对线段接头的地方进行连接处理，最后在线的两个端点位置进行封闭处理。

如图 12-3 所示，连接处理有三种样式：①圆角连接；②平台连接；③尖角连接。线的两个端点的封闭样式也有三种，即：①圆头封闭；②平头封闭；③方头封闭。所以，用户可以根据实际的需要，任选一种连接处理方式和线端封闭方式的组合，这样就可能形成九种不同的连接和封闭组合形式的线要素缓冲区。

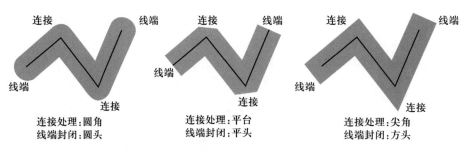

图 12-3　线要素缓冲区的连接处理和线端封闭类型

图 12-4 是某区域主要河流的缓冲区分析结果，每条河流是一个线要素，按照用户设定的距离，形成两倍距离宽度的条带状缓冲区。

线要素缓冲区的生成同样可以选择对重叠的缓冲区是否采用融合或不融合两种处理方式。此外，线要素缓冲区还有一种变化形式可以选择，就是形成单侧缓冲区或双侧缓冲区。如图

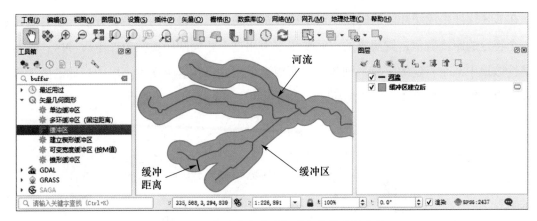

图 12-4　基于线要素（河流）的缓冲区实例

12-5 所示，单侧缓冲区指只在线要素的一侧形成的缓冲区，可以在左侧形成缓冲区，右侧不形成；也可以在右侧形成缓冲区，左侧不形成。线要素的左侧和右侧是根据线要素上坐标点的排列顺序来确定的。而双侧缓冲区就是在常规情况下在线的两侧都按照缓冲距离形成的缓冲区。

图 12-5　线要素的单侧缓冲区和双侧缓冲区

12.1.1.3 基于面要素的缓冲区

基于面要素的缓冲区形状是围绕面要素周围形成的面状多边形。面要素生成缓冲区也可以有几种不同的形式，如图 12-6 所示，可以选择在面要素外侧生成缓冲区、在面要素内侧生成缓冲区和生成全覆盖面要素的缓冲区。

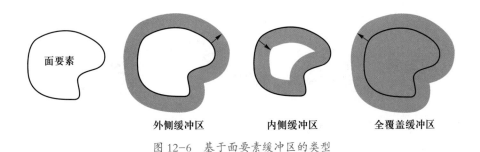

图 12-6　基于面要素缓冲区的类型

在 GIS 软件生成缓冲区的时候，对于缓冲距离的设定可以有两种主要方法：①若直接指定一个特定的距离数值，则所有的空间要素都采用这个相同的距离数值产生缓冲区；②若指定属性数据中某个特定的字段，则各个空间要素采用各自在这个属性字段中存储的数值作为缓冲距离，生成各自距离不等的缓冲区，如图 12-7 所示。

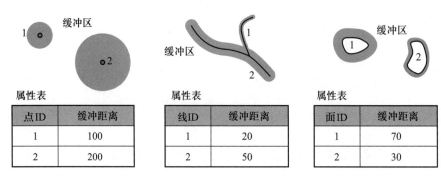

点ID	缓冲距离
1	100
2	200

线ID	缓冲距离
1	20
2	50

面ID	缓冲距离
1	70
2	30

图 12-7 按照属性字段数值确定不同的缓冲区距离

缓冲区分析还可以生成多环缓冲区，即围绕空间要素周围按照相等的距离间隔，生成一系列层层嵌套的缓冲区。例如，图 12-8 所示是分别基于点、线、面要素生成的多环缓冲区。图 12-9 是围绕一个湖泊周围建立的多环缓冲区，多环缓冲区中每一环的缓冲距离是相同的，最接近空间要素的第一环距离是 0 km 到 5 km，外面紧接的第二环距离是 5 km 到 10 km，第三环距离是 10 km 到 15 km，最外围第四环距离是 15 km 到 20 km。虽然距离每向外一环增加一倍，但是相邻两环缓冲区的面积并不是只增加了一倍。

进行缓冲区分析的时候，缓冲区距离还有两种可以选择的计算方法：①**欧氏**（Euclidean）距离缓冲区；②**测地线**（geodesic）距离缓冲区。如果缓冲区范围是在一个较小的局部地区，缓冲距离的计算就可以采用欧氏距离（即平面距离）的计算方法。如果将缓冲区扩展到一个范围很大的区域，这时已经不能不考虑地球曲率的影响，就不能再使用欧氏距离了，而必须使用地球曲面上的球面距离计算方法，即计算测地线距离。测地线距离指的是球面上两点间

基于点要素的多环缓冲区　　基于线要素的多环缓冲区　　基于面要素的多环缓冲区

图 12-8 基于点、线、面要素的多环缓冲区

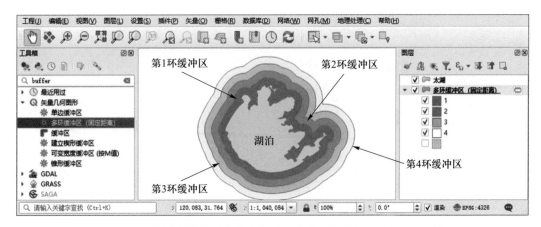

图 12-9　围绕面要素（湖泊）周围建立的 4 个环组成的多环缓冲区

的最短距离，通常是连接两点形成的**大圆**（great circle）上弧的长度。大圆指的是过地球球心和球面上任意两点所在的平面与球面相交形成的封闭曲线。

　　假设以地球表面某一点为中心，生成 1 万千米缓冲距离的点要素缓冲区，如果选择欧氏距离，那么按照平面直线距离计算出缓冲区，得到图 12-10 的结果。这样生成的缓冲区范围是不正确的。如果欧氏距离缓冲区在如此大的范围内进行直线距离计算，得出的结果误差就很大。

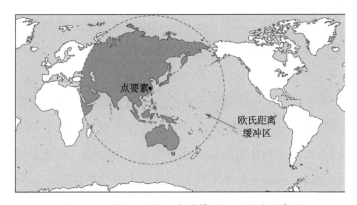

图 12-10　按照欧氏距离计算的不正确的缓冲区

　　因此，在大范围计算缓冲区时，应该采用测地线距离生成缓冲区。若以地球球面上的大圆弧长来测量距离，则能够保证距离符合实际球面的情况。例如，图 12-11 所示是选择测地线距离生成的缓冲区图形，它是地球曲面上的一个圆，画成平面地图就形成了图 12-11 的形状。在这个形状的边界上，每一点到中心点要素的球面距离都是 1 万千米。

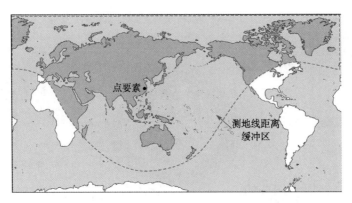

图 12-11 按照测地线距离计算的正确的缓冲区范围

12.1.2 泰森多边形分析

前面提到的小学学区划分问题也属于空间邻近问题，可以使用**泰森多边形**（Thiessen polygon）分析的方法来解决。在 GIS 中泰森多边形又称为 Voronoi 多边形，这种几何图形早期由乌克兰数学家沃罗诺伊（Georgy Voronoy，1868—1908）进行了详细研究，所以被称为 Voronoi 图。后来美国气象学家泰森（A. H. Thiessen，1872—1956）将其运用到气象学中进行大范围降雨量的均值计算，所以也被称为 Thiessen 多边形。

在几何上，Voronoi 图可以是二维平面上的多边形，也可以扩展到三维的多面体，甚至更高维形式。而泰森多边形则是专指二维平面上的多边形。目前在 GIS 领域中，泰森多边形和 Voronoi 图基本上是同一个含义，都是指二维平面中的图形。

泰森多边形是由平面空间中一些离散分布的点扩展生成的区域。这些多边形区域生成的过程，可以用图 12-12 来说明。假设这个区域中有 5 个点要素，每个点要素表示一个小学的位置，如图 12-12（a）所示。现在要为每个小学划分学区范围，也就是把整个空间范围合理地划分成 5 个多边形区域，在每一个小学周围生成一个多边形区域。如果按照泰森多边形的划分方法，就形成如图 12-12（b）所示的 5 个泰森多边形，每个泰森多边形内部包含一个点要素。

泰森多边形表达的几何意义就是距离离散点最近的邻近空间范围，即在某个泰森多边形内的任一位置到生成该多边形的点要素的距离都小于这一位置到其他点要素的距离。

图 12-13（a）所示是 5 个离散点要素生成的泰森多边形，那么，在 p_1 点生成的泰森多边形范围内的任意一点 p 到 p_1 的距离就会小于到其他 4 个离散点的距离。对于其他 4 个离散点

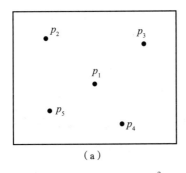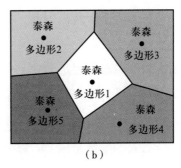

图 12-12　二维平面空间 R^2 中的离散点（a）及其泰森多边形（b）

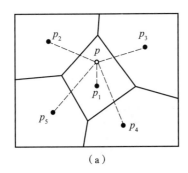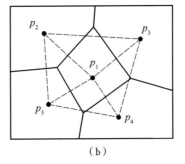

图 12-13　泰森多边形的几何意义（a）与德劳内三角网的对偶关系（b）

生成的泰森多边形也是如此。所以，泰森多边形的数学定义可以用如下集合的形式来表达：

$$V(p_i) = \left\{ p \mid d(p, p_i) < d(p, p_j), i \neq j, i, j = 1, \cdots, n \right\}$$

其中，p_1，$\cdots$，p_n 是二维平面空间 $\mathbf{R}^2$ 中的有限 n 个离散点要素，点 p 为 $\mathbf{R}^2$ 中任意位置点，$V(p_i)$ 是第 i 个离散点要素生成的泰森多边形，$d(p, p_i)$ 是点 p 到离散点 p_i 的距离，$d(p, p_j)$ 是点 p 到离散点 p_j 点的距离。根据这个定义，泰森多边形边界上的点到相邻两个离散点的距离相等。

　　前面介绍过生成数字高程模型中的不规则三角网有一种连接算法叫作德劳内三角化算法，这种算法形成的三角网叫作德劳内三角网。使用相同的离散点数据生成的德劳内三角网与泰森多边形是一种对偶图形，即德劳内三角网中每一条三角形的边都对应着泰森多边形的一条边。

　　如图 12-13（b）所示，5 个离散点生成 5 个泰森多边形，用德劳内三角化算法连接这 5 个离散点形成德劳内三角网。泰森多边形的边有 8 条，用实线符号表示；德劳内三角网的三角形边也有 8 条，用虚线符号表示。可以发现泰森多边形的每一条边都一一对应着德劳内三角网中三角形一条边的垂直平分线。因此，泰森多边形的边和德劳内三角网中三角形的边是对偶关系。

　　图 12-14 是 GIS 软件中泰森多边形的一个应用实例，能为小学学区划分问题提供一种解决方案。例如，该地区一共有 5 所小学，图中用菱形符号表示其位置。许多小圆点则表示该地区的农村居民地分布。对这 5 所小学进行学区划分，生成了 5 个泰森多边形。这 5 个泰森多边形就是 5 所小学各自的学区范围。若每个农村居民地落在某一个泰森多边形区域里，则它到那个泰森多边形中的小学的直线距离就比到其他小学距离近，如果按照就近入学的原则，该居民地的学生就应该到那所小学去上学。

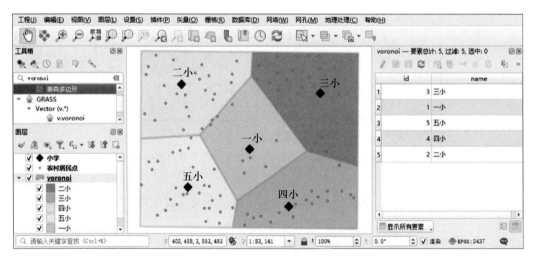

图 12-14　小学学区划分的泰森多边形解决方案

12.2　栅格空间邻近分析

　　矢量邻近分析有空间缓冲区和泰森多边形分析，而使用栅格数据，也可以进行邻近分析。栅格空间邻近分析输入输出的都是栅格数据。在栅格空间邻近分析中有两个主要的分析功能：①栅格自然距离计算，它的作用类似于矢量邻近分析中的空间缓冲区分析；②栅格自然距离分配，它的作用就相当于矢量邻近分析中的泰森多边形分析。

12.2.1 栅格自然距离计算

栅格**自然距离**（physical distance）计算在有些 GIS 文献中又叫作栅格**欧氏距离**（Euclidean distance）计算，或者把它理解成平面上的直线距离计算。栅格自然距离计算要做的就是计算栅格数据中的每个栅格单元到离它最近的**源栅格单元**（source cell）的直线距离。栅格单元间的直线距离以栅格单元中心点之间的直线距离来衡量。

12.2.1.1 栅格自然距离计算的原理

栅格自然距离计算中的源栅格单元，指的是某些空间实体的栅格位置，其栅格属性值不是"无数据值"，而其他不是源栅格单元的地方都采用"无数据值"。源栅格单元可以对应着矢量数据中的点要素、线要素或面要素。

如图 12–15（a）所示，某地区有两个矢量点要素，其属性值分别为 1 和 2。图 12–15（b）是相对应的栅格数据中的两个源栅格单元，它们的属性值分别对应的是 1 和 2，其他栅格单元属性值为"无数据值"。栅格自然距离计算就是计算栅格数据中所有的栅格单元其中心点到离它最近的源栅格单元中心点的直线距离。如图 12–15（c）所示，该图为任意两个栅格单元到离它们最近的源栅格单元 1 的直线距离，以及另外三个栅格单元到离它们最近的源栅格单元 2 的直线距离。

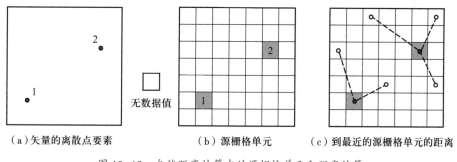

（a）矢量的离散点要素　　　　　（b）源栅格单元　　　　　（c）到最近的源栅格单元的距离

图 12–15　自然距离计算中的源栅格单元和距离计算

计算了所有栅格单元到离它们最近的源栅格单元的直线距离后，就可以将计算出的距离数值作为栅格单元的属性值生成新的栅格数据。如图 12–16（a）所示，包含两个源栅格单元的栅格数据是计算栅格自然距离的输入数据，然后对所有栅格单元都计算它们到源栅格单元 1 和 2 的直线距离，到哪一个源栅格单元距离近，就保留近的距离值作为栅格单元的属性值。

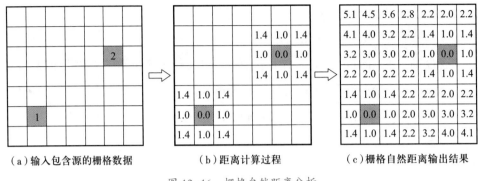

| （a）输入包含源的栅格数据 | （b）距离计算过程 | （c）栅格自然距离输出结果 |

图 12-16　栅格自然距离分析

如图 12-16（b）所示，对于源栅格单元 1 和 2，结果栅格中的数值为 0.0，就是到它们自身的距离为 0。若假设栅格单元的长和宽都是 1 个长度单位，则源栅格单元上下左右直接相邻的四个栅格单元到源栅格单元的距离就是 1.0，而左上、右上、左下、右下这四个栅格单元是以对角线方向连接到源栅格单元的，那么它们之间的直线距离就是 $\sqrt{2}$，约为 1.4。如此计算，最后得到自然距离栅格数据结果，如图 12-16（c）所示。

图 12-17 是点要素作为源栅格单元进行栅格自然距离计算的实例，矢量数据中的每个点要素对应栅格数据中的一个源栅格单元，这五个源栅格单元就是五个小学的位置。栅格自然距离计算的结果就是计算了整个栅格数据范围内每个栅格单元到离它最近的小学的直线距离。在图中自然距离数值越大，颜色越深。

源栅格单元还可以是线要素的位置，图 12-18 所示是两条河流作为源栅格单元进行栅格

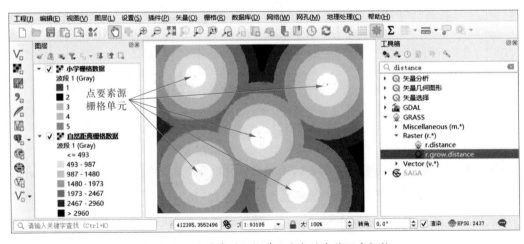

图 12-17　点要素源栅格单元生成的自然距离栅格

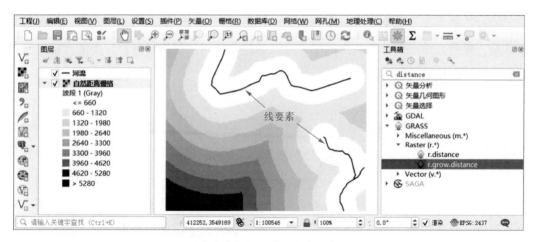

图 12-18　线要素源栅格单元生成的自然距离栅格

自然距离计算的结果，数值表明每个栅格单元到离它最近河流的直线距离。若距离越远，则颜色越深。

同样地，源栅格单元也可以是面要素的位置，如图 12-19 所示，有两片栅格区域代表两个湖泊的位置，将其当作面要素的源栅格单元来进行栅格自然距离计算，最后生成的栅格自然距离数据就是每个栅格单元到离它们最近的那个湖泊岸边的直线距离。若距离越远，则颜色越深。

观察栅格自然距离计算所得到的结果，可以发现它和矢量邻近分析中的缓冲区分析颇为相似。例如，基于点要素的缓冲区是围绕在点要素周围的圆形，而以点要素对应的源栅格单

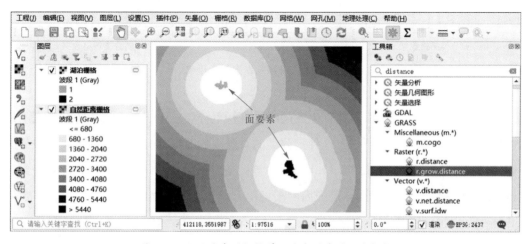

图 12-19　面要素源栅格单元生成的自然距离栅格

元生成的自然距离栅格数据，也呈现出相似的圆形分布。对于线要素和面要素，情况也是一样。其实，栅格自然距离计算产生的结果可以通过一种叫作栅格数据重分类的方法，获得与矢量数据缓冲区相似的结果。

12.2.1.2 栅格数据重分类

GIS 中可以通过栅格数据**重分类**（reclassify）的方法，把栅格自然距离计算的结果转化成栅格形式的缓冲区分析结果。

栅格数据重分类指的是使用一张新旧数据的对照表，对原有栅格数据中的属性值重新进行分类赋值，从而得到一组新类型值所表达的新栅格数据。而新旧数据对照表则罗列了原有栅格数据中的属性值（旧值）和需要转换生成的栅格数据中的对应属性值（新值）。

例如，图 12-20（a）所示是一种土壤类型分类的栅格数据。按照图 12-20（b）所示的新旧数据对照表进行重新分类，就是把原来旧的栅格属性值为 2、7 和 8 的土壤类型都归为新的属性值为 3 的土壤类型；把原来旧的栅格属性值为 6 和 4 的土壤类型都归为新的属性值为 5 的土壤类型；把原来旧的栅格属性值为 9 的土壤类型归为新的属性值为 1 的土壤类型。得到的重分类结果栅格数据如 12-20（c）所示。

9	9	9	9
6	4	4	9
6	8	8	8
8	7	7	8
7	2	7	7
2	2	2	2

ID	土壤类型
2	砖红壤
7	红壤
8	黄壤
6	黄棕壤
4	棕壤
9	褐土

（a）原分类栅格数据

旧值	新值
2	3
7	3
8	3
6	5
4	5
9	1

（b）重分类对照表

1	1	1	1
5	5	5	1
5	3	3	3
3	3	3	3
3	3	3	3
3	3	3	3

ID	土壤类型
3	红壤
5	棕壤
1	褐土

（c）新分类栅格数据

图 12-20　栅格数据重分类原理

同样也可以对栅格自然距离计算生成的结果进行重分类。由于栅格自然距离数据不是类型数据，而是连续的数值，所以，这种重分类的对照表的旧值部分就需要指定一个数值的范围，而不是单个数值。如图 12-21（b）所示，该图是对栅格自然距离计算结果的重分类对照表。该对照表把距离从 0.0 到 2.0 范围内的栅格单元赋予新的数值 1，把大于等于 2.0 数值范围的栅格单元赋予“无数据值”。

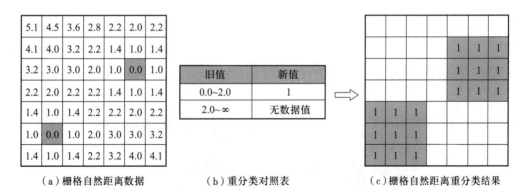

| （a）栅格自然距离数据 | （b）重分类对照表 | （c）栅格自然距离重分类结果 |

图 12-21　栅格自然距离连续数值按照数值区间进行重分类

图 12-22 是对图 12-17 所示的 5 所小学生成的栅格自然距离结果进行重分类的情况。重分类对照表中栅格距离数值在区间 [0，500) 中的被赋予新的属性值 500；[500，1 000) 的被赋予新值 1 000；在区间 [1 000，1 500) 中的被赋予新值 1 500；距离超过 1 500 的赋予"无数据值"（例如，可以用 -9 999 表示）。

从图 12-22 可以看出，对栅格自然距离进行重分类，得到的栅格数据结果中有 3 个类型：①中心颜色最浅的圆形，其中的栅格单元的属性值都是 500；②中间颜色略深的环形，其中的栅格单元的属性值都是 1 000；③外围颜色最深的环形，其中的栅格单元的属性值都是 1 500。而大面积白色的区域是无数据值区域，其中的栅格单元的属性值为 -9 999。

经过栅格重分类的栅格自然距离数据与矢量数据生成的缓冲区非常相似。这里的栅格

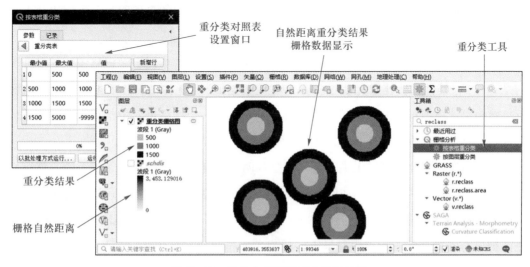

图 12-22　栅格自然距离重分类的结果

重分类生成了 3 个类型（除去"无数据值"栅格单元），相当于用 5 所小学的矢量点要素生成了有 3 个环组成的多环缓冲区。第一环缓冲距离是 0 到 500，第二环缓冲距离是 500 到 1 000，第三环缓冲距离是 1 000 到 1 500，如图 12-23 所示。

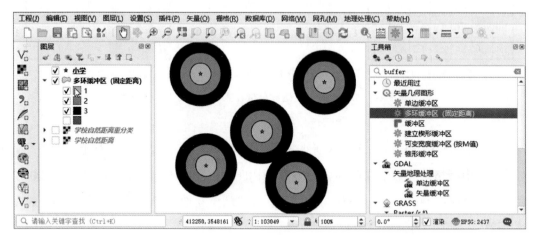

图 12-23　矢量缓冲区的结果与栅格自然距离重分类的结果相似

12.2.2 栅格自然距离分配

栅格自然距离计算有一个副产品，就是栅格自然距离**分配**（allocation）。栅格自然距离分配指的是对栅格数据中每一个栅格单元，根据它在自然距离计算中到哪个源栅格单元最近，就赋予这个栅格单元相应的源栅格的属性值。所以，由此形成的自然距离分配栅格数据，保存在每个栅格单元中的数值就是到它最近的源栅格单元的属性值。

图 12-24（a）所示是包含两个源栅格单元的栅格数据，其中两个源栅格单元的属性数值分别是 1 和 2，其他的栅格单元属性值都是"无数据值"。图 12-24（b）是根据源栅格数据进行自然距离计算所得到的自然距离栅格数据，其中每一个栅格单元中都存储了计算出的该栅格单元到离它最近的源栅格单元的直线距离数值。

根据栅格自然距离计算结果中的距离值是到两个源栅格单元中具体哪一个的，就可以把所有的栅格单元分为两个区域。如图 12-24（c）所示，左下部分一片浅色区域的栅格单元是到源栅格单元 1 距离最近，而右上部分一片深色区域的栅格单元是到源栅格单元 2 距离最近。于是，把所有到源栅格单元 1 距离最近的栅格单元都赋予属性值 1，把所有到源栅格单元 2 距离最近的栅格单元都赋予属性值 2，由此形成一个新的栅格数据，就是栅格自然距离分配。

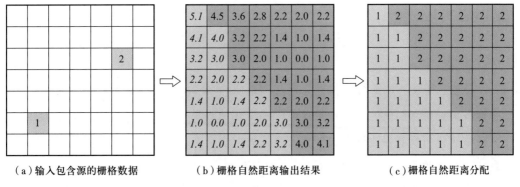

（a）输入包含源的栅格数据　　　　（b）栅格自然距离输出结果　　　　（c）栅格自然距离分配

图 12-24　栅格自然距离分配的原理

通过对比可以发现，以点要素位置为源栅格单元，由此计算出的栅格自然距离分配数据，直接对应着基于这些点要素生成的矢量泰森多边形的结果，每一个泰森多边形内部的点，到生成该泰森多边形的点要素的距离都要比到其他点要素更近。同样，在栅格自然距离分配得到的栅格区域中，每一个栅格单元也是到它的源栅格单元距离最近的。从这个意义上看，以点要素位置为源栅格单元进行栅格自然距离分配形成的栅格区域就是栅格形式的泰森多边形。不过，泰森多边形通常只能基于矢量点要素生成，而栅格自然距离分配可以适用于点、线、面多种源栅格单元的情况。

图 12-25 就是小学学区划分用栅格自然距离分配实现的例子。对比图 12-14 采用泰森多边形实现的结果，可以发现栅格自然距离分配和泰森多边形的结果是相似的。

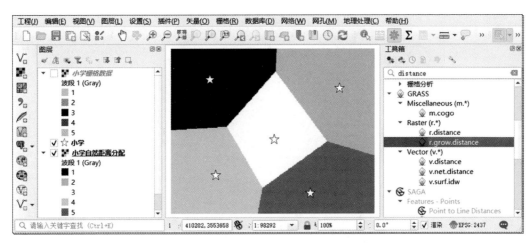

图 12-25　小学学区划分的栅格自然距离分配实现方案

复习思考题

1. 什么是空间缓冲区分析？基于矢量点、线、面要素的缓冲区，在形状上各有什么特点？

2. 请举例说明点、线、面缓冲区各有哪些变化的形式。

3. 请举例说明泰森多边形和德劳内三角网的对偶关系。

4. 请说明栅格自然距离计算的原理。

5. 什么是栅格数据重分类？请说明栅格数据重分类的作用。

6. 什么是栅格自然距离分配？请论述其与泰森多边形的关系。

第 13 章　空间分析——路径分析

我国著名的爱国诗人屈原在其代表作《离骚》中有"路漫漫其修远兮，吾将上下而求索"的名句，可见寻找理想的道路一直是人们的不懈追求。GIS 中的路径分析就是寻找理想道路的空间分析方法。

空间**路径分析**（path analysis）指在地理空间中找到一条从一个出发点开始，经过一系列的中间地点，最终到达目的地的最佳路线的方法。这种寻路的方法在实际应用中经常会用到，比如一个人要从某个地点出发，到另外一个地点，中间还要途经某些地点。怎样找到一条连接所有经过的地点的路线，且这条路线能满足某些最佳的条件，即路线最短或者时间最少，如果场景是开车，那么最佳的条件可能是耗油、耗电最少，等等，也就是找到这样的最佳路线。

GIS 的空间路径分析能分别以两种数据模型来实现：①以矢量数据模型来实现的矢量路径分析就是**网络分析**（network analysis）；②以栅格数据模型来实现的栅格路径分析就是**成本路径分析**（cost path analysis）。其中，网络分析具体可以实现不同的应用，如最佳路径计算、最近设施计算和网络服务范围计算等。而栅格成本路径分析的具体方法包括成本距离计算、成本距离分配、成本回溯链接和成本路径计算等。矢量路径分析和栅格路径分析的基本原理是相同的。

电子教案　第 13 章

13.1 矢量路径分析——网络分析

GIS 中的网络分析主要用来解决一些和网络有关的计算。在现实世界中，许多基础设施都可以用带有属性的线路和结点组成的网络来表示。例如，某地区公路的分布通常形成一张公路网，流域中各条河流的分布也形成河网。一些公用设施也可以组成网络，例如电力线组成电网。此外还有通信光纤的网络、供水供气的网络等都是网络的组织形式。

无论道路网络还是公共设施网络，它们都是由一些线要素及线要素相交处的点要素组成的，这些线和点能附加一些描述其性质的属性。例如，道路网中每一条路线都可以附加一个长度的属性，或者附加这条道路是否为单行线的属性。道路交叉点上也可以附加一些是否允许左转或右转的属性。所有线和点，以及其上附加的属性，都可以用来描述一张网络。

网络分析包含两方面的内容：①建立网络数据结构，用在 GIS 中对网络数据进行表达。因为网络数据与简单的矢量点、线、面数据相比，其结构更加复杂，而且网络分析又要建立在复杂的网络数据结构之上，所以，网络分析的第一步，就是要先建立起适合网络分析的网络数据结构。②网络分析的应用，指的就是基于网络数据结构，通过网络计算所能解决的实际应用问题。网络分析最常见的就是最佳路径计算、最近设施计算和网络服务范围计算这三种应用。

13.1.1 网络数据结构

网络数据结构是表达和存储网络数据的数据结构。它首先是一种复合形式的矢量数据结构，同时也包含了空间几何数据和空间拓扑数据两种数据形式。

13.1.1.1 复合的矢量数据

网络数据结构是一种复合的矢量数据结构，它不像简单的点、线、面矢量数据那样每一个数据层都只包含相同类型的空间要素，即简单矢量数据中一个数据层内要么全是点要素，要么全是线要素，要么全是面要素。网络数据是多层数据的集成，其中既有表达交叉点空间坐标位置的点要素，又有表达路线空间位置的线要素。点要素有自己特定的属性数据，同样，线要素也有其特定的属性数据。所以，网络数据是一种点和线两种空间要素结合起来的复合矢量数据结构。

13.1.1.2 网络拓扑数据

网络数据结构的复杂还表现在它除了要表达空间位置和属性数据以外，还要表达另外一种空间数据——网络拓扑数据。表达网络拓扑数据是进行空间路径分析的需要。在道路网络中要找到从一个起点经过哪条路线和交叉点才能走到目的地，而且这条路线还要满足距离最短或花费时间最少等条件，这在仅有道路的线要素和交叉点要素的矢量坐标数据中是不太方便做到的。所以，在网络数据结构中需要明确地表示一条道路在交叉点与哪些其他道路相连接。这些连接信息能够被空间路径分析直接利用，而不需要矢量数据参与分析。这种道路在交叉点相互连接的信息就是网络拓扑数据。

网络拓扑数据使用**图论**（graph theory）中的一些概念来表达网络的连接关系，例如，用**结点**（node）来表示道路的交叉点，用**边**（edge）来表示连接两个结点之间的道路。一个**图**（graph）是由两部分组成的，即结点的集合与边的集合。

无向图（undirected graph）指的是结点和结点之间连接成的边是没有特定方向的。就道路而言，用无向图表达的道路网其中的边是没有方向的，即一条边可以从其中一个结点通过该边到达另一个结点，也可以反过来，所以无向图表达的道路是一条可以双向通行的道路，而不是单行线的情况，如图 13-1（a）所示。

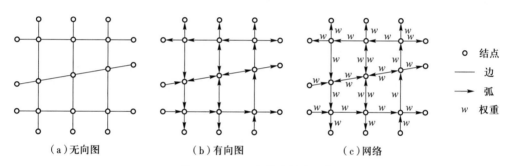

（a）无向图　　　　　　　（b）有向图　　　　　　　（c）网络

o 结点
— 边
→ 弧
w 权重

图 13-1　网络拓扑结构的组成

有向图（digraph）指图中的边是有方向的。它包括的边可以是仅从一个结点到另一个结点的单向边，例如道路中的单行线，也可以是双向通行的线。有方向的边又被称为弧，所以有向图是由结点和弧组成的，如图 13-1（b）所示。

网络则是指边或弧上带有权重数值的图，如图 13-1（c）所示。权重表示边或者弧上的一种属性。例如，在交通网络中，边或者弧上的权重又称为**链路阻抗**（link impedance），可以用来表达路段长度、预计通行的时间等。一条弧是有来回两个方向的，所以其上所带的权重也可能有两个。对于一条路段而言，在不同的方向有不同的权重可以说明来回两个方向长度或通行时间并不相同，例如，一条道路上一个方向道路阻塞，而另一个方向则通行顺畅。

GIS 中的网络数据结构，既要包含点和线的空间坐标数据，又要包含结点、弧和权重组成的拓扑数据，即结点和弧的连接关系，同时也有一些权重的属性。甚至可以认为对于一个网络而言，它的拓扑数据比空间数据更重要。因为在进行网络分析的时候，往往是基于拓扑数据来分析的，而不是使用矢量坐标数据来分析。

那么，空间网络数据的拓扑数据在计算机里究竟如何表达和存储？图 13-2 所示是一张简单的道路网络，仅有 5 个村庄的点要素，作为网络的结点看待；另有 7 条道路的线要素，作为连接各个村庄的网络的弧，每条道路的长度属性数据可以作为弧的权重。此外，道路线要素的属性中还可以表达每条道路是双向通行还是仅能单向通行的信息。

对于图 13-2 所示的道路网络，它的拓扑数据表达了其中点要素和线要素相互连接的逻辑关系。这种逻辑关系就可以用带有权重的有向网络来表达。如图 13-3（a）所示，带有数字的圆圈表示结点，数字是结点的 ID 码。连接结点的线段表示边。边上的数字表示边的 ID 码。括号中的数字表示权重，这里的权重是道路的长度。边上的箭头表示边的通行方向，有的边是双向通行的，如 ID 码为 1、2、4、6 和 7 的边；也有的边是单向通行的，如 ID 码为 3 和 5 的边。所以，这些边都是有方向的边，即弧。

空间数据(点要素和线要素)　　点要素属性表　　线要素属性表

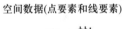

ID	名称
1	村1
2	村2
3	村3
4	村4
5	村5

ID	名称	长度	通行方向
1	路1	1	双向
2	路2	5	双向
3	路3	3	单向
4	路4	2	双向
5	路5	1	单向
6	路6	5	双向
7	路7	9	双向

图 13-2　道路网络的空间数据和属性数据

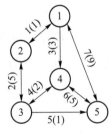

结点ID	邻接结点ID，弧ID		
①	②,1	④,3	⑤,7
②	①,1	③,2	
③	②,2	④,4	⑤,5
④	③,4	⑤,6	
⑤	④,6	①,7	

（a）网络拓扑结构　　　　　　（b）网络拓扑结构的邻接表示法

图 13-3　网络拓扑结构及其邻接表

在 GIS 中存储图 13-3（a）表达的网络拓扑结构可以使用一种叫作邻接表的结构。所谓邻接表，就是用来表达网络中在每个结点处与结点直接通过边相连的另一个结点的信息的表格。邻接表只表达网络中结点和边的邻接关系，不存储矢量数据的几何坐标数据。例如，图 13-3（b）所示是图 13-3（a）对应的邻接表结构。

对于像城市街道这样的道路网络，可能情况更加复杂。在道路交叉口的结点处往往有交通信号灯控制通行，这可能会增加在结点处的等待时间，因此对于考虑时间最少的路径分析的应用，就必须考虑在结点处的等待时间。而在道路交叉口等待信号灯的时候，如果是直行、左转、右转或掉头等不同方向，那么其等待的时间可能是不同的，就需要分别加以表达。

同样，某些道路交叉口的结点处还存在交通限制的情况，即某些路口是禁止左转、禁止右转、禁止直行或禁止掉头的。对于这些限制情况的表达，通常可以在网络拓扑数据中再加入一种叫作转弯表的数据，表中主要记录在结点处的**转弯阻抗**（turn impedance），转弯阻抗通常就是等待信号的时间。对于禁止转向的道路，设定其转弯阻抗为无穷大值（∞），如图 13-4 所示。

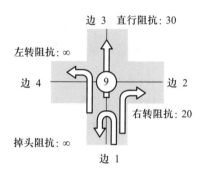

转弯表

结点 ID	起始边 ID	转向边 ID	转弯阻抗
⑨	1	2	20
⑨	1	3	30
⑨	1	4	∞
⑨	1	1	∞
...	...	...	...

图 13-4　转弯表及其转弯阻抗

图 13-4 显示了在一个十字路口的转弯表的一部分内容。该路口的结点 ID 码为⑨，4 条道路作为边，其 ID 码分别为 1、2、3 和 4。转弯表显示了从边 1 方向到达结点⑨的四种可能行驶方向的阻抗：从边 1 右转向边 2 的阻抗是 20 秒，即右转可能等待时间是 20 秒。从边 1 直行到边 3 的阻抗是 30 秒，从边 1 左转到边 4，以及掉头到边 1 的阻抗都是无穷大，说明从边 1 方向行驶到该路口是禁止左转的，同时也是禁止掉头的。

因为网络拓扑数据对于网络分析而言不可或缺，所以各种 GIS 软件通常会在进行网络分析之前，显式或隐式地建立网络拓扑数据。以 ArcGIS 软件为例，在进行网络分析之前，要先创建一个网络数据集。其过程就是使用道路网的线要素数据，生成交叉口的点要素数据，然后把线要素数据和点要素数据分别作为边和结点进行连接，生成邻接表和转弯表所表示的网络拓扑数据。网络数据集既包含了如图 13-2 所示的道路和交叉口的空间数据，也包含了图 13-3 和图 13-4 所示的那些网络拓扑数据。

13.1.2 最短路径算法

在建立了网络拓扑数据之后，还要理解**最短路径**（shortest path）算法（徐建华，2014）。该算法是所有网络分析应用的基础算法，即各种不同的网络分析应用，例如，最近设施计算和网络服务范围计算等，都取决于最短路径算法提供基本的路径计算功能。最短路径算法中最常用的一种就是**迪杰斯特拉**（Dijkstra）算法。

迪杰斯特拉算法的发明人是计算机专家迪杰斯特拉（Edsger Wybe Dijkstra，1930—2002）。这种算法能够在网络中求出从一个结点出发到其他结点的最短路径。其基本思想是假设以出发的结点为起点，最终要到达的结点为终点，依据路径长度递增的顺序，逐步寻找从起点到其他结点的最短路径，一旦寻找到所需要的终点就结束算法，或者如果网络中的终点和起点之间没有路径相通，无法找到最短路径，也就结束算法。

该算法要求网络中所有边的权重为非负值，适合于要求道路长度最短或行驶时间最少的情况。当然，网络中也可能存在从起点到终点不止一条最短路径的情况，但迪杰斯特拉算法只规定找出其中的一条最短路径即可。

算法的执行过程可以用图 13-5 来简单说明。假设要从结点①出发，到达结点⑤，这可以走很多条不同的路径，只要是起点为①，终点为⑤即可。而最短路径是所有这些不同路径中的一条或几条，其必须是各条边的长度相加后总长度最短的那条或那几条。基于图 13-5（a）所示的网络拓扑结构，以及图 13-3（b）所示的邻接表，可以得到如图 13-5（b）所示的路径计算结果。

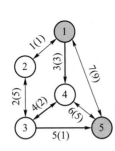

步骤	已完成结点 (最短距离)｜前驱结点		未完成计算结点集合 (当前距离)				
初始			① (0)	② (∞)	③ (∞)	④ (∞)	⑤ (∞)
1	① (0)	空		② (1)	③ (∞)	④ (3)	⑤ (9)
2	② (1)	①			③ (6)	④ (3)	⑤ (9)
3	④ (3)	①			③ (5)		⑤ (8)
4	③ (5)	④					⑤ (6)
结束	⑤ (6)	③					

（a）网络拓扑结构　　　　　　（b）迪杰斯特拉算法步骤

图 13-5　迪杰斯特拉算法步骤示例

算法把所有的结点分成两个集合，一个集合包含已完成最短路径计算的结点，另一个集合包含未完成最短路径计算的结点。在算法开始时的初始状态下，已完成的结点集合为空，所有的结点都放在未完成的结点集合内。每个结点附带一个当前到起点①的距离，以及到起点①的最短路径上前一个经过的结点（前驱结点）。对于起点①而言，距离是 0，前驱是空；其他所有结点由于不是起点，所以当前距离初值设为无穷大。

迪杰斯特拉算法是一个反复迭代的过程，对应图 13-5 所示的过程如下：

第 1 次迭代，从未完成的结点集合中找出当前距离最小的结点，就是起点①。把结点①从未完成的结点集合中取出，放入已完成的结点集合。现在由于结点①进入了已完成集合，下面就可以判断通过结点①，是否会改变未完成集合中结点到起点①的当前距离，也就是判断是否会让原来的当前距离在有结点①的情况下变短。这个判断过程叫作边的松弛，即想象成把原来拉得很长的边的长度缩短，仿佛是从拉紧状态变成松弛状态。

未完成集合中边的松弛过程如下：结点②因为直接有一条边 1 和起点①相连，且边长为 1，该边长小于原来的无穷大，所以结点②的当前距离就从原来的无穷大松弛下来，变成 1。而结点②的前驱结点也就是结点①。结点③由于还是没有边直接和起点①相连，所以当前距离还是无穷大。同理，结点④的当前距离松弛为 3，前驱为结点①。终点⑤的当前距离松弛为 9，前驱为结点①。现在虽然起点①直接可以通达终点⑤，但是没有通过判断是否有其他的路径比直达距离 9 更短，所以还不能立即下结论认为直达距离 9 是最短路径的距离。

第 2 次迭代，重复上述过程，从未完成集合中取出当前距离最小的结点，即结点②放入已完成集合，然后对剩下的未完成结点进行松弛操作。因为结点②可以通过边 2 直达结点③，所以原来当前距离无穷大的结点③就会发生松弛操作，将当前距离减小为 6。这个距离 6 是由起点①先到结点②的长度 1，加上结点②到结点③的长度 5 得到的，所以其前驱为结点②。在这一次迭代过程中，结点④和结点⑤并没有因为结点②可以当作中间结点而缩短原来的当前距离，所以当前距离不变。

第 3 次迭代，重复上述过程，把当前距离最短的结点④从未完成集合中取出并放入已完成集合，松弛结点③，使其当前距离从 6 缩短为 5，即起点①经过结点④再到结点③的距离为 5，比上一步当前距离 6 更短。因此，结点③的前驱由原来的结点②变为结点④。同样，松弛结点⑤，使其当前距离从 9 缩短为 8，即起点①经过结点④再到结点⑤的距离为 8，比上一步当前距离 9 更短。结点⑤的前驱从原来的结点①变为结点④。

第 4 次迭代，重复上述过程，把当前距离最短的结点③从未完成集合中取出并放入已完成集合，松弛结点⑤，使其当前距离从 8 缩短为 6，即起点①经过结点④、再到结点③、再到结点⑤的距离为 6，比上一步当前距离 8 更短。结点⑤的前驱由原来的结点④变为结点③。

第 5 次迭代，重复上述过程，从未完成集合中取出当前距离最短的结点⑤进入已完成集合，由于结点⑤即是终点，且距离已经是未完成的结点集合里最短的了，所以就结束算法。最终从终点⑤不断通过前驱结点回溯回去，直到起点①，就形成了从起点①到结点④，再经过结点③，最后到达终点⑤的最短路径，该条路径的距离是 6。

13.1.3 网络分析应用

在实现了最短路径算法的基础上，就可以实现特定的网络分析应用。最常见的网络分析应用分别是最佳路径计算、最近设施计算和网络服务范围计算等。

13.1.3.1 最佳路径计算

最佳路径（best route）计算就是指在道路网络上设定好起点位置和终点位置，要求 GIS 计算出一条连接这两点的最佳路径。最佳路径的结果是网络中按通行顺序形成的一个边的集合。而所谓的最佳既可以指距离最短，即最短路径，也可以指所用时间最少，即最快路径。

最佳路径计算根据需求可以在两点（一个起点和一个终点）之间进行，或在一个起点和多个终点之间进行，或在多个起点和一个终点之间进行，或在多个点之间相互进行。例如，图 13-6 所示是 QGIS 中两点之间最佳路径计算的例子。生成的路径是一个线要素数据层，其属性数据中包含了路径的起点坐标、终点坐标和路径的总长度。GIS 中用于计算最佳路径的

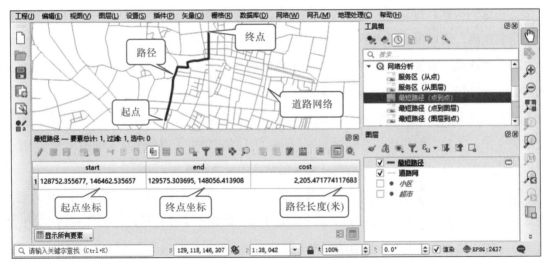

图 13-6　QGIS 中两点之间最佳（最短）路径计算实例

道路网络通常其坐标系统必须基于一种投影坐标系，而不能基于地理坐标系。

图 13-7 显示的是从一个起点到多个终点的最佳路径计算，这次是计算时间耗费最少的最快路径。可以设定道路网中的每条路段的通行时间，也可以设定路段的通行速度（即限速），所需通行时间等于路段长度除以通行速度。

图 13-7　QGIS 中一点到多点之间最佳（最快）路径计算实例

图 13-8 所示是最佳路径计算中更加一般化的情况，即任意多个起点到任意多个终点之间的最佳路径计算。这时通常我们不再注意具体每一对起点和终点之间的实际路径在网络中

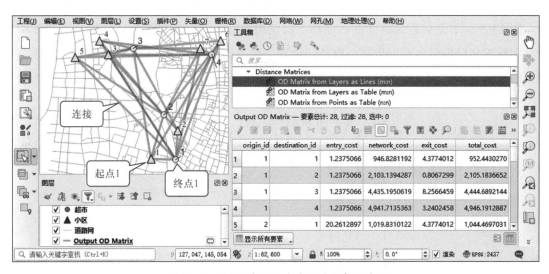

图 13-8　QGIS 中 OD 成本矩阵分析的实例

是怎么走的，而仅仅关注这些路径在道路网络上的最短长度或最少时间的数值。这种最佳路径计算叫作 **OD 成本矩阵**（OD cost matrix）分析，简称 OD 矩阵分析。其中的 O 表示**起点**（origin），D 表示**终点**（destination）。

OD 成本矩阵分析的输入通常是两个点要素的数据层。如图 13-8 所示，一个起点数据层（小区）包含 7 个点要素（图中的三角形符号），另一个终点数据层（超市）包含 4 个点要素（图中的圆形符号）。分析结果是一个 7 行 4 列的矩阵，其中每一行表示一个起点，每一列表示一个终点，每一个矩阵元素表示从该行的起点到该列的终点的最佳路径的数值。一共有 7×4 共 28 个最佳路径数值。

GIS 软件可以将 OD 成本矩阵的分析结果输出成矢量线要素数据层的形式。如图 13-8 所示，在每一对起点和终点之间以一条直线段连接，这条直线段并不表示具体在道路网上实际经过的路径，而只是在属性表中存储起点编码（字段 origin_id）、终点编码（字段 destination_id）和最佳路径的数值（字段 total_cost）等。

13.1.3.2 最近设施计算

网络分析的第二种重要应用就是**最近设施**（closest facility）计算。它指的是针对一些**事件**（event）所发生的地点，沿着周边的道路去寻找附近的相应**设施**（facility）点，这些设施点到事件点需要满足具有最短距离或最少通行时间等要求。这里的事件和设施可以是交通事故和最近的医院、火灾和最近的消防站、犯罪案件和最近的警察局、游客游玩和最近的饭店，等等。最近设施计算可以得出从距离事件位置最近的设施到事件位置的最佳路径。

图 13-9 所示是最近设施计算的原理。假设图中细线显示的是某地道路网络数据的一部分，中间五角星符号表示发生某一事件的位置，可以假设是某小区的位置，这在 GIS 中是一个点要素数据。另一个点要素数据是圆形符号表示的附近三个相关设施的位置，可以假设是

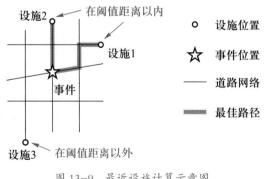

图 13-9　最近设施计算示意图

三家超市。GIS 用户可以通过设定一个距离的阈值（例如 1 km），查找出从事件位置出发到小于该阈值的所有附近设施，并输出最佳路径。如图 13-9 所示，有两个附近的设施（超市）位置到事件位置（小区）的最短距离小于用户设定的阈值（1 km），这两个超市到小区的最佳路径以粗线条显示出来。

图 13-10 是在 GIS 软件中实现最近设施计算的一个实例。这里的事件点是 7 个小区的位置（三角形符号），设施则是 4 家超市（圆形符号）。对于每一个小区的居民，都可以设定一个 1 km 的距离阈值，然后通过最近设施计算，为每一个小区计算出距离在 1 km 以内的超市及其路径（加粗显示的路段）。

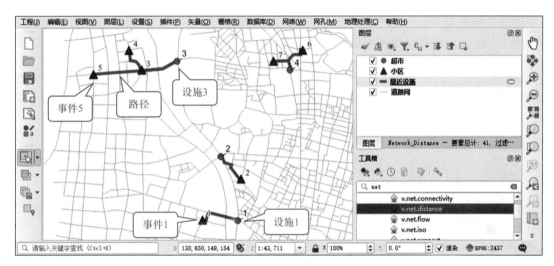

图 13-10　最近设施计算的实例

13.1.3.3　网络服务范围计算

网络服务范围计算是第三种重要的网络分析应用。在进行网络服务范围计算时，首先要给定一些设施点的位置。如图 13-11 所示，在道路网中间有一个用五角星符号表示的设施点，假设它是一家超市的位置。网络服务范围计算可以用来分析这家超市的服务范围有多大。想要到这家超市消费的人通常都是居住在这个超市周围一定范围内的居民，这些居民到超市去购物一般要沿着道路网行走到这家超市去。假设从这家超市出发，沿周围道路行走距离在 1 km 以内的居民都有可能到这家超市去购物，那么这个沿着道路行走 1 km 所能达到的最远点就可以形成这家超市的服务范围。

网络服务范围计算以设施为起始点，沿着它周围所有的道路行走设定的距离，达到每一

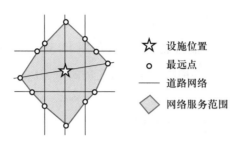

图 13-11　网络服务范围计算示意图

条可能道路上的最远点。这些最远点都是居民到设施的最短距离等于设定距离的点，或者也可以设定通行时间，例如 10 分钟步行或 2 分钟车程所达到的道路最远点。然后把这些最远点用线段连接起来，形成一个多边形的面，这个面就是该设施的网络服务范围。

图 13-12 是使用网络服务范围计算的一个实例。设施点假设是超市的位置，设定的服务范围是 1 km，图中的多边形就是超市周围 1 km 的网络服务范围，即在这些范围内的居民沿着道路到该超市的最短距离在 1 km 以内。

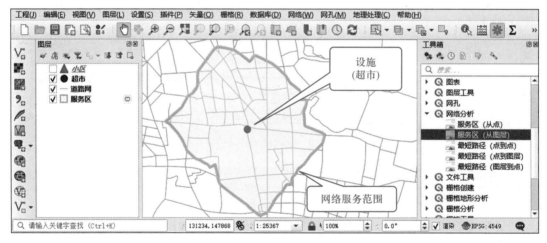

图 13-12　网络服务范围的实例

可以回想一下前面章节中曾经介绍过的空间分析之缓冲区分析。空间缓冲区分析和这里沿着道路行走的网络服务范围计算是有某些相似之处的，即空间缓冲区分析也是以某一个空间要素为中心，向周围去扩散形成的范围，不过那个范围是直线扩散的范围。如果是一个空间点要素，那么它的缓冲区所形成的就是一个圆。但是，这里讨论的网络服务范围计算却不是沿着直线去计算距离的，而是沿着周边的道路去计算最短距离，它通常形成一个不规则的多边形。

如果通行不受道路影响，那么使用缓冲区分析将是有效的。但是在城市中，由于距离通常是道路距离，只有在使用无人机提供服务，它可以直线飞行，不受道路网限制的条件下，才适合使用缓冲区分析。在其他的情况下，如物流和快递等服务，使用网络服务范围计算更符合实际情况。

网络服务范围计算不仅仅可以用于计算设施的服务范围，还可以用于警方追踪某些犯罪嫌疑人。假设某处发生了一起盗窃案件，犯罪嫌疑人实施盗窃的地点就可以被当作起始点，假设犯罪嫌疑人会沿着该点周围的道路网向各个方向逃窜。如果从案发到现在经历了 5 分钟时间，那么警方就可以用该方法计算出犯罪嫌疑人沿着道路逃跑了 5 分钟之后能够到达的范围。这样就可以根据这个范围在适当的道路上部署警力，把犯罪嫌疑人围在这个范围内，这样犯罪嫌疑人就难以逃脱了。这也是网络服务范围计算所能够起到的作用。

13.2 栅格路径分析——成本路径分析

介绍完矢量路径分析，可以换一种思路再从栅格角度进行路径分析。栅格路径分析在 GIS 空间分析中称为成本路径分析，也可以称为耗费路径分析。

矢量路径的网络分析主要指在道路网存在的情况下，寻找一条从起点到终点的最佳路径，而栅格的成本路径分析通常是指在道路网并不存在的情况下，在起点和终点之间生成一条成本最小的路径。这个成本可能指的是在起点和终点之间新建一条道路的工程费用、架设一条通信线路的建设费用，也可能指在野外徒步旅行爬坡消耗的体力等。成本最小的路径就是设计一条路径，使得工程建设费用最低，或旅行行程中体力消耗最低。

这条成本最小的路径在现实世界中通常并不显著，需要通过成本路径分析来生成并在 GIS 中显示它，才能让用户知道这条路径在空间上的确切分布位置。由于该分析是使用栅格数据来计算的，所以生成的路径也是一系列的栅格单元。

如图 13-13（a）所示，成本路径分析首先要给定若干个源栅格单元的位置。所谓源栅格单元就是将某些栅格单元作为一个路径的起点确定下来，也就是成本路径开始的地方。因此，成本距离计算的一个输入数据是源栅格数据。其中，源栅格单元的位置用具体的属性数值表示，例如，图 13-13（a）中所示的两个属性值（相当于 ID）分别是 1 和 2 的栅格单元，其他的栅格单元都是"无数据值"。

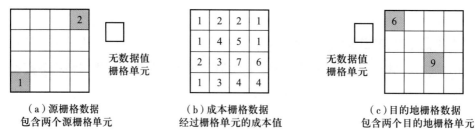

（a）源栅格数据　　　　　（b）成本栅格数据　　　　　（c）目的地栅格数据
包含两个源栅格单元　　　经过栅格单元的成本值　　　包含两个目的地栅格单元

图 13-13　成本路径分析的输入数据

　　成本路径分析所需的另一个输入数据是成本栅格数据，如图 13-13（b）所示。成本栅格数据中每一个栅格单元的属性值表示了要在空间上经过这个栅格单元所要消耗的成本或费用数值。这个成本数值根据具体不同的应用而具有不同的意义，一种可能是建设费用，另一种也可能是经过栅格单元的距离，这种距离不一定是平面直线距离，而可能是随着地形高低的不同所计算出的坡面距离。总之，根据实际应用的需求情况，可以估算出这个成本栅格数据。

　　成本路径分析还需要一个给定了若干个目的地位置的栅格数据。目的地指的是从源栅格单元出发，经过一系列栅格单元，路径最终要到达的终点位置。如图 13-13（c）所示，有两个不是"无数据值"的目的地栅格单元，属性值（相当于 ID）分别是 6 和 9。在这种存在多个源栅格单元和多个目的地栅格单元的情况下，每个目的地栅格单元经过一系列栅格单元形成的成本路径，都能连通到距其总体成本最小的那个源栅格单元。

　　当已知源栅格单元的所在位置，又已知经过每一个栅格单元所要花费的成本，再给定目的地栅格单元的位置后，就可以计算从源栅格单元到各个目的地栅格单元经过的最小累积成本路径，即从源栅格单元到目的地栅格单元、所有经过的栅格单元的成本属性值相加起来得到的成本总和最小的路径。如果这个工程是修建道路，那么所要花费的成本在每一个栅格单元中就是修建穿过这个栅格单元的道路的工程费用，那么成本路径分析最后得到的就是从源栅格单元开始，到目的地栅格单元结束的一条规划道路，这条道路所花费的工程费用是最少的。这就是成本路径分析的目的。

　　进行成本路径分析一般分为四个步骤实现，即在 GIS 中最后要得到最小累积成本路径，需要按顺序先进行若干个步骤：①第一步是成本距离计算，得到最小累积成本距离栅格数据。②第二步是计算成本距离分配，该步骤是可选的步骤，做与不做并不影响最终路径的计算结果。这一步主要是为了得到最小累积成本距离的分配栅格数据。③第三步是计算成本回溯链接，即得到最小累积成本路径回溯链接的栅格数据。④第四步即是成本路径计算，得到从目的地到成本最小的源的最小累积成本路径。

13.2.1 成本距离计算

成本距离计算使用源栅格数据和成本栅格数据作为输入数据，生成的结果是成本距离栅格数据。如图 13-14 所示，(a) 是输入的源栅格数据，其中有两个源栅格单元；(b) 是输入的成本栅格数据，每一个栅格单元的数值表示在空间上经过该栅格单元边长这段距离时，所要付出的成本；(c) 是输出的计算结果，即成本距离栅格数据。成本距离又可以称为最小累积成本。

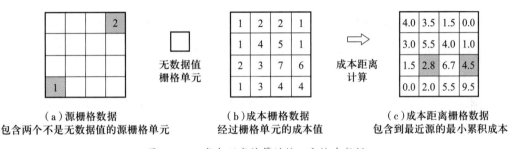

图 13-14　成本距离计算的输入和输出数据

结果数据中每一个栅格单元中的数值，都是这个栅格单元到离它最近的源栅格单元的最小累积成本值。它要么是到源栅格单元 1 的最小累积成本，要么是到源栅格单元 2 的最小累积成本。例如，最小累积成本值是 2.8 的那个栅格单元就是到左下角源栅格单元 1 的最小成本距离，值为 4.5 的那个栅格单元是到右上角源栅格单元 2 的最小成本距离。

可以用图 13-15 所示的简单例子来说明成本距离计算是如何实现的。普遍采用的成本距离计算算法是从源栅格单元开始向外逐渐扩展计算的，这和前面介绍过的自然距离计算方法相似。

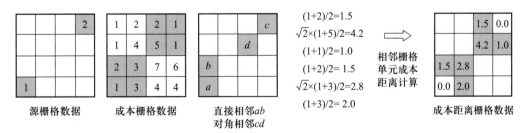

图 13-15　两个相邻栅格单元之间的成本距离计算方法

第一步，先设置两个源栅格单元的最小累积成本距离为 0，因为自身到其自身不需要耗费任何成本，这是不言而喻的。

第二步，分别计算这两个源栅格单元周围相邻的栅格单元到这两个源栅格的成本。从一个栅格单元到相邻的另一个栅格单元的成本计算方法相当于计算两个栅格单元中心点之间的成本，也就是在每个栅格单元中分别经过一半距离，产生两个一半成本之和。当然，如果是对角线方向的两个相邻栅格单元，那么需要乘以 $\sqrt{2}$。计算公式如下所示：

$$D_{a \to b} = (D_a + D_b) / 2 \tag{13-1}$$

$$D_{c \to d} = \sqrt{2}(D_c + D_d) / 2 \tag{13-2}$$

$D_{a \to b}$ 表示两个直接相邻栅格单元 a 到 b 之间的成本距离，直接相邻栅格单元指的是这两个栅格单元的位置是上下左右的相邻关系。D_a 是栅格单元 a 的成本，D_b 是栅格单元 b 的成本，$D_{a \to b}$ 中栅格单元 a 称为栅格单元 b 的前驱。

$D_{c \to d}$ 表示两个对角相邻栅格单元 c 到 d 之间的成本距离，对角相邻栅格单元指的是这两个栅格单元的位置是左上、左下、右上或右下的相邻关系。D_c 是栅格单元 c 的成本，D_d 是栅格单元 d 的成本，$D_{c \to d}$ 中栅格单元 c 称为栅格单元 d 的前驱。计算实例如图 13-15 所示。

然后再分别对相邻栅格单元计算到源的最小累积成本。最小累积成本等于该栅格单元与其前驱栅格单元之间的成本加上前驱栅格单元到源的最小累积成本。当前由于所有计算的相邻栅格单元都是源的相邻栅格单元，源到源的最小累积成本由第一步设置为 0，所以，当前计算出的成本距离就是到源的最小累积成本距离。

第三步，对于前面已经计算过的相邻栅格单元，重复第二步的过程，也就是分别对第二步中计算过最小累积成本距离的栅格单元再计算其相邻栅格单元的最小累积成本距离。

在计算的过程中，要判断新的相邻栅格单元是否已经被计算过了。如果没有被计算过，那么计算出的数值就是其最小累积成本距离；如果已经被计算过了，那么把新计算出的数值与原来计算出的数值进行比较，取其中较小的数值作为最小累积成本距离。例如图 13-15 中第二步计算结果为 4.2 的那个栅格单元，在第三步中由于从值为 1.0 的那个栅格单元到它的最小累积成本是 4.0，所以最终的结果就为 4.0，如图 13-14（c）中所示。

上述这个迭代过程一直要执行到所有的相邻栅格单元都被计算过以后结束。

图 13-16 是 GIS 软件中使用成本距离计算的实例，假设该地区有五所小学，每所小学的位置可以作为源栅格数据中的有属性值的源栅格单元。该应用的需求是计算所有栅格单元到这五个源栅格单元最小累积成本的栅格数据。

成本栅格是该地区的坡度栅格数据，每一个栅格单元存储了该地区地形的坡度数值。如

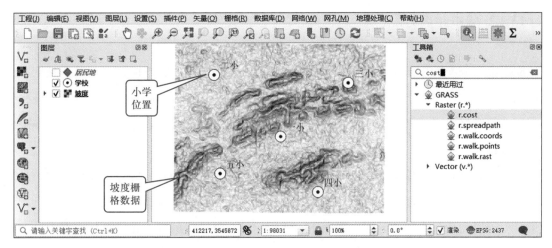

图 13-16　成本距离计算的输入数据（学校：源栅格数据；坡度：成本栅格数据）

果以坡度栅格数据作为成本栅格数据，那么计算成本距离就相当于计算从各个栅格单元到这五所学校的最小累积坡度，即各个栅格单元到学校的总坡度最小的路径上的坡度累积数值。

　　图 13-17 中左侧窗口所示，就是按照上述坡度成本栅格数据计算出的到五所学校源栅格单元的最小累积成本距离栅格数据。该图中颜色越深的地方表示成本越大，越浅的地方表示成本越小。可以看出成本距离结果数据呈现了围绕各个源栅格单元的不规则环状形态，这可以与右侧窗口中的栅格自然距离计算结果进行对比。

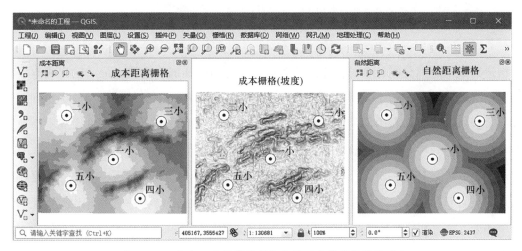

图 13-17　成本距离计算结果与自然距离计算结果的对比

13.2.2 成本距离分配

成本距离分配就是指在计算某个栅格单元的最小累积成本时，判断该栅格单元是到哪一个源栅格单元的累积成本值最小，即若到哪一个源栅格单元的成本距离最近，则赋予该栅格单元那个源栅格单元的属性值。这在具有多个源的时候，可以起到对整个空间根据成本距离的远近进行划分的作用。

成本距离分配的计算可以说是成本距离计算的副产品，因为它们的算法完全一样，只是如果在算法中把每一个栅格单元计算的成本距离数值是到哪一个源栅格单元最小的信息记录下来，就可以完成成本距离分配。如图 13-18 所示，在计算出的成本距离栅格数据中，右上角的一些栅格单元是到源栅格单元 2 的成本距离值最小，所以成本距离分配的结果数据中这些栅格单元的属性值就是 2；同理，在左下角的一片栅格单元中，其成本距离值是到源栅格单元 1 最小，所以在成本距离分配的结果数据中，这些栅格单元的属性值就是 1。

（a）源栅格数据　　（b）成本距离栅格　（c）成本距离分配栅格数据

图 13-18　成本距离分配

在进行成本距离分配计算时，输入数据仍然是源栅格和成本栅格，最后输出成本距离分配的栅格数据。例如，图 13-19（a）所示是五所学校成本距离分配的结果，最终得到五个区域，每个区域都是到各自内部的源栅格单元成本距离最小的范围。由此可见，成本距离分配是对整个空间的一种划分，把空间按照成本距离最小的原则分配给各个源栅格单元。

对比之下，图 13-19（b）所示是对 5 所学校进行自然距离分配的结果。自然距离是栅格数据形式的空间邻近分析，得到的自然距离分配相当于矢量数据的泰森多边形，也是把空间分成了 5 个部分，每个部分都是到这 5 所学校直线距离最近的区域。前面曾经讨论过自然距离分配的栅格数据可以作为学区划分的依据，即如果某名学生的家庭位置落在某个学区分配的范围里，那么他就到那所学校上学。不过，自然距离分配考虑的是直线距离，而这里的成本距离分配考虑的是在不同坡度地面上行走的最小累积坡度的距离。所以这种空间划分的边界就不是直线。

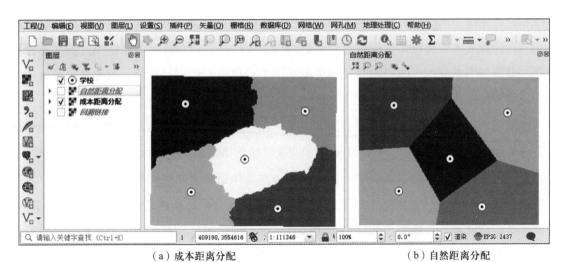

（a）成本距离分配　　　　　　　　　　　　　　（b）自然距离分配

图 13-19　成本距离分配与自然距离分配的实例对比

13.2.3 成本回溯链接

成本距离路径计算的第三个步骤是计算成本回溯链接栅格。所谓成本回溯链接栅格，就是在计算各个栅格单元最小累积成本的时候，记录下该栅格单元是从前面哪一个栅格单元累积过来的，即该栅格单元在成本距离路径上的前驱栅格单元，由此得到的一个栅格数据就是成本回溯栅格数据。这和迪杰斯特拉最短路径算法中的前驱结点意义是相似的。

如何记录某个栅格单元成本路径上的前驱位置呢？通常一个栅格单元在栅格数据中会有围绕着它的 8 个相邻栅格单元，那么这 8 个相邻栅格单元中的某一个就可能是它到达源栅格单元的最小累积成本路径上的前驱，所以只要记录前驱栅格单元相对的方向，也就是用一个方向代码，就可以确定该栅格单元的前驱。例如，图 13-20 所示是 ArcGIS 软件中采用的 8 个方向代码，分别用来表示相对于中间的栅格单元（0）的前驱方向。

方向代码		
6	7	8
5	0	1
4	3	2

前驱方向

↖	↑	↗
←		→
↙	↓	↘

图 13-20　ArcGIS 采用的表达成本路径前驱栅格单元的方向编码

和计算成本距离分配一样，成本回溯链接栅格数据的生成也可以看作成本距离计算的副产品。在计算成本距离栅格数据的过程中，每一步过程都去记录每一个栅格单元的前驱栅格单元，即该栅格单元的成本距离是从相邻的哪一个栅格单元计算过来的，由此存储其方向代码，就得到最终的成本回溯链接栅格数据。

成本回溯链接栅格数据中的数值就是方向代码。如图 13-21 所示，源栅格数据（a）计算出成本距离栅格数据（b），同时得到成本回溯链接栅格数据（c）。该图既显示了方向代码，同时也使用箭头符号来表示前驱的方向。例如，左上角那个方向代码是 3 的栅格单元，其对应的前驱方向是向下的，因此，对于这个栅格单元，其前驱就是在它下面的那个栅格单元。任何一个成本回溯链接栅格中的栅格单元都有一个方向代码，只要依据这个方向代码进行回溯，最后总能回溯到它成本距离最小的一个源栅格单元上。

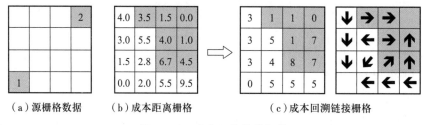

（a）源栅格数据　　（b）成本距离栅格　　　　（c）成本回溯链接栅格

图 13-21　成本回溯链接栅格

图 13-22（a）是使用图 13-16 所示的源栅格数据和成本栅格数据计算的成本回溯链接栅格数据。成本回溯链接栅格数据的作用是为栅格路径分析最后一步成本路径计算服务。

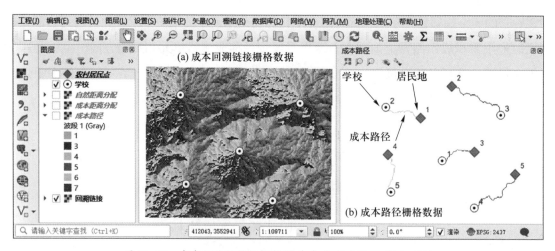

图 13-22　成本回溯链接栅格数据（a）和成本路径（b）实例

13.2.4 成本路径计算

栅格路径分析的最后一步就是成本路径计算。成本路径计算通常需要给定一个目的地栅格数据，该栅格数据以具有属性值（不是"无数据值"）的栅格单元作为路径的目的地。目的地栅格数据是第一个输入数据；然后再给定前面步骤计算得到的基于源栅格数据和成本栅格数据生成的成本距离栅格和成本回溯链接栅格。成本距离栅格是第二个输入数据，成本回溯链接栅格是第三个输入数据；最后生成从各个目的地栅格单元到其最近的源的**最小成本路径**（least-cost path）栅格数据。

如图 13-23 所示，（a）是目的地栅格，假设其中一个目的地属性值是 6，另一个是 9，这是目的地栅格数据中两个有属性值（不是"无数据值"）的栅格单元，其余的栅格单元数值都是"无数据值"；（b）是前面步骤已经生成的成本距离栅格，（c）也是前面步骤生成的成本回溯链接栅格，同时显示了方向代码和方向箭头，使得更加容易看出方向。有了上述这些输入数据，就可以计算目的地 6 和 9 分别到源栅格单元的最小成本路径。

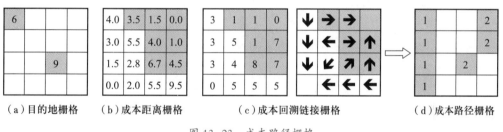

（a）目的地栅格 （b）成本距离栅格 （c）成本回溯链接栅格 （d）成本路径栅格

图 13-23 成本路径栅格

属性值为 6 的栅格单元对应的成本回溯链接就是左上角的 3，3 是往下回溯的，所以它就回溯到下面一个栅格单元。然后下面那个栅格单元的成本回溯链接还是 3，又一次接着往下回溯。最后一直回溯到左下角成本回溯链接为 0 的那个源栅格单元，形成最左边这一列四个栅格单元组成的成本路径，它们的属性值都是 1。

同样，属性值为 9 的目的地栅格单元，它对应的成本回溯链接是 8，也就是往右上角回溯；然后右上角的成本回溯路径是 7，则向上回溯，走到 0。也就是顺着这条路径走到了右上角的源栅格所在的位置，说明右上角的源栅格单元是离目的地栅格单元 9 具有最小累积成本的源。于是最终形成的结果就是右侧属性值为 2 的三个栅格组成的成本路径。

最后还是用前面学校的实例来展示成本路径计算的结果。如图 13-22（b）所示，这里有 5 所分布在丘陵地区的学校，作为成本路径计算的源。另有 5 个农村居民地，可以作为目的地。这里仍然用坡度栅格数据作为成本栅格数据，如图 13-16 所示；先计算出 5 所学校作为源的成本距离栅格数据，如图 13-17 左侧窗口所示；再计算出 5 所学校的成本回溯链接栅格数据，如图 13-22（a）所示；在此基础上，最终计算出 5 个农村居民地各自到具有最小累积成本的学校的成本路径，如图 13-22（b）所示。那么，这 5 个农村居民地的学生就可以沿着这里找出的路径去学校上学，这条成本路径是累积坡度最缓的路径。这就是成本路径计算的结果。

复习思考题

1. 什么是网络拓扑数据？请说明网络拓扑数据在网络分析中的作用。

2. 请说明网络拓扑数据中的链路阻抗和转弯阻抗的实际意义。

3. 请用一个实际的例子说明迪杰斯特拉算法的原理。

4. 请结合实际的例子说明最佳路径计算、最近设施计算和网络服务范围计算的作用。

5. 请用一个实例说明最小累积成本距离的意义。

6. 请比较成本距离计算与自然距离计算的区别，以及成本距离分配与自然距离分配的区别。

第 14 章　空间分析——统计分析

　　盲人摸象的寓言故事想必读者们都很熟悉，不同的盲人由于自身摸索大象的部位不同，对大象的形象得出了完全不同的认识结果。这个故事说明了不能以偏概全的道理。在实践中要想全面地认识事物，就要汇集众多的观测结果加以统计分析，才有利于把握全局的规律，认清发展的趋势。GIS 中的空间统计分析正是统计分析方法在地理现象研究中的应用。

　　空间统计分析指的是使用统计学的方法对空间数据进行计算，以获得空间实体在统计学上的一些特征。针对不同的空间数据，可以有不同的空间统计分析方法。因此，空间统计分析方法可分成三类：①属性数据统计，包括了描述性统计量的计算和统计图；②栅格数据统计，又分为局域统计、邻域统计、分区统计和全局统计等；③矢量数据统计，又分为平均最近邻分析、空间自相关分析、集聚与离群分析和热点分析等。

电子教案　第 14 章

14.1 属性数据统计

　　属性数据统计就是对 GIS 数据中属性表的某些字段所包含的全部或部分数值进行统计计算，获得统计结果。当使用矢量数据的时候，每一个空间要素（点、线或面）都会有针对性地在属性表中生成一条属性记录与其对应。这条属性记录通常又由多个字段组成，每一个字段描述了该空间要素的某一种性质。GIS 可以对这些字段的数值进行多种统计计算，从而得到这些字段的数值在统计学上的特征。

14.1.1 属性数据分类

　　属性数据是存储在属性表中的记录和字段内的数据。属性数据的一种分类方案是按照

数据类型（data type）进行的，通常可以将它分为五种类型：①字符型（表达文字信息）；②数值型（又分为整型和实数型）；③日期型（表达日期和时间）；④逻辑型（表达逻辑上的真与假）；⑤二进制型（表达几何坐标、图像、音频和视频等数据）；等等。

属性数据另一种分类方案是根据**测量尺度**（measurement scale）制订的，分为四类：定名数据、定序数据、定距数据和定比数据等（郭仁忠，2001）。

14.1.1.1 定名数据

定名（nominal）数据描述空间实体的不同种类或不同名称，例如，土壤类型、植被类型、城市名称，以及道路名称等。定名数据在属性表中常以字符型数据存储，例如城市名称为"上海"，就是两个中文字符组成的字符串；也可以采用某种数值编码的方式来存储，例如，在中国土壤分类与代码国家标准中，"A11"用来表示砖红壤这种类型的土壤。此外，个人的身份证号码、手机号码等都属于定名数据，它们虽然全是数字，但是依然需要采用字符型的数据类型，而不是数值型的数据类型。这是因为身份证号和手机号码等定名数据是不能进行加减乘除等数值计算的。

14.1.1.2 定序数据

定序（ordinal）数据用来表达分级的概念，即空间实体某种性质的级别或层次。例如，中国城市的分级常常可以分为一线城市、二线城市等；道路等级可以分为国道、省道、县道等；这种分级往往体现了数量上的多少或质量上的高低，是一种可以按顺序排列的性质，但并没有具体的数量指标。定序数据在属性表中也常常使用字符型表示，例如，将空气质量表示为"优""良"……；也可以使用整型数值表示，例如地震等级的 1 级、2 级、……。这种使用整型数表示的定序数据可以按照大小进行排序，但不能进行数值运算。

14.1.1.3 定距数据

定距（interval）数据指的是一种可以进行加减运算却不能进行乘除运算的数值类型，即数值之间的间距可以通过加减运算求得，但数值之间不存在比例关系，这是因为它们没有一个实际意义的零值，所以无法进行乘除运算求得比例。定距数据的例子如摄氏温度（℃），温度间距可以通过加减运算来求得，但是温度的乘除却没有意义，因为 0℃ 是人为选定的非绝对零值。不能说 20℃ 比 10℃ 温度高一倍。定距数据在属性表中通常用整型或实型数来存储。

14.1.1.4 定比数据

定比（ratio）数据是在定距数据的基础上更进一步，可以进行加减乘除等运算的数值类型。定比数据基于绝对的有实际意义的零值，所以可以通过乘除运算求取不同定比数据之间的比值。例如人口密度数据，每平方千米 10 000 人的密度就比每平方千米 5 000 人的密度大一倍。定比数据在属性表中都采用整型或实型数来存储。

14.1.2 描述性统计量

对空间数据的属性表中某个字段的属性数值进行统计计算，GIS 通常可以使用如表 14-1 所示的统计方法，运用每一种统计方法都能够计算得到一种用来描述这个属性数据的特征数量，称为描述性统计量。描述性统计量描述的是属性表中某个字段所有或部分数值的总体特征。图 14-1 所示是 GIS 软件中以统计表的形式显示对河北省各个城市人口数的统计结果。

表 14-1 描述性统计量

名称	可运用的数据类型	名称	可运用的数据类型
样本数 （count）	定名、定序、 定距、定比	第一四分位数 （first quartile，Q1）	定距、定比
总和 （sum）	定距、定比	第三四分位数 （third quartile，Q3）	定距、定比
均值 （mean）	定距、定比	四分位距 （interquartile range，IQR）	定距、定比
最大值 （maximum）	定距、定比	方差 （variance）	定距、定比
最小值 （minimum）	定距、定比	标准差 （standard deviation, St Dev）	定距、定比
极差 （range）	定距、定比	众数 （majority 或 mode）	定名、定序、 定距、定比
中位数 （median）	定距、定比	种类数 （variety）	定名、定序、 定距、定比

图 14-1　河北省各个城市人口数（population 字段）的描述性统计量

1. 样本数

样本数指的是参与统计的样本的总数量，即空间要素的总数或属性表中记录的总数。样本数这个描述性统计量可以运用在定名、定序、定距和定比全部四种属性数据类型上。

2. 总和

总和就是参与统计的所有空间要素在统计字段上的所有数值的累加之和。总和统计只能运用在定距和定比数据上，定名与定序数据不能够求总和。

3. 均值

均值通常就是算术平均数，指的是总和除以样本数所得到的数值。其计算公式如下：

$$\overline{x} = \frac{\sum_{i=1}^{n} x_i}{n} \tag{14-1}$$

其中：$\overline{x}$ 是均值，n 是样本数，x_i 是第 i 个样本的值。

均值只能运用在定距和定比数据上。

4. 最大值、最小值和极差

最大值反映的是所有参与统计的样本中数值最大的那个值。最小值就是数值最小的那个值。而极差指的是最大值减去最小值得到的差值，体现数据分布范围。

5. 中位数、第一四分位数、第三四分位数和四分位距

中位数和均值不同，均值是平均的数值，而中位数指的是处在所有样本数据中间位置的

那个数。也就是说把所有的样本数值从小到大排序，正好处在中间位置的那个数就叫作中位数。其最大的特点就是有一半的样本数值比它小，排在它前面；而另一半的样本数值比它大，排在它后面。第一四分位数则是指正好排在前四分之一的那个数，第三四分位数则是指正好排在后四分之一的那个数。由此可见，中位数相当于第二四分位数。而四分位距指的就是用第三四分位数减去第一四分位数的结果。

6. 方差和标准差

方差衡量的是所有数值离开均值分布的范围。若方差小，则说明数据大多集中在均值附近；若方差大，则说明数据分散到了离均值比较远的区域。其计算公式为：

$$\sigma^2 = \frac{\sum_{i=1}^{n}(x_i - \bar{x})^2}{n} \tag{14-2}$$

方差的计算是先把所有数值与均值相减，求出差值。因为各个数值可能大于均值，也可能小于均值。所以求出的差值就可能是大于 0 的正数，也可能是小于 0 的负数。如果把差值进行平方运算，那么差值就没有正负之分，都成为正值了。把所有样本数值与均值的差值进行平方运算，然后求和，再除以样本数求均值，得到的结果就是方差。它的大小反映了所有数据围绕着均值分散的范围。标准差是方差的平方根。和方差一样，标准差也反映了数据围绕着均值在其两侧分散的程度。

7. 众数和种类数

众数是指所有样本中数值出现次数最多的那个数。而种类数就是所有样本中数值不同的样本的个数，因为在所有样本数据中，某些属性数值可能会出现多次，即很多空间要素具有相同的属性值。例如，在土壤数据的属性表中，所有地块都具有某种土壤类型属性数值。若假设其中是黄棕壤类型的地块数量最多，则黄棕壤就是土壤类型数据的众数。而所有样本中一共有多少种不同的土壤类型，该数据就是样本的种类数。

14.1.3 统计图

GIS 软件通常还具备以统计图的方式来探索属性数据统计特征的功能。GIS 软件中常用的统计图有**直方图**（histogram）、**柱状图**（bar chart）、**饼图**（pie chart）、**箱型图**（box plot）和**散点图**（scatter plot）等。

直方图和柱状图看起来比较相似，但直方图所表达的是某一种数据在不同数值区间中样本的分布数量或分布频率。如图 14-2（a）所示，成绩直方图表达了不同的成绩区间内学生人数的分布；而柱状图通常是并排地列举各个统计样本的实际数值，如图 14-2（b）所示的人口柱状图，并列显示了三个城市的人口数量的多少，以进行横向对比。直方图不同数值区间的长条矩形之间通常没有间隔，而柱状图的各个长条矩形之间是有间隔的，且不同的长条矩形会采用不同的颜色加以区别。

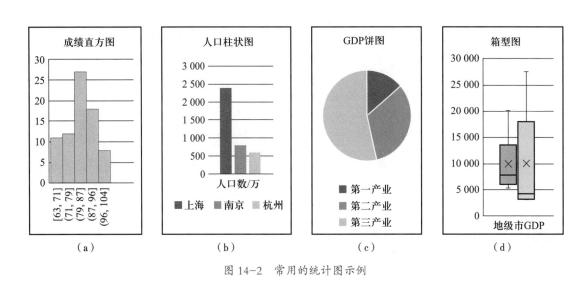

（a）　　　　　　（b）　　　　　　（c）　　　　　　（d）

图 14-2　常用的统计图示例

饼图主要用来表现各个统计样本的数值在总量中所占的比例。例如，图 14-2（c）所示的 GDP 饼图表现了一个城市总的 GDP 中第一、第二和第三产业各自占有的比重。

箱型图则用图形的方式来表现描述性统计量之间的数值分布状态。例如，图 14-2（d）所示的箱型图表现了江苏省和广东省各个地级市的 GDP 的数值分布状态。左侧的是江苏省的箱型图，右侧是广东省的箱型图。箱型图中间的矩形内部一条横线的位置表示的是中位数，矩形的下边缘表示的是第一四分位数，矩形的上边缘表示的是第三四分位数，连线最上端表示最大值，连线最下端表示最小值，矩形中间的"×"表示均值所在的位置。

散点图用来比较统计样本的两个不同变量数值之间的对应关系。例如，图 14-3 所示是以陕西省各城市的面积与人口数生成的散点图。以面积作为 x 坐标，人口数作为 y 坐标，则每一个城市的面积和人口数就在平面坐标系中形成一个点位。用户可以不借助统计学软件而直接在 GIS 软件中选定某些属性字段就生成这些统计图。

图 14-3　GIS 软件制作显示统计图实例

14.2　栅格数据统计

栅格数据统计指的是输入若干个栅格数据，并对这些栅格数据中的栅格单元属性值进行统计计算，从而获得属性值的统计特征。它通常把统计结果数值以一个新的栅格数据的属性值形式输出，即把统计结果都存放在输出的栅格数据的栅格单元内。

栅格数据统计根据统计计算的空间范围的不同，可以分成四种具体的统计方法，即：局域统计、邻域统计、分区统计和全局统计。

14.2.1　局域统计

栅格数据的**局域统计**（local statistics）指的是对若干个同一地区，但不同数值的栅格数据进行对应栅格单元的统计计算。所谓对应栅格单元，指的是不同栅格数据中在空间位置上重合的栅格单元。局域统计就是对所有在空间位置上重合的栅格单元的数值进行的统计计算，计算的结果保存在输出的新栅格数据中相应空间位置的栅格单元内。

通常进行栅格统计计算的所有输入栅格数据在空间范围和栅格大小方面都要求是完全相同的，这样就可以在对应的栅格单元之间进行统计计算。如果输入的栅格数据其空间范围和栅格大小并不一致，那么一般会把它们预先通过栅格数据重采样处理成相同的范围和栅格大小，再进行统计计算。

栅格局域统计方法依然是常规的描述性统计量计算，如最大值、最小值、众数、均值、总和、样本数和标准差等。如图 14-4（a）所示，假设有四个输入的栅格数据，分别是某地区一年中四个季度的平均温度分布。图 14-4（b）是局域统计最大值的输出栅格数据，它的统计计算是这样进行的：从四个输入栅格数据对应的左上角栅格单元中得到四个温度值，它们分别是 1、2、3 和 4。求这四个温度的最大值就是 4。于是在输出栅格数据的左上角的对应栅格单元的属性值就是 4。其余的栅格单元依此类推。当输入栅格数据中存在无数据值栅格单元的时候，则对应位置的输出栅格单元也就是"无数据值"，如输出栅格数据左下角的两个栅格单元即"无数据值"。

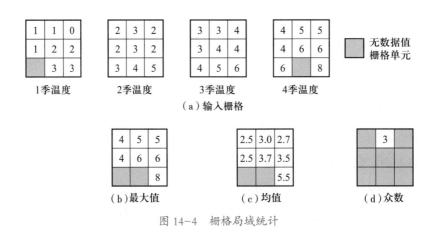

图 14-4　栅格局域统计

图 14-4（c）是局域统计均值的输出栅格数据，每个栅格单元的数值都是四个输入栅格单元对应位置的四个温度的算术平均值。

图 14-4（d）是局域统计众数的输出栅格数据，其中包含了很多的无数据值栅格单元，这些无数据值栅格单元的产生主要有两种可能的情况：

① 输入栅格数据中某一个栅格单元是"无数据值"造成的。例如，最下面那一行左侧的两个栅格单元就是这种情况。

② 由求众数的特点造成。所谓众数指的是在所有的对应栅格单元属性值中出现次数最多的数值。那么有的时候并不存在某一个数出现次数最多的情况，这时就无法求出众数。例如，栅格数据左上角的那个栅格单元，四个对应的数值分别是 1、2、3 和 4，因此没有一个数比其他的数出现的次数更多。它们全部都是只出现了一次，所以就没有众数，因而输出了一个"无数据值"。

栅格数据最上面那一行中间的栅格单元，它对应的四个输入数值是两个 3、一个 1 和一个 5，所以 3 是出现次数最多的众数。

图 14-5 所示是栅格局域统计均值的一个实例，图（a）是某区域 6 月的降雨量栅格数据，图（b）是同一地区 7 月的降雨量栅格数据，这两个栅格数据范围和栅格大小都是相同的，可以进行对应栅格单元的局域统计运算。图（c）是 GIS 软件中设置栅格局域运算的对话框窗口，有多种描述性统计量可供选择，这里选择了均值。图（d）是栅格局域统计均值的计算结果，栅格数据中存储的是 6、7 两月的平均降雨量。

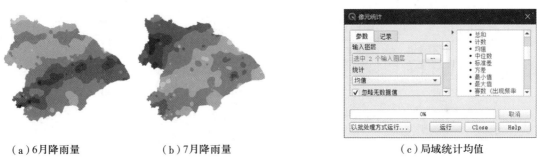

（a）6月降雨量　　　　（b）7月降雨量　　　　　　　　（c）局域统计均值

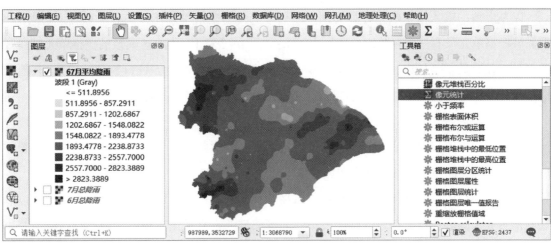

（d）6、7两个月平均降雨量

图 14-5　栅格局域统计均值实例

14.2.2 邻域统计

栅格邻域统计也可以叫作**焦点统计**（focal statistics）。邻域统计通常只有一个输入的栅格数据，此外还要有一个用户定义的邻域范围。这个邻域范围一般是以一个被称为焦点的栅格单元为中心，在这个焦点周围的以给定的长宽或者半径来定义的一片区域。邻域统计就是把输入栅格数据中每一个栅格单元分别作为焦点，统计它周围邻域中所有栅格单元的属性值的统计量，包括最大值、最小值、均值、极差、标准差和总和等。最后把这些邻域栅格单元的属性值统计结果存储到焦点对应的栅格单元位置，形成输出的栅格数据。

图 14-6 是一个邻域均值计算的示例。假设有输入栅格数据如图 14-6（a）所示，这里为了简单起见，只选取一个三行三列的栅格数据。图 14-6（b）是用户定义的栅格邻域，该邻域是一个以中心点栅格单元为焦点，3×3 大小的有 8 个相邻栅格单元的区域。用户要求对邻域中的 8 个栅格单元进行均值统计。要注意的是，这里定义的邻域并不包含焦点栅格单元自身。

（a）输入栅格数据　　（b）3×3栅格邻域　　均值统计计算　　（c）邻域均值栅格数据

图 14-6　栅格邻域统计中的邻域均值

以左上角的输入栅格数据计算为例，当把左上角的栅格单元作为中心焦点时，它周围 8 个邻域栅格单元只有三个有数值，即右边的 1、右下的 2 和下面的 1。其余的栅格单元都在区域之外，没有数值。所以，左上角栅格单元均值统计的计算就是（1+1+2）/8 = 0.5。其他栅格单元的计算与此类似，最终得到如图 14-6（c）所示的邻域均值栅格数据。

与栅格局域统计一样，GIS 对邻域中的栅格单元属性可以进行各种描述性统计量的统计计算。而用户也可以根据实际的需要来设置不同大小和形状的邻域范围。常见的邻域设置方法有以下四种，即矩形邻域、圆形邻域、扇形邻域和环形邻域，如表 14-2 所示。

矩形的邻域以中心栅格单元为焦点，以高和宽来定义矩形邻域的大小；圆形的邻域以焦点栅格单元为圆心，以半径定义圆的大小；扇形邻域的定义采用以焦点为圆心、向外一个半径的长度形成一个圆，再用开始角度和终止角度来限制扇形为圆的一个部分。环形邻域的定义以焦点为圆心，取数值较小的内半径和数值较大的外半径之间包含的区域。

表 14-2　邻域统计中的邻域类型（其中 F 为焦点栅格单元位置）

形状	大小 （栅格单元）	邻域	形状	大小 （栅格单元）	邻域
矩形	高：3 宽：5		扇形	半径：6 开始角度：−30 终止角度：−60	
圆形	半径：3		环形	内半径：2 外半径：3	

14.2.3 分区统计

栅格分区统计（zonal statistics）指的是对一个输入栅格数据，按照某种空间分区进行统计，如计算最大值、最小值、均值、极差、标准差和总和等。例如，有一个大范围的年降水量栅格数据作为输入量，每个栅格单元表达的是该栅格单元内的年降水量的数值。若在这个范围内有若干个行政分区，则可以分别统计出各个行政区内的年降水总量（总和统计）或年平均降水量（均值统计）等。

例如，图 14-7（a）所示是输入的某个地区的栅格数据，不妨假设它是年降水量栅格数据。图 14-7（b）是该范围的行政分区栅格数据，其中包含两个行政区，其属性数值分别为 1 和 2，两个行政区都拥有四个栅格单元。此外还有一个无数据值栅格单元，表示它是不属于行政区 1 或 2 的其他地区，不在分区统计范围以内，该栅格单元位置输出为"无数据值"。

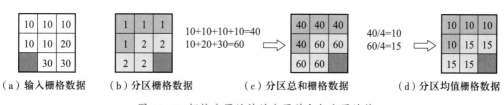

　（a）输入栅格数据　　（b）分区栅格数据　　（c）分区总和栅格数据　　（d）分区均值栅格数据

图 14-7　栅格分区统计的分区总和与分区均值

图 14-7（c）是分区总和统计的结果栅格数据，输入数据中四个属于行政区 1 的栅格单元，其年降水量都累加起来得到一个全区域的总和数值 40，并保存到所有四个属于行政区 1 的输出栅格单元中。对于行政区 2 的四个栅格单元也如此计算。而图 14-7（d）是分区均值统计的结果。

14.2.4 全局统计

栅格全局统计（global statistics）是对整个栅格数据所有栅格单元的属性值进行的统计，并输出常用描述性统计量的统计结果数值。

如图 14-8 所示，左边窗口中显示的是某个地区的栅格 DEM 数据，每个栅格单元都存储了一个高程的数值。可以对整个栅格区域中所有栅格单元的高程数值做一个全局统计，把统计结果显示在右边的窗口中。从中可以看到常见的描述性统计量的统计数值，如最大值、最小值、均值、极差、标准差和总和等。全局统计并不输出栅格形式的数据，而只是输出简单的统计数值。

图 14-8　栅格全局统计实例

14.3 矢量数据统计

与栅格统计分析相对的是矢量统计分析。矢量统计分析指的是对矢量数据中空间要素的空间位置及其属性进行统计计算，以获得空间要素分布的特征。这种空间特征既可能是空间要素位置上的统计特征，也可能是空间要素特定属性在空间上的分布特征。GIS 矢量统计分析中通常包括如下一些常用空间统计分析形式：①平均最近邻分析；②空间自相关分析；③集聚与离群分析；④热点分析。

14.3.1 平均最近邻分析

平均最近邻（average nearest neighbor）分析主要用来研究空间要素在空间分布上的特征，或者叫作空间分布模式。平均最近邻分析属于检验性分析，用来检验空间要素属于哪一种空间分布模式。空间分布模式可以用图 14-9 来说明。假设图中每一个点代表的是某一个居民地所在的空间位置，在整个区域中这些居民地的分布状况就可以归纳为不同的空间分布模式，即**集聚**（clustered）分布模式、**离散**（dispersed）分布模式和**随机**（random）分布模式。

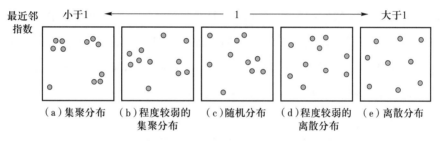

图 14-9　平均最近邻分析与空间分布模式

图 14-9 中最左边（a）所示是集聚分布模式，这种分布模式说明点都是互相靠近聚在一起的；最右边（e）所示是离散分布模式，这种分布模式说明所有的点在空间中都相隔得很远，互相不靠近；中间（c）所示是随机分布模式，这种分布模式通常看不出有什么整体上的规律，既不像集聚，也不像离散，有的地方分布稀疏，有的地方分布密集。而处在上述三种分布模式之间的（b）和（d）的情况通常是程度较弱的集聚和离散分布。

平均最近邻分析用来检验空间分布整体上属于哪一种模式，以及属于这一种分布模式的程度。当存在一些空间点要素分布的时候，就可以采用平均最近邻分析来检验这些点的空间分布模式在整体上是属于随机分布，还是离散分布，抑或是集聚分布。

平均最近邻分析会计算一个被称为**最近邻指数**（nearest neighbor index）的统计量，如果计算出的最近邻指数等于 1，那么说明点要素可能属于随机分布模式，如同图 14-9(c) 那样；如果最近邻指数小于 1，那么说明点要素的空间分布可能属于图 14-9 左边的集聚分布模式；如果最近邻指数大于 1，那么说明点要素的空间分布可能属于图 14-9 右边的离散分布模式。

平均最近邻分析计算出的最近邻指数是一个比值，等于**观测平均距离**（observed mean distance）和**预期平均距离**（expected mean distance）的比值。观测平均距离指的是所有点要素两两之间距离的均值，也就是求任意两点间平面直线距离的均值。预期平均距离是指随机分布的点之间距离的均值，也就是说平均最近邻分析的前提是假设其为随机分布的点模式，然后拿观测的点的距离和随机分布的点的距离相比。比值如果小于1，那么空间分布趋于集聚分布模式；比值如果大于1，那么空间分布趋于离散分布模式；比值如果等于1，那么空间分布可能接近随机分布模式。

平均最近邻分析一般会提供五个统计值，即观测平均距离、预期平均距离、最近邻指数、**Z得分**（Z score）和 **P值**（P value）。最终确定待研究的矢量数据属于哪种空间分布模式，除了要看最近邻指数的数值外，还要参考 Z 得分和 P 值所指示的属于某种分布模式的程度。

图 14-10 所示是 GIS 软件中平均最近邻分析的一个实例，中间窗口里的点是某一个地区农村居民点的空间分布形式。进行平均最近邻分析以后得到显示在左侧窗口中的统计值，其观测平均距离是 451.42 m，预期平均距离即如果按照随机分布应该是 408.25 m，那么最近邻指数就是 451.42 除以 408.25，得到 1.10，Z 得分是 2.01，P 值是 0.04。

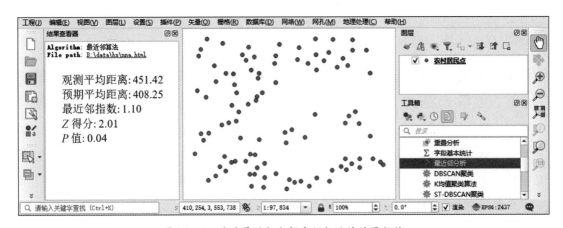

图 14-10　平均最近邻分析实例与统计结果数值

从计算出的最近邻指数 1.10 来看，其值大于 1，所以，这些农村居民地的分布似乎整体上呈现离散的分布模式，但究竟是否为离散分布模式而不是随机分布模式，还需要参考 Z 得分和 P 值的情况。

Z 得分和 P 值是统计学中经常运用的概念。如图 14-11 所示，这是一个**正态分布**（normal distribution）的曲线图。在通常情况下如果某个统计量（例如一个地区人们的身高、体重，等等）的数值是随机变化的，或者说造成该统计量变化的因素是随机性的，也就是不存在一些特定的因素决定该统计量的数值，那么这个统计量的频率分布统计图就是类似于图 14-11 那样的

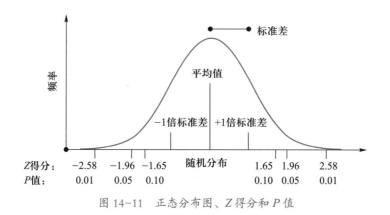

图 14-11　正态分布图、Z 得分和 P 值

正态分布形式。在曲线中间的均值附近频率最大，例如中等身高体重的人数最多；而两侧频率逐渐减小，即身高特别矮小（图中左侧）和特别高大（图中右侧）的人是少数。

前面介绍描述性统计量的时候提到过标准差。标准差表示的是数据聚集在均值附近的程度。也可以把它看作数据相对于均值离散的程度。如果标准差数值小，就表明很多数据集中在均值的附近；如果标准差数值大，就表明数据分布比较分散。Z 得分是离开均值的标准差倍数。Z 得分为 1 就是 +1 个标准差的数值，Z 得分为 –1.65 就是 –1.65 倍标准差的数值。

P 值指的是**概率**（probability）值，在假设检验方法中，P 值用来检验一个**零假设**（null hypothesis）成立的可能性，它和 Z 得分有着对应的关系。所谓零假设也称为原假设，通常就是在进行假设检验之前，先假设某些现象是属于随机分布的，然后用 P 值来检验零假设成立的可能性有多大，若 P 值大则接受零假设，若 P 值小则拒绝零假设。

最近邻分析可以看作一个假设检验，就是首先假设这些点要素的空间分布属于随机分布模式，这个假设是一个前提，然后再来检验实际观测到的点的分布符合随机分布这个假设的可能性，即 P 值。如果 P 值数值比较大，就说明此假设为随机分布的可能性大；如果 P 值比较小，就说明此假设为随机分布的可能性比较小。P 值为 1 表明经过检验实际 100% 符合随机分布这个初始假设，P 值为 0.1 则表明实际上属于随机分布这个初始的零假设只有 10% 的可能性。

在图 14-9 所示的农村居民地空间分布模式分析中，先假设这些农村居民地是随机分布的，然后通过最近邻分析并检验其 Z 得分为 2.01，相对应的 P 值是 0.04，说明一开始假设这些居民地属于随机分布的可能性只有 4%，这就可以否定初始的随机分布假设了。因此，最近邻分析算出的最近邻指数 1.10 就可以表明这些农村居民地在很大程度上属于离散分布的模式。

通常在统计检验中，人们会设定 P 值为 0.1（10%）、0.05（5%）和 0.01（1%）这样几个不同的检验**显著性水平**（significance level），对应的 Z 得分分别为 ±1.65、±1.96 和 ±2.58。显著性水平可以反映假设检验中当零假设为正确时，人们却把它错误地拒绝了的概率或风险。它是小概率事件的概率值。用户需要在每一次统计检验之前确定具体采用哪一个 P 值。

14.3.2 空间自相关分析——全局莫兰指数

除了空间要素的空间位置分布模式之外，GIS 还可以分析空间要素的属性数据的空间分布规律，其中一种重要的分析是空间自相关分析（徐建华，2014）。空间自相关性可以用来解释前面章节介绍过的 Tobler 地理学第一定律的内容，即在地理空间中分布的地理现象通常是彼此相关的，而且距离越近，相关性就越强；距离越远，相关性就越弱；超过一定距离之后，地理现象就几乎没有相关性了。

以某一种空间属性例如地形高程为例，高程数值就表现出这种空间自相关性。地形上相距较近的两点之间，高程数值相差不大。而相距很远的两点之间，高程数值就几乎无关了。正是因为高程存在空间自相关性，所以才可以运用前面章节介绍的空间插值方法计算出数字高程模型上每一个栅格单元的高程数值。

空间自相关性是极其重要的一种地理特征。如果没有这种空间自相关性，地理现象的空间分布变成了完全随机的，那么也就不存在地理学中的各种空间分异规律了，地理学也就没有了存在的意义。

一个地区某种现象整体上的空间自相关性通常可以有三种模式，即：

（1）空间正自相关：指的是空间距离上邻近的事物，它们的某项属性数值也是彼此相似的。即邻近的事物其具有的某种性质是相似的，或者说性质相近的事物在空间上也彼此相近，即存在集聚现象。

（2）空间负自相关：指的是空间距离上邻近的事物，其属性数值彼此不同。这种现象说明存在空间上的某种竞争关系，属性数值相似的事物彼此排斥，而数值差异大的则可以共存。

（3）空间零自相关：指的是在这种情况下，没有办法判断某种现象有没有自相关性这种空间效应，即它的数值在空间上呈现一种随机的分布模式。

空间自相关这三种模式可以使用一种什么样的方法来判定？人们所感兴趣的某种空间现象的空间分布在整体上属于哪一种空间自相关性？这个问题可以用**全局莫兰指数**（global Moran's index，简称 Moran's I）来检验。

全局莫兰指数是统计学家莫兰（Patrick Alfred Pierce Moran，1917—1988）在 1950 年提出的。他先假设一个地区整体上空间分布是零自相关的，即随机的。然后计算全局莫兰指数、Z 得分和 P 值。根据这些数值，可以分析出如下三种情况：

① 如果全局莫兰指数值大于零，并且 Z 得分和 P 值满足设定的显著性水平，那么它为空间正自相关，即空间上数值存在集聚现象；

② 如果全局莫兰指数值小于零，并且 Z 得分和 P 值满足设定的显著性水平，那么它为空间负自相关，即邻近空间的数值差异性大；

③ 全局莫兰指数值接近零，并且 Z 得分和 P 值都不满足设定的显著性水平，表示总体的空间分布呈现随机的情形。

这里用一个宁夏回族自治区人口分布的实例来说明空间自相关模式的检验。图 14-12（a）所示是用宁夏 22 个县区的空间位置数据和人口数据进行全局莫兰指数计算。如果设定显著性水平为 0.1，选择每个县区的总人口数计算，全局莫兰指数为 -0.035，Z 得分为 0.088，P 值为 0.435（大于 0.1），不满足设定的显著性水平 0.1，那么说明宁夏总体上各县区人口分布是随机的，不存在空间集聚的情况。

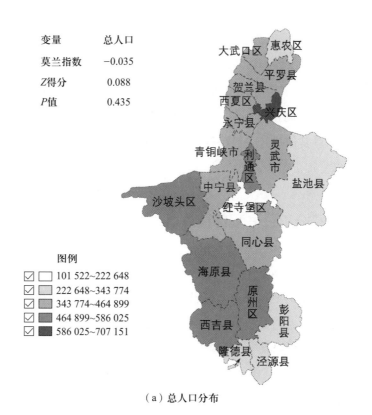

（a）总人口分布

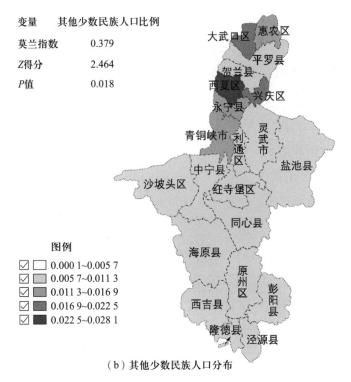

变量　　其他少数民族人口比例

莫兰指数　　0.379

Z得分　　2.464

P值　　0.018

图例
- ☑ ☐ 0.000 1~0.005 7
- ☑ ▨ 0.005 7~0.011 3
- ☑ ▨ 0.011 3~0.016 9
- ☑ ▨ 0.016 9~0.022 5
- ☑ ■ 0.022 5~0.028 1

（b）其他少数民族人口分布

图 14-12　宁夏县区人口分布的空间自相关性检验（全局莫兰指数）

　　而如果使用各县区除了汉族与回族之外的其他少数民族人口比例来计算，如图 14-12（b）所示，全局莫兰指数为 0.379，Z 得分为 2.464，P 值为 0.018，那么说明其他少数民族的人口比例在整个宁夏的分布是空间正自相关，即空间集聚，其他少数民族主要是蒙古族通常聚居在宁夏的北部地区，宁夏其他地区少数民族人口极少。

14.3.3　集聚与离群分析——局部莫兰指数

　　全局莫兰指数只是把整个区域的空间自相关性用一个指数来检验。但如果想了解区域内局部的空间自相关情况，就需要用**集聚与离群**（cluster and outlier，或称为聚类和异常值）分析，其指标为**安塞林局部莫兰指数**（Anselin local Moran's I）。

　　安塞林（Luc Anselin，1953—）是美国空间经济学家。在空间统计学中广泛应用的开源软件 GeoDa 就是他主持开发的。局部莫兰指数也可被称为一种**空间关联的局部指标**（local indicators of spatial association，简称 LISA）。

集聚与离群分析能够为每一个空间要素计算其局部莫兰指数及其 Z 得分与 P 值。P 值用来检验其是否满足用户事先假设的显著性水平（例如设为 0.05，即 5%），若 P 值不满足显著性水平（P 值大于 5%），则属于不显著的空间要素；而若 P 值满足显著性水平，则可以进一步划分出四种不同的组合形式，如表 14-3 所示：

表 14-3　集聚与离群分析结果类型

P 值大（＞5%）	不满足设定的显著性水平 0.05		
P 值小（＜5%）	局部莫兰指数	Z 得分	
		＞0	＜0
	＞0	"高－高" 高值与高值集聚	"低－高" 离群低值
	＜0	"低－低" 低值与低值集聚	"高－低" 离群高值

① "高－高"，代表**高值与高值集聚**（high-high cluster），其局部莫兰指数大于 0，Z 得分为大于 0 的高值；

② "低－低"，代表**低值与低值集聚**（low-low cluster），其局部莫兰指数小于 0，Z 得分为大于 0 的高值；

③ "低－高"，代表**低值－高值离群**（low-high outlier），简称离群低值，表示一个低值周围是高值环绕，其局部莫兰指数大于 0，Z 得分为小于 0 的低值。

④ "高－低"，代表**高值－低值离群**（high-low outlier），简称离群高值，表示一个高值周围是低值环绕，其局部莫兰指数小于 0，Z 得分为小于 0 的低值；

一个典型的例子是来自美国国家暴力研究联合会（NCOVR）的美国各县凶杀犯罪率数据，如图 14-13（a）所示。该图是使用空间统计学研究中常用的开源软件 GeoDa 制作的美国各县凶杀犯罪率地图，数值高低以不同深浅的颜色表示，颜色越深表示凶杀犯罪率越高。

再使用 GeoDa 软件对美国各县凶杀犯罪率进行集聚与离群分析，其 P 值所表现的 LISA 显著性结果如图 14-13（b）所示。美国中部、北部，以及西南部各县是 P 值小于 0.05 的显著性区域，具有凶杀犯罪率高低值集聚的现象。而其他地区 P 值大于 0.05，属于既没有高低数值的集聚，也没有离群现象的地区。

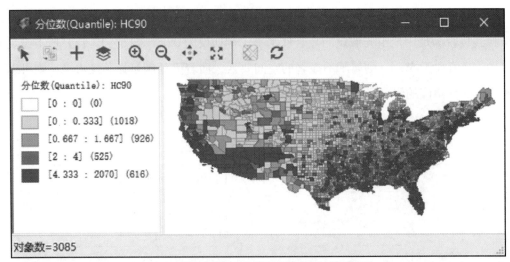

（a）美国各县凶杀犯罪率(颜色越深，数值越高)

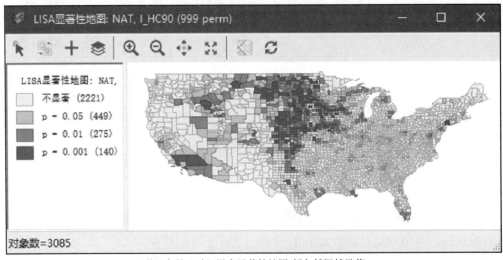

（b）美国各县凶杀犯罪率显著性地图(颜色越深越显著)

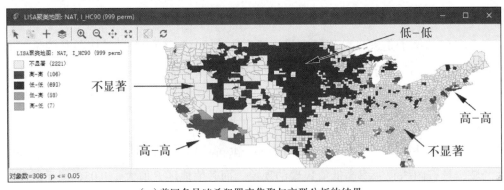

（c）美国各县凶杀犯罪率集聚与离群分析的结果

图 14-13　美国各县凶杀犯罪率局部莫兰指数计算实例

图 14-13（c）所示的 LISA 聚类地图显示了美国四种凶杀犯罪率的集聚与离群区域。美国西部的加利福尼亚州一些县、东部的纽约州一些县是"高－高"的高值集聚，说明这些区域凶杀犯罪率普遍很高。美国中部和北部各县属于"低－低"的低值集聚，说明这个区域凶杀犯罪率普遍较低。

无论是全局莫兰指数还是局部莫兰指数，通常可以针对点或面等不同空间要素进行计算。这些空间要素之间的远近可以通过计算距离来衡量，例如常见的欧氏距离。也可以通过指定相邻关系来确定，例如上述美国各县之间距离的远近，可以由用户在 GeoDa 软件中指定采用各个县是否相邻来决定，每个县只与相邻的县进行局部莫兰指数的计算。

14.3.4 热点分析

热点分析（hot spot analysis）主要解决这样一个问题，就是在一片数值空间分布中，找出那些显著的极高值也就是热点所在的位置，以及那些显著的极低值也就是冷点所在的位置。GIS 中的热点分析又称为 Getis–Ord Gi* 分析。它首先通过计算 P 值来检验各个空间要素的数值是否符合热点（或冷点）的显著性水平，即是否能够拒绝随机分布的零假设。然后再判断哪些符合显著性水平的空间要素，如果 Z 得分高，就说明这个地方是热点；如果 Z 得分低，就说明这个地方是冷点。

通常在做热点分析的时候，把输出结果分成几种类型表达，其中一个大类是 P 值比较大的统计学上不显著的空间要素，另一个大类是 P 值小的统计学上显著的热点或冷点。对这一类满足显著性水平的热点或冷点空间要素，还可以进一步将其分成三个不同的置信度来表达，例如，分别是置信度 99.9% 的热点、99% 的热点和 95% 的热点等三类空间要素。同样也有三类不同置信度的冷点空间要素。三个置信度分别对应显著性水平为 0.001、0.01 和 0.05 的 P 值。

再用美国加州圣弗朗西斯科市警察局犯罪事件报告系统中 2012 年 7 月至 12 月记录的犯罪案件作为实例进行热点分析，在 GeoDa 软件中的分析结果如图 14-14 所示。图 14-14（a）显示了热点的三个不同显著性区域（不同深浅颜色）和其他不显著区域（最浅色）。图 14-14（b）显示了相应的热点和冷点区域。

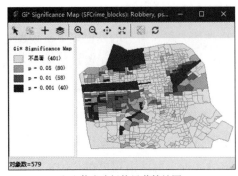 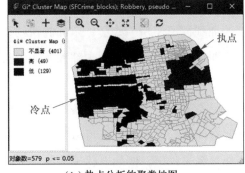

（a）热点分析的显著性地图   （b）热点分析的聚类地图

图 14-14　美国加州圣弗朗西斯科市犯罪案件热点分析实例

复习思考题

1. 什么是属性数据统计？什么是栅格数据统计？什么是矢量数据统计？

2. 请以实例说明什么是定名数据、定序数据、定距数据和定比数据。

3. 请解释常用的描述性统计量的数学含义。

4. 请说明常用统计图中的直方图、柱状图、饼图、散点图和箱型图的作用。

5. 请分别说明栅格数据的局域统计、邻域统计、分区统计和全局统计的原理和作用。

6. 什么是平均最近邻分析？它通常可以检验哪几种空间分布模式？

7. 如何用全局莫兰指数来判断某地是否存在空间集聚现象？

8. 请用一个实例来说明热点分析的作用。

第 15 章　空间分析——应用模型

我国南宋著名爱国诗人陆游曾在诗中谆谆教导后辈：学习知识应懂得"纸上得来终觉浅，绝知此事要躬行"的道理。同样，我们不仅要掌握 GIS 的基础知识和技术方法，更要能够将其运用到解决实际的应用问题中去。GIS 在具体实践中的应用就是 GIS 的应用模型。

前面已经介绍过 GIS 有五个基本构成，即系统硬件、系统软件、空间数据、应用模型和应用人员。本章将重点阐述应用模型这一部分。简单地说，应用模型就是根据具体的地理空间应用问题和目标，将 GIS 解决方案具体化为计算机中可操作的流程和步骤。通俗地讲，应用模型就是使用 GIS 方法来解决具体的实际地理问题的操作流程或计算步骤。应用模型是 GIS 发挥主要作用的地方，GIS 的应用人员需要使用系统硬件、系统软件和空间数据来实实在在地解决地理空间相关的问题。这样的解决思路、解决方案和解决办法就是应用模型。

讲得更具体一点，应用模型指的是一系列空间分析的综合应用。也就是说把前面章节介绍过的各种空间分析方法综合在一起，来解决一个具体的、复杂的、与地理空间相关的问题，由此形成的空间数据和空间分析方法相结合的工作流程，就被称作一个应用模型。

电子教案　第 15 章

15.1 综合性空间分析应用

要介绍应用模型，需要从一个被称作综合性空间分析应用的概念说起。综合性空间分析应用指的是 GIS 的应用人员在 GIS 软件的支持下，把一系列空间分析方法综合在一起，来解决某个空间应用问题。

人们研究各种自然或社会现象通常一开始是将其作为单一的研究对象进行分析，这是一种解析的研究思想。随着科学的发展，人们逐渐发现对于复杂的现象，需要进行多方面的系统研究，从而逐步发展出了综合的研究思想。综合性空间分析应用就是这种思想的体现。

综合性空间分析应用通常按照一定的步骤进行，即：①首先明确要解决的具体空间应用问题。该空间应用问题是和地理空间位置相关的，是可以使用 GIS 空间分析方法来解决的问题。②明确要解决这样的空间应用问题，必须达到什么样的目标和要求。即取得了什么样的分析结果，就相当于解决了这个空间应用问题。③收集必要的空间数据。即为了解决这个空间应用问题，需要获取哪些具体的空间数据作为输入数据。④提出一系列空间分析方法，并把这些空间分析方法组成分步骤实现的技术路线。即首先要输入哪些数据，再经过哪些空间分析步骤，得到相应的中间数据，最后使用什么分析方法而得到最终的输出结果数据。

综合性空间分析应用中最重要的是它的方法和过程。它的方法通常就是前面章节介绍过的一系列空间分析方法，包括数字地形分析、空间叠置分析、空间邻近分析、空间路径分析，以及空间统计分析等。它的过程就是把这些需要用到的空间分析方法按步骤组成一个解决方案，以此来综合性地解决一个空间应用问题。

下面用两个简单的实例来说明综合性空间分析应用的实现过程，这两个例子都是 GIS 中最常见的，一个是选址分析应用，另一个是土地适宜性评价。不过为了说明问题，这两个实例都是经过适当简化的，实际应用中的选址分析和土地适宜性评价要考虑更多的影响因素，设计更加复杂的分析过程。

15.1.1 选址分析应用

所谓选址分析应用，通常就是为某个建设项目选定一个适当的建设场地。例如，建设一个新工厂的选址综合性空间分析应用。假设在某一地区，需要新建一家有一定噪声污染的工厂。这家工厂建在哪一个位置最有利，这就是一个选址应用问题，同时也是一个与空间相关的可以使用 GIS 来分析解决的问题。

15.1.1.1 选址的目标和要求

选址只有满足了预定的目标和要求，才能算是一个比较好的方案。假设这家工厂的选址有以下三个目标和要求。①工厂的位置距离现有的道路要在 200 m 范围以内，这个要求在于为新建的工厂创造交通运输的便利。②工厂的位置距离当地现有的几所学校要在 1 000 m 以外。这是为了避免工厂发出的噪声影响学生的学习。③工厂的位置应该选在土地覆盖类型是灌木林地的地方，避免占用农业用地等。

当然，在实际的选址应用过程中可能会考虑更多具体的目标和要求。这里的三个目标和要求是简化了的形式，仅仅是为了以选址为例来说明综合性空间分析应用如何实现。所以不必去深究这样三个简单的目标和要求有多少实际的现实意义，因为这里仅仅是一个简化的例子。

15.1.1.2 选址的空间数据

接下来就要考虑为了满足这样的目标和要求，相应需要哪些空间数据：①针对需要距离现有道路 200 m 以内这个要求，用户必须先获取该区域道路网分布现状的空间数据，就是当前在这个区域范围内已经有哪些道路。这些道路通常是线要素的矢量数据形式，如图 15-1 (a) 所示。②针对需要距离学校 1 000 m 以外的要求，则必须获取在这个区域中已经建成学校的空间位置，通常是点要素的矢量数据形式，如图 15-1 (b) 所示。③针对要处于灌木林地这样的土地覆盖类型中的要求，则需要当地土地覆盖和土地利用的数据，通常是面要素（多边形）的矢量数据形式，如图 15-1 (c) 所示。

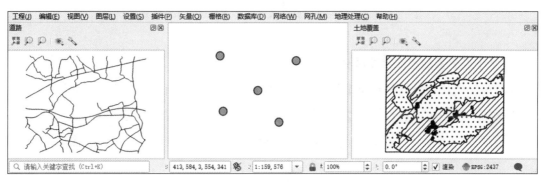

(a) 现有道路矢量线数据　　(b) 现有学校矢量点数据　　(c) 土地覆盖类型矢量面数据

图 15-1　选址分析的空间数据

15.1.1.3 选址的空间分析

接下来就要具体设计出选址分析所要使用的空间分析方法及过程。针对三个不同的目标和要求，分别采用下面的分析步骤：

1. 基于线要素的空间缓冲区分析

首先针对第一个目标和要求，如果要满足距离现有道路 200 m 以内的条件，那么就要先把距离道路 200 m 以内的空间范围计算出来，通常使用空间缓冲区分析可以解决这个问题。基于矢量线要素的缓冲区就是以线要素为中心，在线的两侧以缓冲距离为 200 m 这个参数，生成的条带状区域。例如，图15-2所示是以现有道路矢量线数据计算200 m缓冲区得到的结果。凡是落在这个缓冲区以内的范围都属于满足第一个目标要求的，而缓冲区范围以外的区域都是不满足第一个目标要求的，最终需要被排除在选址考虑范围之外。

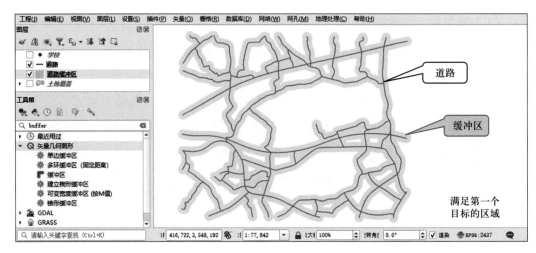

图15-2　满足第一个目标的基于线要素的缓冲区分析结果

2. 基于点要素的空间缓冲区分析

针对第二个目标，就是要求选址距离现有学校1 000 m以外，以避免工厂的噪声污染影响学生学习。这也可以通过空间缓冲区来实现，把每个学校当成一个点要素，按1 000 m距离生成点要素的缓冲区，形成以点为圆心、1 000 m为半径的圆形缓冲区，如图15-3所示。

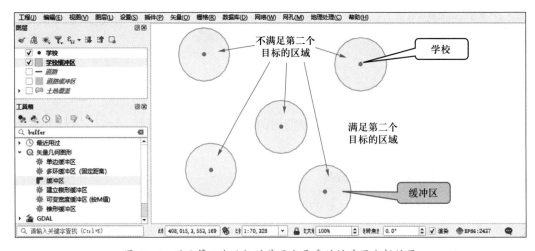

图15-3　满足第二个目标的基于点要素的缓冲区分析结果

不过，这里生成的缓冲区其内部是不满足第二个目标的区域。我们需要的是缓冲的外部，即学校周边 1 000 m 的缓冲区内部不能作为选址的范围，要排除在外，选址只能在缓冲区的外部进行。

3. 矢量叠置分析中的擦除

通过前面两个步骤，分别生成了满足第一个目标和第二个目标的结果，得到了工厂位置距离道路 200 m 以内的区域，以及距离学校 1 000 m 以外的区域。接下来要把这两个目标结合起来，生成同时满足这两个目标的区域，也就是既要距离道路 200 m 以内，同时又距离学校 1 000 m 以外。这可以采用矢量多边形叠置分析中的擦除操作（或称差异）来实现。将道路 200 m 缓冲区的多边形作为输入数据，将学校 1 000 m 缓冲区作为叠置数据，从满足第一个目标的道路 200 m 缓冲区中擦除不满足第二个目标的学校 1 000 m 缓冲区，就得到了同时满足第一和第二两个目标的范围，如图 15-4 所示。

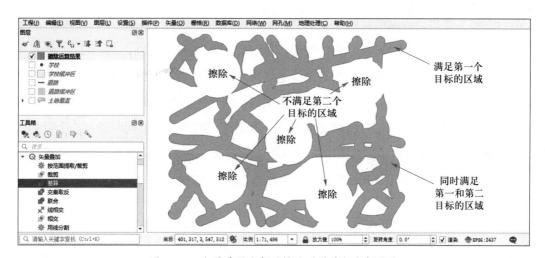

图 15-4　矢量叠置分析的擦除（差异）分析结果

4. 按属性提取

针对第三个目标，需要找到灌木林地的范围。这可以在矢量多边形的土地覆盖类型数据里根据属性进行提取。土地覆盖类型数据的属性表中有一个名称为 Name 的字段，存储的是土地覆盖类型的名称。根据这个字段的数值进行属性提取，查找条件设置为 Name 字段的数值为"灌木林地"。符合这个条件的所有灌木林地都被提取出来，并被保存成一个新的数据"灌木林地"，如图 15-5 所示。

图 15-5　按属性提取的分析结果

5. 矢量叠置分析的交集

最后一步是要得到同时满足第一、第二和第三目标的最终选址范围。三个目标都满足就是既要工厂选址距离道路 200 m 以内，"并且"距离学校 1 000 m 以外，"并且"土地覆盖类型是灌木林地。这里的"并且"对应的是"逻辑与"的运算，而矢量空间数据叠置分析中存在一种符合"逻辑与"运算的叠置分析就是求交集，因此把前面步骤获得的满足第一、第二目标的范围和满足第三目标的范围做交集运算，最终得到的结果就是同时满足三个目标的选址范围，如图 15-6 所示。最终结果中可能有若干片分布在不同位置的多边形都满足三个选址目标，在实际应用中还可以进一步附加其他目标，从而筛选出更小的范围。

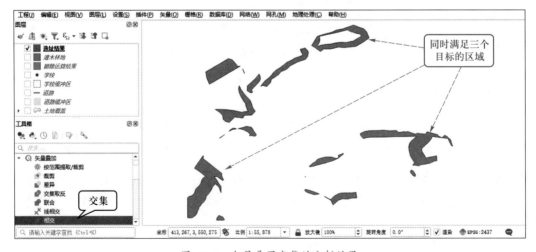

图 15-6　矢量叠置交集的分析结果

总结上述内容可以发现，进行选址应用首先要获得三个作为输入数据的矢量空间数据，分别是道路、学校和土地覆盖。然后经过一系列空间分析，即空间缓冲区分析、矢量叠置分析的擦除运算、按属性提取和矢量叠置分析的交集运算。最后得到满足目标的矢量多边形数据作为输出数据。整个操作步骤可以用流程图的形式来表达，如图 15-7 所示。

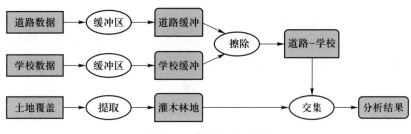

图 15-7　选址应用流程图

在流程图中，可以用矩形符号表示空间数据，例如最左边三个直角矩形表达的是三个输入数据，中间的一些半直角半圆角的矩形表示中间数据，最右边的一个圆角矩形表示最终的输出数据。

在流程图中，可以使用椭圆形符号表示空间分析操作，用带箭头的线段连接数据和空间分析的符号，表示每个空间分析操作的输入数据和输出数据。当然，流程图并不一定要用如图 15-7 这样的符号来表达，用其他的图形符号表示数据和空间分析操作也是可以的。

15.1.2 土地适宜性评价

下面再举一个简单的实例来说明综合性空间分析应用，这个实例使用的方法通常称为土地适宜性评价。例如，若要在某个地区新建一所学校，则可以通过对该地区几种影响因子的状况进行综合评价，根据评价的结果来决定新学校的选址位置。这种综合性的评价方法主要用来评估某种土地利用规划的适宜性，在本实例中就是对土地用于学校选址规划的适宜性进行评估。

15.1.2.1 评价的目标和要求

假设学校选址应用所要满足的目标有三个，即：①距离现有的学校尽量远。也就是说，在这个区域中已经分布有若干所学校，而新建学校的位置若越远离现有学校，则作为选址规划的适宜性越高，因为这样可以避免产生竞争生源的问题。②人口密度尽量大。即该区域人口分布是不均匀的，人口稠密的地方更适宜建新学校，这样有利于多数学生就近入学。③地形坡度尽量缓。也就是坡度平缓处适宜性高，不但可以降低建设费用，同时也有利于确保人员安全。

15.1.2.2 评价的空间数据

针对上述三个目标，通常要有三个对应的空间数据：①现有已建成的学校的分布位置。该空间数据是点要素的矢量数据，每一个点表示一个现有的学校位置，如图 15-8（a）所示是五个已有的学校位置。②居民地的点要素矢量数据。如图 15-8（b）所示，每一个居民地的位置用一个圆形点符号表示，点符号的大小为其人口数量的等级，人口数量多则等级高，对应的点符号大。居民地的人口数量存储在其属性数据的一个字段中。③该区域栅格形式的数字高程模型。如图 15-8（c）所示，颜色深的地方高程比较高，颜色浅的地方高程比较低。

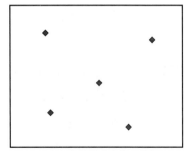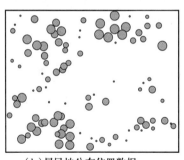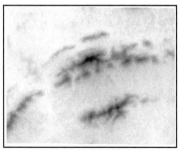

（a）现有学校分布位置数据　　（b）居民地分布位置数据　　（c）栅格数字高程模型数据

图 15-8　适宜性评价的空间数据

15.1.2.3 评价的空间分析

前面介绍的工厂选址使用矢量数据来实现综合性空间分析应用，最后得到的结果是一些满足目标的多边形，每个多边形都可能是最终工厂选址的候选范围。而学校选址的实例使用了另外一种实现方案，即土地适宜性评价。**土地适宜性评价**（land suitability evaluation）也称为土地适宜性分析，它采用一种**多准则评价**（multi-criteria evaluation，简称 MCE）方法，使用多个因子的评分数值通过加权叠加的方法来评价哪些地方适宜某种土地利用方式，例如适合建设新学校。

1. 评价因子的选择和计算

具体来讲，所谓多因子指的就是前面提到的三个目标所涉及的空间性质。例如：①第一个目标是要距离现有学校尽量远，那么新建学校到现有学校的空间距离就是要评价的第一个因子，可以通过栅格自然距离空间分析来计算整个区域中每一个栅格单元到现有学校的栅格自然距离数据，如图 15-9（a）所示，颜色越深表示距离越远。②第二个目标是要人口密度尽量大，那么人口密度就是要评价的第二个因子，可以通过核密度估算来得到整个区域中每一个栅格单元的人口密度数据，如图 15-9（b）所示，颜色越深表示密度越大。③第三个目标是地形坡度尽量缓，那么地形坡度就是要评价的第三个因子，可以通过坡度分析得到整个区域中每一个栅格单元的地形坡度数据，如图 15-9（c）所示，颜色越深表示坡度越大。

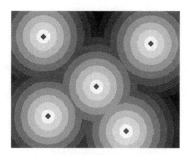 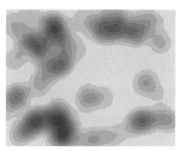 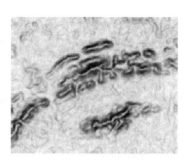

（a）现有学校自然距离栅格数据　　　（b）人口密度栅格数据　　　（c）地形坡度栅格数据

图 15-9　适宜性评价因子的计算结果

2. 因子的适宜性评分

根据各个适宜性因子的计算结果，制定一个评分标准，对各个适宜性因子计算适宜性评分。若评分越高，则适宜性越高；若评分越低，则适宜性越低。评分可以是百分制，也可以是任意适当的评分制。这里为了简单起见，把三个因子的评分都定为三个等级：一级为适宜性最低，二级为适宜性稍高，三级为适宜性最高。

因此，对于现有学校自然距离栅格数据，按照距离现有学校尽量远的目标，把自然距离分成三个评分等级，即一级评分的自然距离为 0 到 1 500 m，二级评分的自然距离为 1 500 到 3 000 m，三级评分的自然距离为 3 000 到 4 500 m。可以使用栅格重分类的空间分析方法把自然距离栅格数据生成三级分类栅格数据，如图 15-10（a）所示，颜色最浅的栅格数值为 1，属于一级适宜性评分区域；而颜色最深的栅格数值为 3，属于三级适宜性评分区域。

同样，对人口密度也使用栅格重分类方法分成三个评分等级，如图 15-10（b）所示，一级评分为 0 到 1 500 人 /km^2，在图中颜色最浅；二级评分为 1 500 到 3 000 人 /km^2，在图中颜色较深；三级评分为大于 3 000 人 /km^2，在图中颜色最深。再对地形坡度采用栅格重分类方法分成三个评分等级，如图 15-10（c）所示，一级评分为 30 到 90°，二级评分为 15 到 30°，

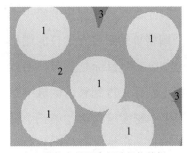 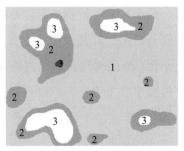 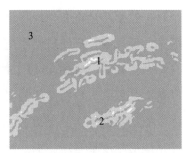

（a）学校自然距离评分栅格数据　　　（b）人口密度评分栅格数据　　　（c）地形坡度评分栅格数据

图 15-10　适宜性因子的评分结果

三级评分为 0 到 15°。由于坡度要求尽量缓，所以坡度小的栅格单元反而评分高。

3. 多因子评分的加权叠加

通过栅格数据重分类，分别对三个因子进行了适宜性的评分，生成了三个因子的评分栅格数据，使得该区域的每一个栅格单元都有三个针对不同因子的适宜性评分。接下来要对它们进行一个综合性的评价，把三个因子分别的评分综合起来，形成一个总的评分数值。这个综合评价的方法叫作加权叠加。

加权叠加（weighted overlay）方法是根据适宜性评价中每一个因子的相对重要性设定权重，针对每个栅格单元中各个不同因子的评分，分别乘以其权重，再求和，最终得到综合了所有因子的评分数值。例如，假设针对学校选址的适宜性评价而言，人口密度最重要，那么把权重设为 40%；到现有学校的距离和地形坡度重要性相对弱一些，那么把两个权重都设为 30%。于是可以采用如下的公式计算综合性评分：

三个因子总的适宜性评分 = 人口密度评分 ×40% + 到现有学校距离评分 ×30% + 坡度评分 ×30%

在 GIS 中，加权叠加方法的实现可以采用地图代数的方法，即栅格数据的叠置分析。将人口密度评分的栅格数据乘以其权重 40%，加上到现有学校距离评分的栅格数据乘以其权重 30%，再加上坡度评分的栅格数据乘以其权重 30%，就得到一个新的总评分栅格数据，如图 15-11 所示。这个总评分结果中数值最大的那些栅格单元（图中颜色最深）表示针对三个评价因子的评分都很大，它们就是最适宜新建学校的选址位置。

对上述土地适宜性评价的实例进行总结，其评价目标分别为到现有学校尽量远、人口密度尽量大和地形坡度尽量小。采用的空间分析包括了栅格自然距离分析、核密度分析、栅格地形坡度分析、栅格数据重分类和栅格加权叠加分析（地图代数）。在最后得到的结果数据中，栅格数值表示的是多因子评价的土地适宜性，数值越高的地方，适宜性越大，越适合建立新学校。

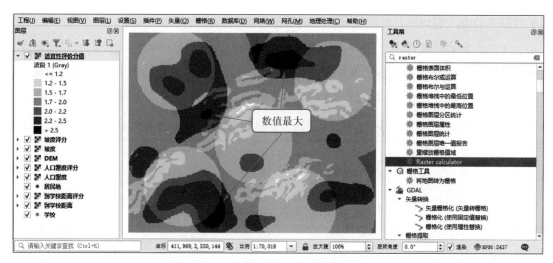

图 15-11　多因子评分的加权叠加的结果

同样可以把空间数据及空间分析的方法和步骤用流程图来表达，如图 15-12 所示。对比图 15-7 所示工厂选址采用矢量数据分析的实例，这个土地适宜性评价采用了栅格数据的分析方法，从最初的输入数据逐步计算得到最终的分析结果。

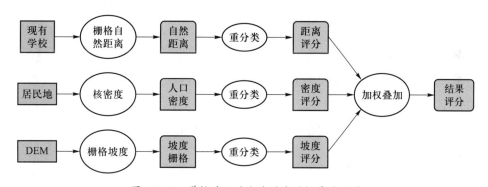

图 15-12　学校选址的土地适宜性评价流程图

15.2 制图建模

前面结合两个实例阐述的综合性空间分析应用，指的是通过使用 GIS 软件来进行分步骤的操作，逐步把输入的空间数据经过一系列的空间分析，最终生成所需要的结果数据，并以结果数据来辅助人们解决具体的空间应用问题，帮助人们进行科学的决策。

上述这个在 GIS 软件中按步骤执行空间分析功能，并实现综合性空间分析的过程还存在一些不足之处，主要体现在：①操作步骤需要手工在 GIS 软件用户界面上通过选择菜单、点击按钮、设置参数对话框来一步一步地实现，工作效率比较低；②如果其中某个步骤因人为疏忽出现输入数据或参数错误，或者需要调整参数，就面临着还要把后面所有操作步骤重新一步一步手工做一遍的问题，这也造成效率低下；③如果想把这样的应用分析方法推广到其他地方的空间数据分析上，那么也需要把这些步骤重新手工实现一遍。

因此，这种手工实现综合性空间分析应用的方法没有充分利用计算机速度快、能自动化处理的特点。那么如何能够依靠计算机进行高效、自动地实现多步骤的综合性空间分析应用呢？这个新的解决方案就是建立 GIS 的应用模型，或称为**制图建模**（cartographic modeling）。

15.2.1 制图建模的概念

GIS 的应用模型就是针对具体的地理空间应用问题和目标，将 GIS 的解决方案编制成计算机中可以自动执行的流程，让计算机中的 GIS 软件自动地执行该流程，从而得到分析结果。建立应用模型的原理、方法和过程就称为制图建模。

应用模型和综合性空间分析应用的区别就在于后者是用人工操作的方式来逐步实现的，而应用模型是让计算机完全自动且高效地执行流程。所以，应用模型具有如下优点：①空间分析的操作步骤完全由 GIS 软件自动执行，从而得到结果，不需要人为干预；②出现错误的时候可暂停执行，便于修改错误之后再继续执行；③要推广应用到其他地方的时候，只要替换输入数据，就可以自动实现。

在 GIS 中之所以把建立应用模型的原理、方法和过程称为制图建模，是因为应用模型中输入、处理和输出的数据通常都是可以用地图的图形来表达的空间数据，即模型中的数据流是空间数据流，这些数据是矢量的点、线、面，或者栅格等可以表现为地图图形的形式。

对于一个 GIS 而言，制图建模就是终极目标，也就是说人们使用 GIS 最终都是要做制图建模的工作，都是要使用 GIS 软件编制自动化的操作流程，解决实际中与地理空间相关的应用问题。GIS 的价值也最终体现在能够把空间分析流程进行制图建模，将一个复杂的与地理空间相关的应用问题通过一系列的空间分析计算，最后得出一个有效的解决方案，给 GIS 应用人员提供一个确定的应用结果。这就是 GIS 最终的价值所在。

15.2.2 制图建模的步骤

制图建模的过程通常可以总结为以下六个步骤：

（1）第一步，先明确应用问题的目标和要求。这一步非常关键，用户在制图建模一开始时就要弄明白最终是要解决一个什么样的空间应用问题。这个问题具体的目标和要求必须非常明确，不能含糊。

（2）第二步，确定应用需求的结果形式。也就是说最终的目标和要求将以一种什么样的空间数据结果表现出来，是矢量形式的数据还是栅格形式的数据。

（3）第三步，从结果开始，逆向推导所需的空间分析方法和空间数据。所谓逆向推导就是从结果数据开始，思考要想得到这样的结果，需要使用什么样的空间分析方法，进而需要用到什么样的输入空间数据。然后，再思考我们所需的输入空间数据是否有现成的，如果没有，就还要再往前推，要得到这样的空间数据还需要用什么样的空间方法，也就是从结果往最初的原始数据方向逆向推导，这个逆向指的是与空间分析的流程方向相反的方向。

（4）第四步，将分析流程按顺序编制成可执行的计算机指令。一旦完成第三步以后，就可以从输入数据开始，按照顺序执行的方式把所有需要执行的空间分析方法在 GIS 软件中编写成在计算机上可以执行的操作指令序列。

（5）第五步，代入输入的空间数据，运行应用模型的计算机指令。这一步即在 GIS 软件中执行应用模型，得到输出的分析结果。

（6）第六步，检验生成的结果数据，如果结果不符合预设的目标，那么分析问题出在什么地方，可以通过修改方案，或者修改分析计算的参数，然后重复第五步；如果结果数据达到预设的目标和要求，就结束建模过程。

15.2.3 制图建模的方法

制图建模的方法就是上述步骤中的逆向推导方法，即从结果数据开始，逆着空间分析过程的方向来构建空间分析和输入数据的方法。在此举一个简单的例子来说明制图建模方法的运用。这个例子非常简单，要计算某个校园内坡度大于 15° 的区域占校园总面积的比例。这个比例就是要得到的最终结果。如图 15-13 所示，流程图最右边的输出数据"面积比例"就是最终结果的数值。

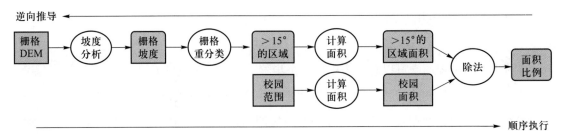

图 15-13　制图建模方法示例

从面积比例这个结果出发，沿着从右向左的方向逆向推导即可构建应用模型，也就是说要想得到坡度大于 15° 的面积占整个校园面积的比例，需要用坡度大于 15° 区域的面积除以整个校园的面积。接下来再往前逆向推导，整个校园的面积可以用校园范围（矢量多边形数据）通过计算面积的 GIS 功能得到；而坡度大于 15° 区域的面积可以用坡度大于 15° 的区域范围（栅格数据）通过计算面积得到；再接下来逆向推导，坡度大于 15° 的区域可以通过将栅格形式的坡度数据重分类得到。最后，逆向推导到栅格坡度数据可以通过对栅格 DEM 数据进行坡度分析而得到。这个栅格 DEM 和校园范围数据就是整个应用模型的输入数据。至此，整个应用模型就可以建立。

15.2.4 制图建模的工具

制图建模的工具指的是在 GIS 软件中将应用模型转变成可以执行的计算机指令的工具软件。通常在 GIS 软件中可以使用多种制图建模工具，而不同的制图建模工具其本质都是一种计算机编程语言，借助编程语言编写程序代码来实现空间数据的输入、空间分析计算和分析结果的输出，也就是建立起了应用模型。

15.2.4.1 脚本语言

在 GIS 中可以运用很多种不同的计算机编程语言来实现制图建模，比如著名的 C、C++ 或者 Java 语言等。而目前常见的 GIS 软件都提供了一些简单易用的称为**脚本**（script）语言的内置建模语言。脚本语言有点像拍电影时演员使用的脚本，电影把一句一句台词按照顺序演播下去。使用脚本语言编程的用户可以在计算机键盘上一字一句地输入命令，GIS 软件能够解释命令，并按照命令去执行相应的任务（如各种空间分析），然后把分析结果反馈给用户。所以说，脚本语言通常就是一个命令的序列或者是处理的流程。当然，用户也可以把所有要执行的命令都存放在一个文件里面，让 GIS 软件进行批处理，即一次批量地处理一连串的指令。

GIS 软件一般都会提供一种脚本语言的编程窗口，例如，图 15-14 所示是 QGIS 软件的 Python 语言命令行输入窗口"Python 控制台"。用户可以在其中用键盘输入 Python 语句，以使 QGIS 软件执行相应的工作。这些命令涵盖了 QGIS 软件图形用户界面上的各种处理工具。与 QGIS 类似，ArcGIS 中也拥有 Python 脚本语言的编程窗口。

如图 15-14 中所示，输入的第一行命令 layer = iface.activeLayer( ) 是调用当前用户界面对象（iface）的函数 activeLayer，获得用户界面中打开并处于活动状态的数据层（layer）。第二行命令 layer.name( ) 是显示该数据层的名称，即"道路"。

图 15-14　QGIS 的 Python 控制台脚本语言命令输入窗口

QGIS 和 ArcGIS 软件中所使用的 Python 语言是脚本语言的代表性语言之一，这种计算机语言的语法非常简单且灵活，它具有以下三个显著的特点：

1. Python 是一种解释型语言

解释型语言是相对编译型语言而言的。在编程的时候，程序员敲击键盘输入的指令语句是以人类能够理解的一种字符形式表达的，通常都是一种类似英语的形式。即程序员采用拉丁字母、阿拉伯数字及一些常见符号表达的计算机语言代码（叫作源代码）来编程。对于源代码，人类能够理解，但是计算机不能理解。计算机能执行的代码通常是二进制形式的编码。所以在计算机执行源代码的时候，先要有一个翻译过程。将源代码翻译成二进制机器编码的过程叫作编译。常见的 C 语言或 C++ 语言等都需要编译才能执行。然而 Python 不需要编译，它是一种解释型的语言。它直接解释源代码的含义，然后执行，并不需要把源代码翻译成机器代码。

2. Python 是一种交互式语言

Python 的第二个特点是它的交互性，体现在程序员可以在一个编程命令输入窗口中，用键盘输入一句命令的源代码，Python 就立即解释这句源代码，并立即执行这句代码，从而把执行的结果反馈给程序员。如图 15-14 所示，窗口中有三个连续的大于号（即 >>> ），这就是 Python 语言特定的命令提示符，表示用户可以在这个提示符后面用键盘输入源代码。

3. Python 是一种面向对象语言

面向对象（object-oriented）语言，是指该语言支持面向对象的编程范式。面向对象的编程范式是一种以对象的形式来组织数据和功能的程序编写方法。在支持面向对象的计算机语言中，所有的数据和相应的功能都被包含（称为"封装"）在一些特定的程序对象中。在 GIS 中，一个矢量空间数据可以被当作一个对象，一个栅格数据也可以被当作一个对象。不同的对象包含不同的数据，也具有针对其数据的特有的空间分析功能。例如，矢量空间数据对象包含点、线、面的坐标数据，且可以具有叠置分析、缓冲区分析等功能。而栅格空间数据对象包含由多行多列组成的属性数值，且可以具有栅格重分类、地图代数等分析功能。

使用 GIS 软件内置的 Python 语言进行制图建模，只要使用命令语句按执行顺序写出空间分析步骤即可。例如，在本章第一个实例"工厂选址的综合性空间分析应用"中，第一个步骤是空间缓冲区分析。如图 15-15 所示，该步骤的输入数据是道路数据，空间分析是矢量线要素的缓冲区分析，输出数据是道路的缓冲区矢量多边形数据。

图 15-15 显示了 QGIS 脚本语言 Python 的编程窗口，由于要一次运行多行命令，所以这里把命令保存到一个 Python 程序文件 roadbuffer.py 中。文件中的第一行命令语句 from qgis import processing 加载了空间分析功能的模块。第二行较为复杂的命令语句 processing.run 函数执行了缓冲区分析功能。函数的参数有：①功能名称为 native:buffer，即基本的缓冲区分析；②输入数据 INPUT 是道路数据 d:/data/road.shp，为 Shapefile 文件格式；③缓冲区距离 DISTANCE 是 200.0 m；④线段参数 SEGMENTS 控制在创建缓冲区圆的时候构成四分之一圆周的线段数，如 10；⑤设定缓冲区融合与否，TRUE 为融合，FALSE 为不融合；⑥端点样式参数 END_CAP_STYLE 控制在缓冲区中如何生成封闭线段两端的形状，0 表示圆头封闭；⑦连接样式参数 JOIN_STYLE 指定在缓冲区边线连接时使用哪一种连接样式，0 表示圆角连接；⑧尖角限制参数 MITER_LIMIT 只适用于尖角连接样式，控制创建尖角连接时偏移曲线的最大距离；⑨输出数据 OUTPUT 是道路缓冲区数据 d:/data/roadbuffer.shp，也是 Shapefile 文件格式。

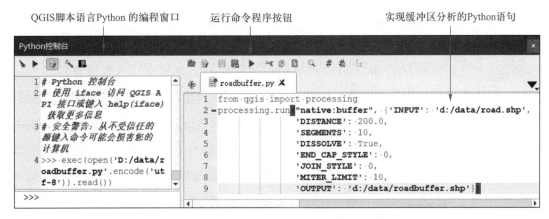

QGIS脚本语言Python 的编程窗口　　　　运行命令程序按钮　　　　　实现缓冲区分析的Python语句

图 15-15　QGIS 用 Python 编写应用模型中一个步骤的示例

Python 窗口中的这条语句可以完全实现用户手工在 QGIS 中调用的缓冲区分析功能。点击工具栏中三角形的"运行"按钮，在左侧的窗口中可以看到 Python 程序运行结果的反馈。

使用 QGIS 或 ArcGIS 进行制图建模的编程人员可以调用软件中的所有的功能。一个应用模型中有多个分析步骤，就可以把所有语句写在一起，存入扩展名为 py 的 Python 程序文件中。如图 15-15 所示，让 Python 直接对整个 py 文件进行批处理执行，就可以一次性地把应用模型中所有步骤从开始执行到结束。所以，使用编程语言实现应用模型，比用手工方法操作 GIS 软件的效率要高得多。

对于 GIS 的应用达到一定熟练程度的专业人员，可以使用编写脚本语言的方法来进行制图建模，提高工作效率。然而，编写脚本语言对于 GIS 用户编程能力的要求是相对较高的，用户既要熟悉 GIS 各种空间分析原理，同时又要对计算机语言有所了解，能够编写代码，调试修改代码错误，并执行代码。所以对于各个不同领域使用 GIS 的人员而言，可能他们的科学研究主要集中在本领域的科学问题上面，并没有那么多时间来掌握特定的一种编程技术。他们的注意力应该更多地聚焦于对本领域的应用问题寻求解决方案，而不是过多地关注程序如何编写的技术细节。因此，人们提出了一种新的制图建模工具，即可视化制图建模工具。

15.2.4.2　可视化制图建模工具

可视化制图建模工具可以很好地解决应用模型中需要编写复杂程序的问题。只要使用可视化制图建模工具，GIS 用户就能够以一种所见即所得的方式，或者说形象化的方式来构建应用模型，而不需要编写代码。这种可视化制图建模工具可以把想要构建的应用模型的步骤用图形符号画出来，也就是画出应用模型的流程图，由 GIS 软件对用户画出的流程图进行转换，自动生成可执行的程序代码，如 Python 代码。因此它大大降低了不同专业领域的人员使用 GIS 建模的技术门槛。

例如，图 15-16 所示是 QGIS 软件提供的可视化建模工具软件"**模型构建器**"（Model Designer）。通常的可视化制图建模工具软件都有一个可视化建模窗口，应用模型的流程图就画在这个窗口中。图 15-16 的左侧是各种作为输入的空间数据的列表，模型设计者可以用鼠标把需要的空间数据拖放到中间的可视化建模窗口中。图 15-16 的右侧是各种空间分析功能的列表，模型设计者也可以用鼠标把需要的空间分析功能拖放到中间的可视化建模窗口中。图 15-16 中间的可视化建模窗口显示了一个简单的应用模型流程图，它是一个输入的栅格 DEM 数据（dem），经过栅格坡度分析，生成了坡度栅格数据（dem2slope）。流程图中的空间数据和空间分析用不同颜色的矩形框表示，数据和空间分析之间以弧线连接。

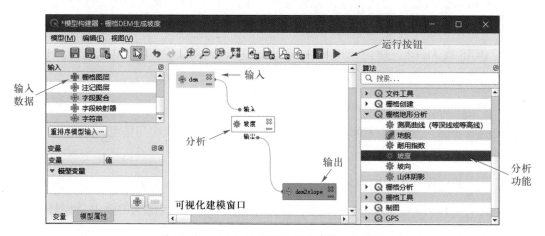

图 15-16　QGIS 的可视化制图建模工具软件

可以用鼠标双击窗口中表示输入、输出空间数据和空间分析的矩形框，在弹出的对话框中设置空间数据存储在计算机中的位置及其名称，也可以设置空间分析的各种参数。设置完成后可以先进行模型校验，即检测模型构建是否正确。在检测正确之后，就可以点击图 15-16 右上角工具栏中的运行按钮，来执行这个流程图所表达的由一系列空间分析组成的应用模型。

ArcGIS 也有类似的可视化建模工具软件 Model Builder，其形式和功能与使用 QGIS 进行可视化建模非常相似，区别仅在于使用不同的图形符号来表示空间数据和空间分析。例如，在 ArcGIS 的可视化建模中，通常使用圆角矩形符号表示空间数据，椭圆形符号表示空间分析。空间数据和空间分析也是可以从工具窗口中拖放进可视化建模窗口中，并用箭头连接空间数据和空间分析，形成流程（马劲松，2020）。

一旦在 QGIS 或 ArcGIS 的可视化建模工具中构建了应用模型，就可以直接运行模型的流程图。这样就相当于自动地完成了原来要在 QGIS 或 ArcGIS 中通过手工方法一步步去实现的综合性空间分析应用。模型流程图也可以导出成对应于分析过程的 Python 脚本语言的程序，例如，图 15-17 所示是图 15-16 中的坡度分析模型导出的 Python 程序。运行导出的程序实现的最终结果是和运行流程图的结果完全一样的。

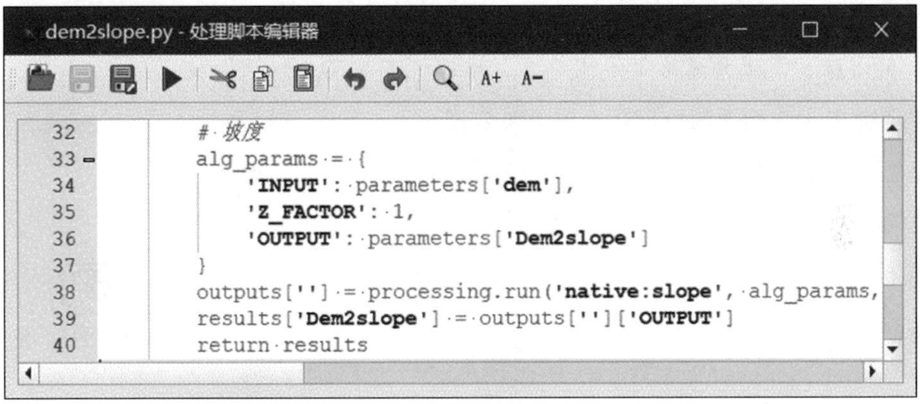

图 15-17　QGIS 可视化建模的应用模型导出的 Python 脚本语言程序

复习思考题

1. 什么是综合性空间分析应用？

2. 综合性空间分析应用通常要遵循哪几个步骤？

3. 什么是土地适宜性评价？什么是多准则评价方法？

4. 什么是制图建模？制图建模的方法是什么？

5. 为什么 Python 语言比较适宜作为建模的语言来使用？

6. GIS 软件的可视化建模工具与建模脚本语言相比，各自有哪些优点与不足？

第 16 章　GIS 制图输出

我国自古就在地图制图领域取得了非凡成就。例如，在甘肃省天水市麦积山放马滩一号秦代墓地中出土了世界上最早的木板地图（约制作于公元前200年），而在五号西汉墓地中出土了世界上最早的纸质地图（约制作于公元前179年）。最令人叹为观止的是在湖南省长沙市马王堆三号西汉墓地中出土的世界上最早的帛地图（约制作于公元前168年），它所绘制的山脉、河流和道路等地图符号，准确性相当高。该地图被国际地图学界作为古代地图的杰出代表而推崇备至。

GIS 与地图的关系极为密切，地图是 GIS 重要的输入数据来源之一，这就是前面介绍过的地图数字化。地图也是 GIS 空间分析和应用模型获得的结果数据的主要表现形式，是 GIS 空间数据的输出方式。本章主要介绍 GIS 和地图学方面的相关内容。

电子教案　第 16 章

16.1 地图的基本概念

回顾前面章节的内容，我们知道 GIS 工作流程通常有五个主要步骤：①数据输入；②数据处理；③数据管理；④空间分析；⑤数据输出。几乎所有 GIS 具体的工作都是由数据输入开始，以数据输出结束。数据输入通常可以采用地图数字化的形式将地图转换成空间数据，数据输出则是指把空间分析的结果数据以各种地图、图表和报表等形式展现出来，形成图形化的视觉效果，以便 GIS 用户能够对新产生的地理信息形成更加形象的认识。由此可见，GIS 的工作流程常常起始于地图而又终止于地图，地图是 GIS 空间数据的**可视化**（visualization）形式，GIS 与地图有着密不可分的联系（闾国年等，2019）。

当用户使用 GIS 软件打开空间数据的时候，在 GIS 窗口中显示的图形并不是地图，而只是空间数据的简单图形展示。例如，图 16-1 所示是用 GIS 软件打开的三个空间数据，分别是矢量点、矢量线和矢量面数据。每个点、线、面空间要素在 GIS 软件的图形窗口中都使用了某种默认的点、线、面图形符号来显示。

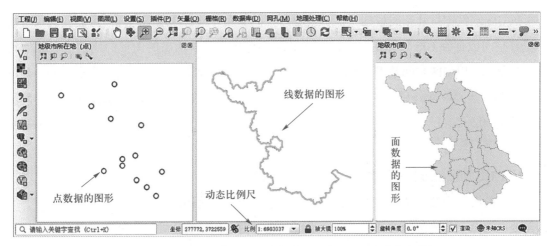

图 16-1　空间数据在 GIS 软件中的默认图形显示（并非地图）

那什么是地图呢？简单来说，地图是一种把空间实体描画在纸面等平面上的图形。但不是所有的把空间实体描画在平面上用图形表达出来的图文作品都能够被称作地图。科学意义上的地图必须包括三个基本特性，即：①地图必须遵循一定的数学法则；②地图必须使用一套特定的图形符号和文字注记；③地图必须经过适当的简化概括。所以，只有具备了这三个基本特性，画在平面上的空间实体的图形作品才能被当作科学意义上的地图来看待。

16.1.1　地图的数学法则

地图的数学法则指的是地图所具有的几何性质，它主要表现在两个方面，即：①比例尺；②地图投影及坐标系。任何一幅符合规范的地图都具有这两种明确说明的几何性质。

16.1.1.1　比例尺

地图的第一个数学法则是**比例尺**（scale）。所有的地图都是把地球表面的某一个区域按照一定的比例缩小绘制的。按比例缩小就是要设定一个确定的比例尺，比例尺的数值等于地图上表示的空间实体的长度与其实际地面上长度的比值。

任何一张地图都有一个明确的比例尺，人们在地图上量算空间实体对应的地图符号的长度和面积等几何特征，然后只要根据比例尺，就可以计算出这些空间实体实际在地球表面上的长度和面积等。如果没有比例尺，那么人们就无法了解地图上描绘的空间实体在实际的空间中到底有多大。

在 GIS 软件中打开空间数据并显示其图形时，里面并没有像地图那样固定的比例尺，而是随着空间数据在 GIS 软件窗口中的放大和缩小等操作，显示出的图形的比例尺会相应地发生变化，所以 GIS 空间数据在 GIS 软件中的显示是以一种动态比例尺的方式实现的。如图 16-1 所示，当 GIS 软件显示空间数据时，主窗口下面的状态栏中会实时动态地显示当前的图形显示比例尺。

16.1.1.2 地图投影及坐标系

地图的第二个数学法则是地图投影及坐标系。当一幅地图所覆盖的空间范围较大时，或者需要在地图上精确测量位置、方向、长度和面积的时候，都需要使用地图投影来建立地球曲面和地图平面坐标系之间的联系。因为地球表面是一个椭球面，不能当作一个平面来处理，所以当要把地球曲面上的空间实体绘制在地图平面上时，就要使用地图投影进行从曲面到平面的坐标系变换，变换的数学法则就是地图投影。

地图投影通常就是一些数学函数，它们能够把地球曲面上以经纬度构成的曲面坐标系（即地理坐标系）通过函数计算，转换成平面直角坐标系，反之亦然。一旦有了地图投影，人们就能够把地球曲面上的坐标位置与地图平面上的坐标位置一一对应起来。一旦有了测量的经纬度坐标，人们就能计算出地图上的坐标，从而将地球曲面上的点绘制到地图上。反之，如果在地图上测量一个空间实体的地图坐标，那么也可以反算出它在地球表面的经纬度坐标。

16.1.2 地图的图形符号和文字注记

地图的第二个基本特性是使用图形**符号**（symbol）和文字**注记**（annotation）来表达空间实体的性质。设计图形符号来制作地图的方法和过程叫作空间数据的**符号化**（symbolization）。在地图上使用特定的图形符号来说明空间实体的地理信息：图形符号在地图上的位置代表了空间实体的地理位置；图形符号的形状、大小和颜色等代表了地理实体的某种属性。

地图的文字注记用来在地图上进一步说明空间实体的某些性质，例如，地名、等高线的高程值，等等。在 GIS 软件中，注记可以由空间实体的属性值产生，称为**标注**（label）。例如，图 16-2 所示就是将图 16-1 中所示的空间数据符号化并添加了注记以后的结果。

地图通过使用一些**视觉变量**（visual variable）来形成地图上不同的图形符号，用以表现空间实体的不同属性特征。GIS 软件通常都提供设置各种视觉变量来产生不同图形符号的功

图 16-2　经过符号化和添加注记以后显示的空间数据

能，最主要的视觉变量有图形符号的形状、尺寸、方向和颜色等。此外，还有一些次要的视觉变量，例如，在使用各种**图案**（pattern）来填充面状符号的内部空间时，可以调节图案的**排列**（arrangement，即符号的规则或随机排列）、**纹理**（texture，即粗细和疏密）和**方向**（orientation）等视觉变量。

16.1.2.1　符号的形状

符号的**形状**（shape）指的是符号的几何外形，是最显著的视觉变量之一。对于矢量数据中的点数据，可以使用各种形状的点符号来显示，如图 16-3（a）所示。同样，对于不同的线数据和面数据，也可以分别用不同形状的线和面符号来显示，如图 16-3（b）和（c）所示。符号的形状通常用来区别不同性质的空间数据，例如，用不同的线形来表示公路和铁路。

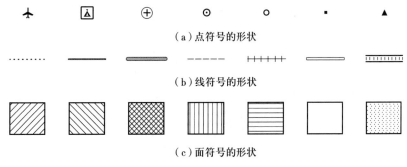

（a）点符号的形状

（b）线符号的形状

（c）面符号的形状

图 16-3　地图符号的形状

16.1.2.2 符号的尺寸

地图上符号的**尺寸**（size）是另一个重要的视觉变量，反映了不同空间实体相对的数量和质量上的差异。通常相同形状不同大小的符号用来表示同一种空间实体数量上的差异。例如，用较大的圆形符号表示人口多的城市，用较小的圆形符号表示人口较少的城市。而形状和尺寸都不同的符号则可以用来区别质量上的等级，例如，用大五角星符号表示首都，用中等同心圆符号表示直辖市，用较小的圆形符号表示省会城市等。GIS 软件中设置符号尺寸经常使用毫米或**磅值**（point size）作为长度单位，72 磅相当于 1 英寸，即 25.4 mm。

16.1.2.3 符号的颜色

地图上的图形符号可以用不同的**颜色**（color）来区分空间实体在质量和数量上的差别。颜色这种视觉变量在 GIS 中通过**颜色模型**（color model）来设定。通常 GIS 中支持多种不同的颜色模型，例如，RGB 颜色模型和 HSV 颜色模型。

1. RGB 颜色模型

RGB 颜色模型把颜色分解为**红**（red）、**绿**（green）和**蓝**（blue）三个分量，并通过三个分量不同数值的组合来表示电子设备上显示或接收的各种颜色，所以 RGB 颜色模型是供各种彩色显示器、投影仪和扫描仪等设备所使用的。彩色显示器和投影仪通过发出不同强度的红绿蓝三种色光，混合成各种颜色。扫描仪也是把光分解为红绿蓝三个**波段**（band）进行记录。

RGB 颜色模型三个分量的数值范围都是从 0 到 255 的整数，（0, 0, 0）表示黑色，（255, 255, 255）表示白色。如果用三个相互垂直的坐标轴分别表示 RGB 三个分量，那么 RGB 颜色模型所能表示的颜色可以形成一个立方体，称为 RGB 颜色空间。如图 16-4 所示，红色的坐标为（255, 0, 0），黄色的坐标为（255, 255, 0）等。任何一种颜色都对应该颜色空间中的一点。

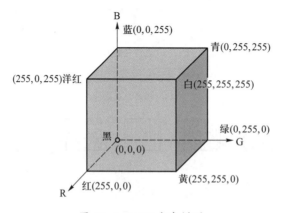

图 16-4 RGB 颜色模型

2. HSV 颜色模型

在地图中使用 RGB 颜色模型并不方便，因为人们无法直观地将颜色的 RGB 分量数值与实际的颜色对应起来。所以，人们在地图中更多地是使用 HSV 颜色模型。HSV 是**色调**（hue）、**饱和度**（saturation）和**明度**（value）的缩写。HSV 颜色模型的颜色空间是一个倒立的圆锥体，如图 16-5 所示。

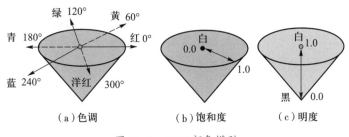

图 16-5　HSV 颜色模型

色调又常常被译为色相，指的是不同波长可见光对应的颜色类别，如红橙黄绿青蓝紫等纯色。色调以度数表示，0° 表示红，120° 表示绿，240° 表示蓝，旋转一圈到 360° 又回到红。如图 16-5（a）所示，所有的色调形成由纯光谱色组成的色环。

如图 16-5（b）所示，在色环所在的圆面中，饱和度定义为从圆心沿径向到色环的距离，圆心的饱和度最小，值为 0.0；色环圆周上的饱和度最大，值为 1.0。饱和度表达的是颜色的鲜艳程度，饱和度为 1.0 表示的是最鲜艳的纯光谱色，饱和度为 0.0 表示的颜色只有灰度，没有色彩。

如图 16-5（c）所示，明度定义在圆锥体高的方向上，倒立的圆锥体尖端明度最小，值为 0.0；最上端色环所在的圆面明度最高，值为 1.0。明度表达的是颜色的明亮程度，明度为 1.0 表示颜色最亮，明度为 0.0 表示颜色是黑色。GIS 软件中通过调节饱和度和明度，可以得到一系列由明暗深浅不同的颜色组成的渐变序列，用来表示地图上空间实体所具有的不同属性数值。

16.1.2.4　注记的字体

地图上不能缺少文字注记，否则难以直观地表达很多地理信息。地图上的文字注记通常有多种变化形式，用来表达空间实体质量和数量上的差异。这些变化形式主要体现在**字体**（type face）、**字重**（type weight）、**字宽**（type width）和正体与斜体等方面。

地图中常用的字体如图 16-6 所示，（a）为几种常规字体，（b）为字重加粗的**粗体**

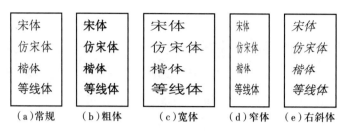

图 16-6 地图常用字体及其变形

（bold），（c）为字宽加大的字体，（d）为字宽缩小的字体，（e）为**右斜体**（italic）。上述几种变化效果是可以组合的，例如加粗加宽的右斜等线体。

GIS 软件通常提供了对地图上注记字体及其各种变化的设置功能。用户除了可以选择计算机系统中安装的各种字库来实现对字体的选择以外，还可以设置字体的颜色和字体的大小。字体的大小通常使用磅值来表示，字体 1 英寸高（即 25.4 mm 高）相当于 72 磅。中文的大小也常常使用字号来衡量，例如五号字相当于 10.5 磅，小五号字相当于 9 磅。

地图上不同的空间实体会采用不同的字体来生成注记。一般对于城市那样的点状空间实体采用黑色等线体表达，对于河流湖泊等水体则采用蓝色左斜宋体表达（不是通常的右斜字体）。不同等级的城市注记可以采用不同大小的同一种字体表达，例如，大城市所用的字体字号比较大，而中小城市采用的字体字号比较小。

16.1.2.5 注记的位置

地图上的文字注记分为两种：①空间实体的属性，这种注记称为标注，可由 GIS 软件自动生成，并放置在相应的空间实体位置处；②图名和图例中的文字，这部分注记由用户设定其放置在地图上的位置。

通常 GIS 软件可以根据用户的设定来自动放置各个空间实体的属性标注。对于点状空间实体的标注（例如地名），一般的放置原则是优先使其处于点状空间实体地图符号的右上方，如果它和其他标注位置重叠，那么它会自动移动到地图符号的其他位置，如图 16-2 中左侧的窗口所示。对于线状空间实体的标注（例如河流），GIS 软件选择沿着线的方向进行自动标注，如图 16-7 所示。对于面状空间实体（例如行政区），GIS 软件可以设定将标注放于面状符号的内部，如图 16-2 中右侧窗口所示。不过自动标注并不总能找到最理想的位置，通常GIS 软件都提供交互式的标注功能，让用户手工移动标注到合适的位置。

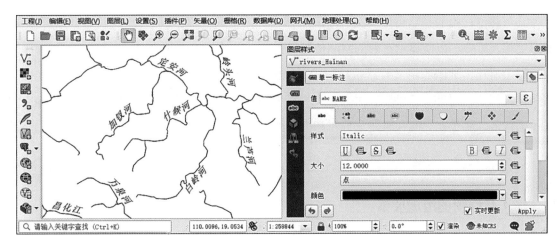

图 16-7　线状河流的名称自动标注

16.1.3 制图综合

地图需要具备的第三个基本特性是地图的简化和概括。在地图上以一定的比例尺缩小绘制某一地理现象的时候，通常需要对其进行简化和概括，以使地图显得清晰整洁。这种简化和概括的方法在地图学中称为**制图综合**（cartographic generalization）或**地图综合**（map generalization）。

制图综合有很多种方法，常用的有选取、简化、概括、夸张和移位等。通常在把比较大的比例尺地图转绘成比较小的比例尺地图的时候，会用到这些方法。

（1）选取：指的是根据空间实体的重要性进行选择，把重要的空间实体选中画在地图上，舍弃掉不太重要的空间实体。例如，在小比例尺的中国地图上只绘制首都、直辖市和各省会城市，而不绘制其他城市。水系则只选择在地图上绘制长江、黄河等大河，而将其他河流都略去。

（2）简化：指的是把空间实体的几何形状变得简单，即将主要的形状特征保留，把次要的形状特征舍弃。例如，把河流上的大的弯曲保留下来，把小的弯曲去掉，使得河流形状看起来更加平顺。

（3）概括：指的是整合邻近的相似的空间实体。例如，在城市地图中，把位置相近的建筑物合并为一个更大的图形。

（4）夸张：指的是人为地放大某些空间实体的一部分区域，突出表现这个部分的空间特征。

（5）移位：指的是略微移动某些空间实体在地图上的位置，以避免和相邻的空间实体在图形上相互重叠，以便显示正确的空间位置关系。

综上所述，地图的定义可以这样表述：地图是一种遵循一定的数学法则，将空间实体运用特定的图形符号和文字注记，并将其简化概括描绘在载体上的视觉表现形式，以传递空间实体的数量、质量在空间和时间上分布和变化的信息。

16.1.4 地图的组成要素

地图需要包含三个方面的组成要素：①主体要素，就是地图中表现空间实体的图形符号，还包括文字注记，通常占据了地图幅面的主要部分；②数学要素，包括地图投影、坐标系、图廓、比例尺、指北箭头等图形符号；③辅助要素，包括图名、图例、插图、统计图表、图像，以及说明性文字，等等。

16.1.4.1 地图主体要素

如图 16-8 所示，这张地图是中国自然资源部网站上发布的中国标准地图，表现了中国各个省级行政区的分布。地图的主体要素就是用不同颜色显示的各个行政区范围（彩图见本章电子教案）。对行政区的边界，根据其不同的性质采用不同的线状符号显示，例如，国界、未定国界、省（自治区、直辖市）界、特别行政区界采用不同的线状符号。海岸线则使用蓝色的线状符号。此外，该图还显示了长江与黄河两条主要河流，以及中国周边邻国。在文字注记部分，显示了每个省、自治区和直辖市等的地名，以及邻国的国名、海洋的名称等。大范围区域的文字注记通常排列方向与纬线或经线平行。

16.1.4.2 地图数学要素

图 16-8 所示的中国地图虽然没有明确表达出所使用的投影坐标系，但是通过观察图中的经纬网形状，可以发现纬线形状是同心圆弧，经线形状是沿着纬线同心圆弧的径向呈现的放射状直线，由此可以基本判断出地图投影很可能是兰勃特等角圆锥投影，这也是中国地图最常使用的地图投影。在地图的图廓与经纬线相交的地方标注经纬度的数值。地图的比例尺以数字形式显示在图的左下角，为 1：3 500 万。

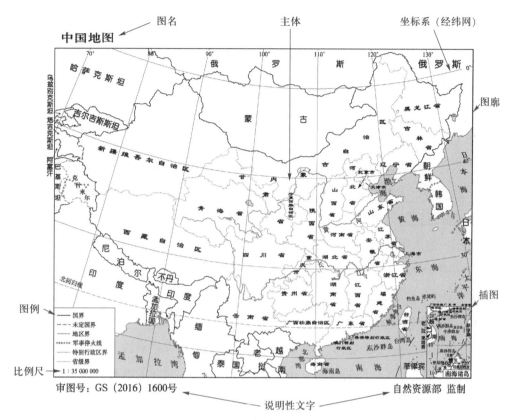

图 16-8　地图的组成要素（地图非原始幅面大小）

16.1.4.3　地图辅助要素

图 16-8 所示地图的**图名**（title）为"中国地图"，显示在地图左上角的位置。地图的**图例**（legend）放置在地图左下角的方框中，图例列出了在地图主体中包含的重要空间实体所对应的各种地图符号，以便读图者对照判别。南海诸岛是我国领土的组成部分，可以采用**插图**（inset）的形式显示在地图的右下角。在地图的底部两侧，是说明性文字，包括审图号和地图监制单位等。

在此要特别说明的是，使用和制作地图，尤其是包含我国疆域范围的地图，需要正确地表达，以反映领土意识，这是每一位中国公民义不容辞的责任。例如，南海诸岛、台湾岛，以及钓鱼岛、赤尾屿等，都要以与中国同样的颜色表现出来。国界线要特别注意阿克赛钦地区、藏南地区和南海的断续线，不能绘错位置或遗漏。地图上的标注也有严格的规范。例如，港澳台地区标注的字体、颜色要与省级行政区相同。在出版物中使用的中国地图，需要经过审核并获得审图号才可以公开发表。

16.2 地图学与地图分类

16.2.1 地图学

地图学（cartography）是研究地图基础理论、地图制作技术和地图使用方法的学科。地图学是一门综合性的学科，它与理学、工学和文学都有相互交叉的内容。如地图学与理学中的地理学、地质学、大气科学、环境科学、数学等相关，与工学中的测量学、遥感、印刷、电子科学、计算机科学等相关，与文学中的历史学、心理学、美学、认知科学等相关。

如果从历史发展顺序来区分的话，那么可以把地图学的发展分为三个阶段：古代地图学阶段、近代地图学阶段和现代地图学阶段。

16.2.1.1 古代地图学阶段

早在我国战国时期，就形成了一部集中论述著名政治家管仲治国思想的著作，叫作《管子》。《管子》特别论述了地图的作用。而被誉为西方地图学之父的古希腊科学家阿那克西曼德（Anaximander）也开始制作地图。魏晋时期，我国著名地图学家裴秀提出了称为"制图六体"的地图学理论，绘制了《禹贡地域图》。而同时代的古罗马科学家托勒密通过测量经纬度来绘制西方的地图。

古代地图学的制图思想主要就是对各种空间实体的位置和属性进行图形化表达。同时它也体现出一种解析的思想，即把要表达的地理现象分解成一个个制图对象，例如城市、道路、河流、山脉等，尽量准确地测量其地理位置，并在地图上尽可能详细地绘制出来。这一阶段主要的地图形式通常都是类似于地形图的**普通地图**（general reference map）。

16.2.1.2 近代地图学阶段

近代地图学阶段开始于地理大发现时代，首先是我国的航海家郑和率领船队航行到东南亚、南亚、西亚和东非沿岸地区，绘制了著名的《郑和航海图》。后来的哥伦布航行到美洲，以及麦哲伦的环球航行等，使人类获得了大量的地理信息，包括对各地不同的地质地貌、土壤植被、水文气象等方面的观测数据。这些都促进了近代地图学的发展。

近代地图学发展了表达空间**分布**（distribution）的思想，即通过科学考察各种自然或社会经济现象的地理分布范围，然后通过这种分布来研究它们的地理特征和内在规律。这一阶段代表性的地图形式通常都是**专题地图**（thematic map），如地质图、土壤分布图和植被分布图等。

16.2.1.3 现代地图学阶段

现代地图学阶段开始于信息化时代，以 GIS 和计算机地图制图为主要标志，产生了许多新的地图形式。现代地图学主要用系统的思想来看待环境，认为各种自然因素，如地貌、土壤、植被、气候等，都是相互联系、相互影响的，共同形成了地球的生态系统。所以不能把它们分割开，而要使用 GIS 的多因素加权集成方法进行综合性空间分析，通过制图建模等研究方法，生成一些表达抽象概念的地图，即**敏感性**（susceptibility）地图、**可达性**（accessibility）地图、**可持续性**（sustainability）地图、**适宜性**（suitability）地图等。例如，地表水污染敏感性地图、农业适宜性地图等。

此外，现代遥感技术的发展产生了**影像地图**（photomap），即以地图的坐标系为参照的、添加了某些地图符号的航空相片或卫星影像。三维计算机图形学的发展则实现了可以表达地形和建筑的三维透视场景图。而互联网技术特别是移动互联网技术的普及，使得网络地图这种动态的地图形式出现在各种计算机设备中，包括各种智能移动设备如智能手机等，进一步推动了地图应用的扩展。

16.2.2 地图分类

地图的种类非常多，一种最常见的分类方法就是将地图分为两大类：普通地图和专题地图。普通地图和专题地图通常被认为是基于两种完全不同的设计思想的地图类型。普通地图要求尽量多地把各种地理空间现象不分主次地表达在地图上，包括地形、地貌、植被、水系、道路、居民地、各种分界线、各种独立地物等。而专题地图则主要用来突出地表达某一种地理空间现象，如地质图主要表达地层岩石类型的分布，降雨量分布图主要用来表达降雨量的空间分布等。

16.2.2.1 普通地图

普通地图主要是地形图和普通地理图。我国地形图的测量和绘制需要遵循国家相关标准，按照国家标准绘制的地形图称为标准地形图。标准地形图的比例尺、分幅、图形符号等都是明确规定好的，是强制性的标准。制作地形图的部门需要具有测绘资质。同时，地形图也属于国家机密文件，使用需要遵循相应的保密规定。

16.2.2.2 专题地图

通常各行各业、不同领域都有适合自身行业需求的专题地图，例如，气象部门要制作和天气有关的各种专题地图，包括气温分布图、气压分布图、降雨量分布图、蒸发量分布图，等等。每个行业的专题地图一般也都依据自身的行业标准。

专题地图又可以分为两大类：表达质量分布的地图；表达数量分布的地图。表达质量分布的地图通常采用一种称为**质底法**（quality base method）的表现方法。常见的行政区划图就是采用质底法的例子，不同的行政区内部采用一种特定的颜色或图案填充，以和其他的行政区相区别。例如，图 16-9 所示为采用质底法的江苏省地图。

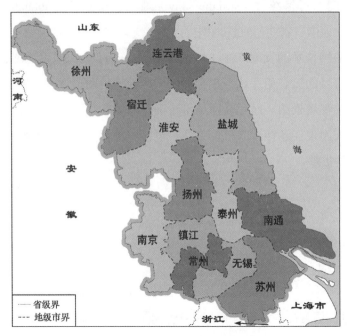

图 16-9　质底法表现的行政区划图

对于表达数量分布的地图，有多种不同形式的表现方法，较为常用的主要有以下几种。

1. 等值区域图

等值区域图（choropleth map）是按照行政区划范围进行绘制的专题地图，通常是选择行政区划的属性数据中某个属性值（如行政区的人口数）并将其按照数值大小分成几个级别，对不同的级别以不同深浅的颜色表现其数值的大小。例如，图 16-10 所示是江苏省各个地级市的人口密度图，人口密度分为 5 个等级。每个地级市范围内的颜色深浅反映了该市的人口密度的大小所处的等级。若人口密度越大，则颜色越深；反之，若人口密度越小，则颜色越浅。

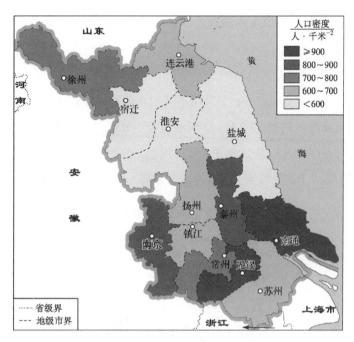

图 16-10　等值区域图表现的人口密度

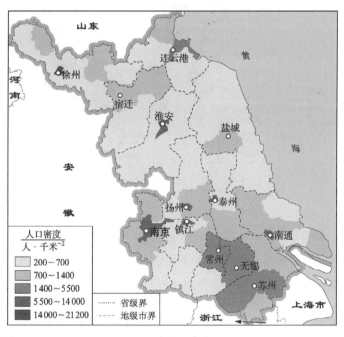

图 16-11　分区密度图表现的人口分布

2. 分区密度图

　　相对于等值区域图而言，**分区密度图**（dasymetric map）对数据分布的表示更加准确。如图 16-11 所示的江苏省人口密度分布图，它是通过使用更小的人口统计单元，并去除太湖、洪泽湖、高邮湖、长江等大面积水体没有人口的区域，使得人口密度分布比等值区域图显得更加精细、更加合理。

3. 分级符号图

分级符号图（graduated symbol map）采用不同大小的地图符号（例如圆形、正方形等）来表示不同等级的数量分布。例如，图 16–12 所示是使用分级符号图表现的江苏省各地级市人口分级的专题图。它将各市的人口数分为三个数量级别，分别用三种不同大小的圆形符号来表示各个市的人口数属于哪一个数量级别。数量越大的级别，地图符号的面积越大。

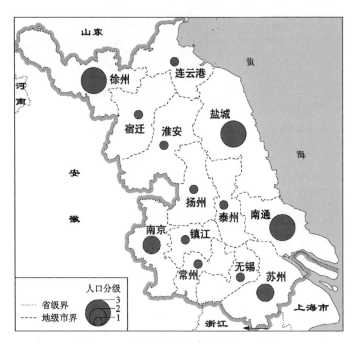

图 16–12　分级符号图表现的人口分布

4. 比例符号图

比例符号图（proportional symbol map）看起来和分级符号图很相似，区别就在于比例符号图不对数量进行分级，而是根据实际数量的多少，相应地按比例形成地图符号，符号的面积与实际数量成正比。例如，图 16–13 所示是使用比例符号图表现的江苏省人口分布。

5. 分区统计图

分区统计图（chart map）是在各个分区中放置统计图来表示各个分区某些统计数量的专题地图。分区统计图常常使用**柱状图地图**（bar chart map）或**饼状图地图**（pie chart map）来表现数量的大小。分区统计图常常可以对比多个不同属性的数值。例如，图 16–14 所示是以柱状图地图形式表现的江苏省人口和 GDP 数值的分布，浅色的柱状图形表示各市的人口数，深色的

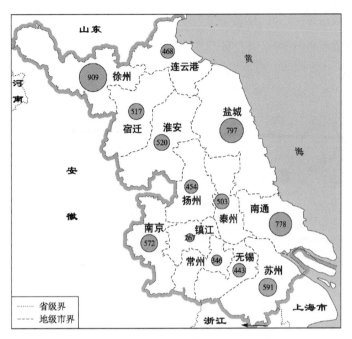

图 16-13　比例符号图表现的人口分布

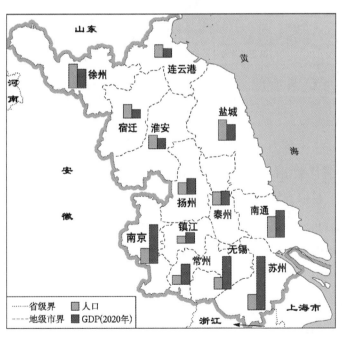

图 16-14　分区统计图（柱状图）表现的人口 GDP 分布

柱状图形表示各市的 GDP。柱状图形的高度和人口数、GDP 成正比。

　　而图 16-15 是用饼状图地图的形式表现的 GDP 分布，其中，圆形符号的面积正比于各个城市 GDP 的总量，圆形符号的内部被分成三个部分，三个部分用不同的颜色显示，各部分的面积占圆形符号总面积的比例分别表明了各个城市 GDP 中第一产业、第二产业和第三产业分别占总 GDP 的比重。

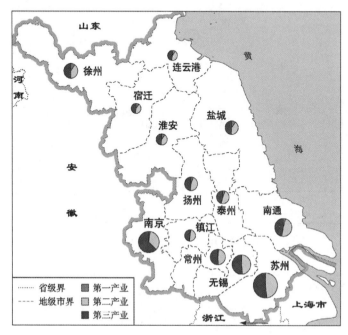

图 16-15　分区统计图（饼状图）表现的 GDP 分布

6. 点值图

点值图（dot map）也称为点密度图，它使用大小均一的点符号填充在区域中，以此来表示该区域中的某种统计数量的多少。如图 16-16 所示，若假设一个小圆点代表 10 万人，则对应每一个行政区，根据其统计的总人口数，换算成应该具有的小圆点的数量，然后在行政区的范围内随机地分布这一数量的小圆点，从而使得人口数量多的区域点符号密集，人口数量少的区域点符号稀疏，由此体现人口的不均匀分布特点。

7. 等值线图

等值线图（isarithmic map）通常被用来表示某种数量在空间中起伏分布的统计曲面。常见的有等雨量线图、等温线图、等压线图……。等值线图用曲线连接相同数值的点，并在曲线上标注具体的数值。也可以在等值线之间根据数值的高低填充不同深浅的颜色来加强等值线表达的效果，深色往往表示数值较高的区域，这种方法称为**分层设色**（hypsometric tinting）。图 16-17 是以等值线图表现的人口密度分布。

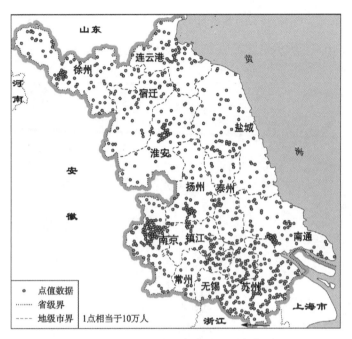

图 16-16　点值图表现的人口分布

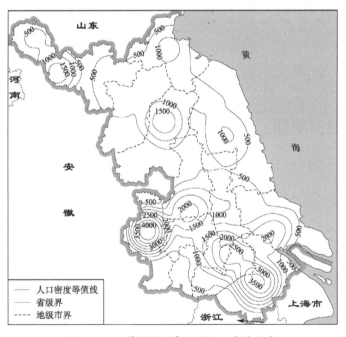

图 16-17　等值线图表现的人口密度分布

8. 流向图

流向图（flow map）通常用来表示不同的地理单元之间各种形式的物质和人员的流动数

量。一般是在地理单元之间使用不同宽度的线条来表达流动数量的多少，线条的宽度与数量成正比。例如，图 16-18 所示是江苏省各市人口向南京市流动的情况。

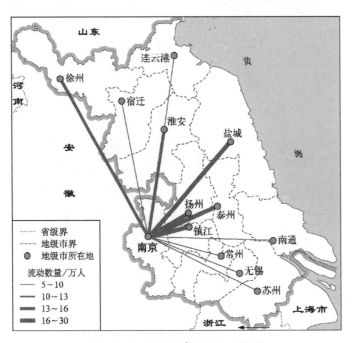

图 16-18　流向图表现的人口流动

16.3　GIS 地图制图

使用 GIS 软件把空间数据制成专题地图是 GIS 工作流程最后一个环节。运用 GIS 软件进行专题地图制图主要需要考虑五个基本问题，分别是：①准备合适的底图数据和专题数据；②选择合适的专题地图表现方法；③选择合适的制图数据分级方法；④选择合适的地图颜色渐变方案；⑤设计合适的地图版面布局。

16.3.1　底图数据与专题数据

使用 GIS 软件进行专题地图制图，首先需要准备合适的**底图数据**（base map data）和专题数据。底图数据可以分为两部分：①放在地图最下层作为背景的数据层；②放在地图最上层作为参考的数据层。而专题数据则放在背景数据层和参考数据层之间，主要是用来生成专题信息的空间和属性数据。底图数据和专题数据在地图中按顺序叠压在一起。

例如，如果想制作一幅表现江苏省 2020 年各地级市人口和 GDP 分布的专题地图，那么至少需要这样一些底图数据层：①作为背景的"省区"数据层，该层包含我国省级行政区的矢量面要素数据，在地图中将被放在最下层，如图 16-19 所示中间图形窗口中深灰色的山东、河南、安徽、浙江和上海等省级行政区数据层；②作为参考的三个矢量线要素数据层，分别是"省界""市边界"和"海岸线"。这三个数据层在地图中将放在最上层作为空间参考的框架，三种不同类型的线数据分别用不同的线形符号来表示。

专题数据有两个来源：①名为"地级市"的矢量面要素数据层，包含江苏省 13 个地级市的行政区范围空间数据，如图 16-19 中间图形窗口所示；其属性数据中包含"名称""人口"和"面积"三个字段，如图 16-19 左下角窗口所示。②名为"地级市 2020 统计数据"的表格数据，包含"名称""GDP2020""第一产业""第二产业"和"第三产业"等字段，如图 16-19 右侧窗口所示。

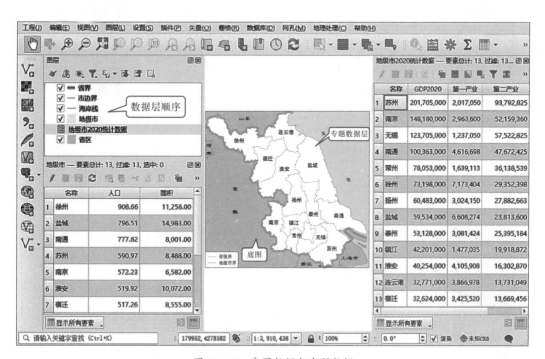

图 16-19　底图数据与专题数据

16.3.2 选择表现方法

在专题地图上表现同一种现象可以使用多种不同的方法，例如，在表现人口分布的时候，可以使用等值区域图、分区密度图等多种表现方法。这些不同的表现方法在 GIS 软件中通常都提供了相应的制图功能给用户选择。用户基于相同的空间数据、选用不同的表现方法，就可以创建出完全不同表现形式的专题地图。用户可以根据具体的需求，采用一种合适的表现方法来制作专题地图，或者同时添加几种不同的表现方法从多个侧面来展示数据。

如图 16-20 所示，如果选择制作分区统计图中的柱状图，那么可以选择"第一产业""第二产业"和"第三产业"三个字段作为柱状图要显示的 GDP 数值。这样，在每个地级市范围内，都会创建一个包含这三个属性值的柱状图。

此外，还要如图 16-21 所示，设置柱状图中柱状符号高度和实际 GDP 数值的比例。例

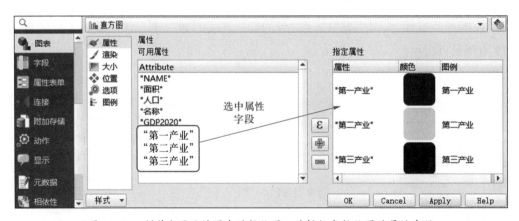

图 16-20　制作分区统计图中的柱状图，选择组成柱状图的属性字段

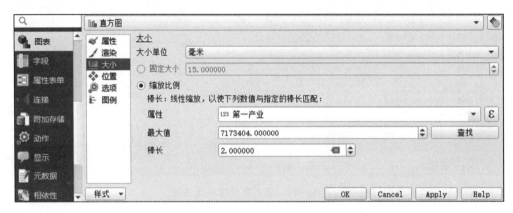

图 16-21　制作分区统计图中的柱状图，设置柱状符号高度的显示比例

如，若选择了"第一产业"的最大值，并设置其显示为 2 mm 的柱状符号高度，则所有产业 GDP 的数值都按照该比例计算相应的柱状符号高度，并显示在地图中相应的行政区内。

16.3.3 选择数据分级方法

制作表达数量分布的专题地图时，例如，如果要在上述江苏省分区统计图表现的 GDP 之外，再添加用等值区域图表现的各个地级市的人口数量分布，就需要对各个地级市的人口数量进行分级，对不同人口级别采用不同深浅的颜色进行表示。而 GIS 软件中通常提供了多种数据分级的方法，若采用不同的分级方法，则相同的人口数据会显示不同的地图形式。

GIS 软件通常提供的数据分级方法有：①等间距分级方法；②分位数分级方法；③标准差分级方法；④自然断点分级方法等。

16.3.3.1 等间距分级方法

等间距分级（equal interval classification）方法将某一属性值整个数值范围等分成用户指定数目的级别，其中每两个相邻级别的数值间隔都是相等的。

图 16–22 所示是将江苏省 13 个地级市的人口数使用等间距分级方法分成用户指定的 5 个级别。从图中可以看到每个级别的最小值和最大值，以及用户设置的不同级别使用的不同深浅的显示颜色。

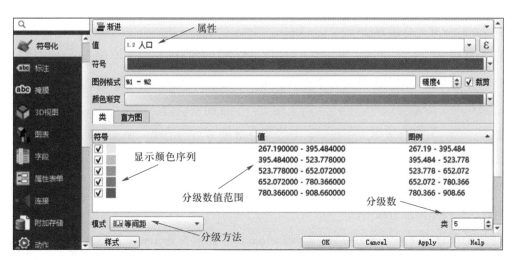

图 16–22　对人口（属性字段）设置 5 级等间距分级

图 16-23 是人口数等间距分级的统计直方图。从图中可以看出 13 个地级市的人口数的均值 μ 和标准差 σ 的位置，也可以看出 5 个级别的分级间断值和每个级别都是等间距的情况。从图中还可以看出落在每一个级别中的地级市个数，例如，第一级中有 2 个地级市，第二级中有 7 个地级市等。图 16-24（a）所示是等间距分级的江苏省地级市人口分布。

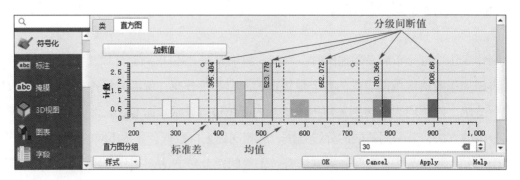

图 16-23　等间距分级的直方图

16.3.3.2　分位数分级方法

分位数分级（quantile classification）方法也称为等数量分级方法，该方法把相同数量的数据分配到每一个级别中，也就是使得每一个级别中包含相同个数的数据。按照等间隔分级方法，可能会由于数据分布的不均匀，造成某些级别中没有一个数据。而分位数分级方法能够保证每一个分级中都有数据，且都有相同数量的数据。例如，图 16-24（b）所示是分位数分级的江苏省地级市人口分布。

16.3.3.3　标准差分级方法

标准差分级（standard deviation classification）方法首先计算出所有属性值的均值和标准差，然后把级别在均值上下分成若干个数值范围，即低于均值一个标准差以内、低于均值一个标准差到两个标准差以内、……、高于均值一个标准差以内、高于均值一个标准差到两个标准差、……。具体分成多少个级别，要看实际数据分布的情况。例如，图 16-24（c）所示是标准差分级的江苏省地级市人口分布。

16.3.3.4　自然断点分级方法

自然断点分级（natural breaks classification）方法也称为 Jenks 自然断点分级方法，它可以最大程度地减少同一类数据值之间的差异，并最大程度地扩大类别之间的差异。该方法参考了数据分布的直方图，其分级的间断值（即断点）发生在直方图上的谷底点。间断按照谷的大小排序，最大的谷为第一个选取的自然断点。按照用户设定的级别个数，顺序找出第二个、第三个、……自然断点。例如，图 16-24（d）所示是自然断点分级的江苏省地级市人口分布。

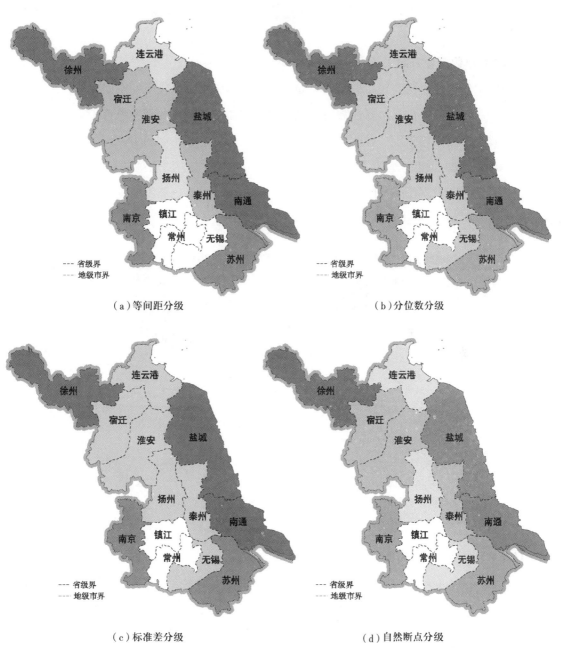

（a）等间距分级　　　　　　　　　　（b）分位数分级

（c）标准差分级　　　　　　　　　　（d）自然断点分级

图 16-24　专题地图制作中四种常用的数据分级方法

16.3.4 地图颜色渐变方案

在选择好数据分级方法以后，就要对不同级别的数据选择不同深浅的颜色进行表示。大多数 GIS 软件提供了多种自动设置一系列渐变颜色的方案。它们主要有：单色渐变方案、双端色渐变方案、光谱色渐变方案、明度渐变方案和混合色渐变方案等。

16.3.4.1 单色渐变方案

在地图中通常使用明度较高的浅色（如白色）表示属性数值较小的空间实体，使用明度较低、饱和度较高的深色表示属性数值较大的空间实体。这就需要采用**单色**（single hue）渐变方案。该方案由用户指定一种明度较低、饱和度较高的色调（如图 16-25 中的颜色序列最右边的深红色，即"颜色 2"），最左边的"颜色 1"通常固定为明度高的白色。在 HSV 颜色模型中，若从左向右逐步降低明度，并逐步增高饱和度，保持色调不变，则形成一系列从白色到浅红色、再到深红色的明暗逐渐变化的颜色序列。

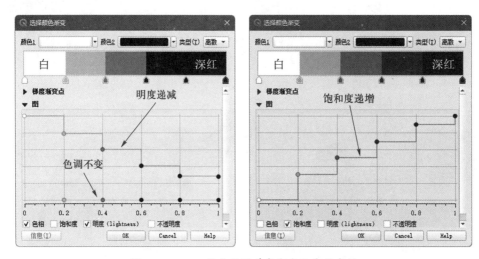

图 16-25　GIS 软件设置单色渐变方案的实例

16.3.4.2 双端色渐变方案

双端色（bi-polar）渐变方案相当于两个单色渐变方案的组合，如图 16-26 所示，最低端设为蓝色（图中的"颜色 1"），保持蓝色的色调不变，明度逐渐递增，饱和度逐渐递减，变为中间的白色；然后色调变为红色，明度逐渐递减，饱和度逐渐递增，变为最高端的红色（图中的"颜色 2"）。

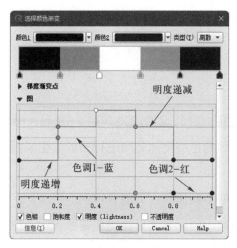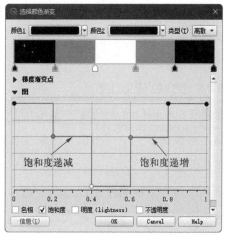

图 16-26　GIS 软件设置双端色渐变方案的实例

双端色渐变方案通常用来表示属性数值有正负之分的现象，例如，摄氏温度的零上和零下，人口的增加和减少等。在地图中通常用冷色调的蓝色表示负值、数量减少或低于均值；用暖色调的红色表示正值、数量增加或高于均值；用白色表示 0 值或均值。在蓝色区域，明度越低表示数值越小。在红色区域，明度越低表示数值越大。

16.3.4.3 光谱色渐变方案

光谱色渐变方案包括两种：**部分光谱色**（partial spectral hue）渐变方案和**全光谱色**（full spectral hue）渐变方案。这两种方案都是按照可见光波长数值从小到大顺序排列的颜色序列，前者仅包含可见光的一部分，而后者包含从蓝紫光到红光的完整可见光光谱颜色。

光谱色渐变方案在饱和度与明度较低的情况下通常用于表达地形高程的变化，例如海域使用蓝色，平原丘陵使用绿色，中山使用黄色，高山高原使用棕色（即低明度低饱和度的红色）等。该方案在明度和饱和度都较高的情况下还常常用于表达温度场的空间变化，例如高温地域使用红色，低温地域使用蓝色。

16.3.4.4 明度渐变方案

明度（value）渐变方案通常是在制作单色地图时使用，即使用一系列饱和度为 0，而明度值逐渐递减的颜色系列（从白到灰、最后到黑）来表示地图上数量的变化。在如图 16-25 所示的 GIS 软件中，若通过设置"颜色 1"为白色，"颜色 2"为黑色，使明度逐渐降低，饱和度全部为最低，则可以得到明度序列。

在地图上通常白色用于表达数量较小的现象，黑色表示数量较大的现象，中间不同深浅的灰色表示数量的变化。

16.3.4.5 混合色渐变方案

混合色（blended hue）渐变方案由用户指定两种特定的颜色，在 RGB 颜色模型或 HSV 颜色模型所形成的颜色空间中由 GIS 软件在两种颜色的坐标之间进行插值，生成混合两种颜色的一系列颜色。

该颜色序列方案通常用来在地图上表达类似不同民族人口混合比例的情况。例如，若各个行政区中汉族人口与少数民族人口的比例不同，则汉族人口比例用黄色表示，少数民族人口比例用绿色表示。若汉族人口占比高，则颜色偏黄，若少数民族人口占比高，则颜色偏绿，中间比例在黄绿色间混合变化。

16.3.5 地图版面布局

使用 GIS 软件进行专题地图设计还要确定地图的各个组成要素在版面上的布局。所谓**版面**（page）指的就是地图的幅面，也就是使用 GIS 软件设计好地图后，可以通过绘图仪或打印机将地图输出到纸面上，这个纸面的大小就是通过版面来设置的。而**布局**（layout）指的是用户在确定了尺寸的版面上合理放置地图各个组成要素的工作。

版面尺寸的设置通常根据计算机连接的绘图仪或打印机等输出设备来确定。标准的版面有 A0（长 1 189 mm，宽 841 mm）、A1（A0 对折的大小）、……。版面的方向有**纵向**（portrait）和**横向**（landscape）两种。用户也可以根据自己特殊的需求自定义版面的尺寸。

GIS 软件可以根据用户选定的版面大小生成地图的布局，如图 16-27 所示，用户可以在 GIS 软件的地图版面上逐步添加地图的主体要素、图名、图例、**图解比例尺**（scale bar）、**指北箭头**（north arrow，即指北针）、属性表格和说明性文字等地图组成要素。并且用户可以使用鼠标以"所见即所得"的方式来调整这些要素在版面上的样式、颜色、大小和位置，力求做到尽量让地图的主体要素占据最大版面部分，且各个组成要素之间主次分明、大小协调、位置平衡。

设计好地图的版面布局，GIS 软件就可以把这幅地图通过计算机连接的绘图仪或打印机自动绘制到纸张上，形成纸质的地图。或者也可以使用 GIS 软件的**导出**（export）功能，输出一个高分辨率的数字图像文件（如 jpg 或 png 格式），并进行保存。

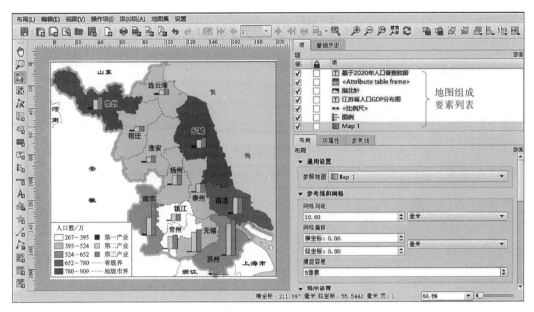

图 16-27　GIS 软件中的地图版面布局窗口

复习思考题

1. 科学意义上的地图应该具有哪些基本特征?

2. 什么是地理信息的符号化? 描述地图符号的视觉变量主要有哪些?

3. 比较 RGB 和 HSV 两种颜色模型, 说明哪一种更适合在地图上定义颜色使用。

4. 请说明地图上文字注记的作用。说明注记与标注之间的关系。

5. 地图的组成要素有哪些?

6. 请举例说明专题地图中常用的几种表现方法及可以生成的地图类型。

7. 使用 GIS 进行地图制图通常需要进行哪些方面的工作?

8. 表达数量分布的专题地图常常使用哪些数据分级方法?

9. 地图制图中有哪些常用的颜色渐变方案?

主要参考文献

［1］边馥苓. 地理信息系统原理和方法［M］. 北京：测绘出版社，1996.

［2］陈俊，宫鹏. 实用地理信息系统［M］. 北京：科学出版社，1999.

［3］陈述彭，鲁学军，周成虎. 地理信息系统导论［M］. 北京：科学出版社，1999.

［4］龚建华，林珲. 虚拟地理环境——在线虚拟现实的地理学透视［M］. 北京：高等教育出版社，2001.

［5］龚健雅. 地理信息系统基础［M］. 2 版. 北京：科学出版社，2019.

［6］郭庆胜，王晓延. 地理信息系统工程设计与管理［M］. 武汉：武汉大学出版社，2003.

［7］郭仁忠. 空间分析［M］. 2 版. 北京：高等教育出版社，2001.

［8］胡鹏，黄杏元，华一新. 地理信息系统教程［M］. 武汉：武汉大学出版社，2002.

［9］Jensen J R. 地理信息系统导论［M］. 王淑晴，孙翠羽，郑新奇，等译. 北京：电子工业出版社，2016.

［10］李德仁，龚健雅，边馥苓. 地理信息系统导论［M］. 北京：测绘出版社，1993.

［11］李满春，陈刚，陈振杰，等. GIS 设计与实现［M］. 2 版. 北京：科学出版社，2011.

［12］李志林，朱庆. 数字高程模型［M］. 2 版. 武汉：武汉大学出版社，2002.

［13］刘南，刘仁义. 地理信息系统［M］. 北京：高等教育出版社，2002.

［14］闾国年，汤国安，赵军，等. 地理信息科学导论［M］. 北京：科学出版社，2019.

［15］马劲松. 地理信息系统基础原理与关键技术［M］. 南京：东南大学出版社，2020.

［16］毛赞猷，朱良，周占鳌，等. 新编地图学教程［M］. 3 版. 北京：高等教育出版社，2017.

［17］Mers M de. 地理信息系统基本原理［M］. 2 版. 武法东，付宗堂，王小牛，等译. 北京：电子工业出版社，2001.

［18］牟乃夏，刘文宝，王海银，等. ArcGIS 10 地理信息系统教程——从初学到精通［M］. 北京：测绘出版社，2012.

［19］秦其明，曹五丰，陈杉. ArcView 地理信息系统实用教程［M］. 北京：北京大学出版社，2001.

［20］Shekhar S, Chawla S.空间数据库［M］.谢昆青，马修军，杨冬青，等译.北京：机械工业出版社，2004.

［21］Smith M J de.地理空间分析——原理、技术与软件工具［M］. 2 版.杜培军，张海容，冷海龙，译.北京：电子工业出版社，2009.

［22］宋小冬，钮心毅.地理信息系统实习教程［M］. 3 版.北京：科学出版社，2013.

［23］孙达，蒲英霞.地图投影［M］.南京：南京大学出版社，2005.

［24］汤国安.地理信息系统教程［M］. 2 版.北京：高等教育出版社，2019.

［25］汤国安，赵牡丹，杨昕，等.地理信息系统［M］. 2 版.北京：科学出版社，2019.

［26］王家耀.空间信息系统原理［M］.北京：科学出版社，2005.

［27］邬伦，刘瑜，张晶，等.地理信息系统——原理、方法和应用［M］.北京：科学出版社，2001.

［28］吴立新，史文中.地理信息系统原理与算法［M］.北京：科学出版社，2003.

［29］徐建华.计量地理学［M］. 2 版.北京：高等教育出版社，2014.

［30］张康聪.地理信息系统导论［M］. 9 版.陈健飞，胡嘉骢，陈颖彪，译.北京：科学出版社，2019.

［31］张新长，辛秦川，郭泰圣，等.地理信息系统概论［M］.北京：高等教育出版社，2017.

［32］周成虎，裴韬，等.地理信息系统空间分析原理［M］.北京：科学出版社，2011.

郑重声明

高等教育出版社依法对本书享有专有出版权。任何未经许可的复制、销售行为均违反《中华人民共和国著作权法》，其行为人将承担相应的民事责任和行政责任；构成犯罪的，将被依法追究刑事责任。为了维护市场秩序，保护读者的合法权益，避免读者误用盗版书造成不良后果，我社将配合行政执法部门和司法机关对违法犯罪的单位和个人进行严厉打击。社会各界人士如发现上述侵权行为，希望及时举报，我社将奖励举报有功人员。

反盗版举报电话　（010）58581999　58582371

反盗版举报传真　（010）82086060

反盗版举报邮箱　dd@hep.com.cn

通信地址　北京市西城区德外大街4号　高等教育出版社法律事务
　　　　　与版权管理部

邮政编码　100120

读者意见反馈

为收集对教材的意见建议，进一步完善教材编写并做好服务工作，读者可将对本教材的意见建议通过如下渠道反馈至我社。

咨询电话　400-810-0598

反馈邮箱　hepsci@pub.hep.cn

通信地址　北京市朝阳区惠新东街4号富盛大厦1座
　　　　　高等教育出版社理科事业部

邮政编码　100029

防伪查询说明

用户购书后刮开封底防伪涂层，使用手机微信等软件扫描二维码，会跳转至防伪查询网页，获得所购图书详细信息。

防伪客服电话　（010）58582300